普通高等教育通识课程系列教材

生成式人工智能

应用基础

闫　萍　赵　欣　齐福利◎主　编

王传东　袁　明　彭慧坪　史进芹　刘　群◎副主编

U0311260

中国铁道出版社有限公司

CHINA RAILWAY PUBLISHING HOUSE CO., LTD.

内 容 简 介

本书通过 13 个项目，逐步讲解 AIGC 的核心概念和应用技巧，内容涵盖 AIGC 的基础概念、主流平台、信息搜集方法、提示词创作，以及 AIGC 在写作、文档处理、语言学习等领域的应用，帮助学习者深入理解 AIGC 技术。此外，本书聚焦 AIGC 绘图的基本知识与操作，引导学习者掌握 AIGC 绘图基本技能。本书还介绍了 AIGC 在编程中的辅助应用和 AIGC 面临的挑战与机遇。本书在设计方面充分结合了当前教育及行业需求，紧跟 AIGC 技术的发展趋势，助力学习者掌握实用技能，为职业发展奠定坚实基础。

本书适合作为高等学校各专业"人工智能"通识课程或信息技术素养课程的教材，也可供对 AIGC 技术感兴趣的广大读者阅读。

图书在版编目（CIP）数据

生成式人工智能应用基础 / 闫萍，赵欣，齐福利主编. -- 北京 ：中国铁道出版社有限公司，2025. 2.
（普通高等教育通识课程系列教材）. -- ISBN 978-7-113-31900-7

I. TP18

中国国家版本馆CIP数据核字第20251C36N2号

书　　名：**生成式人工智能应用基础**
作　　者：闫　萍　赵　欣　齐福利

策　　划：曹莉群　　　　　　　　　　　　　编辑部电话：（010）63551006
责任编辑：王春霞　　许　璐
封面设计：刘　莎
责任校对：苗　丹
责任印制：赵星辰

出版发行：中国铁道出版社有限公司（100054，北京市西城区右安门西街 8 号）
网　　址：https://www.tdpress.com/51eds
印　　刷：河北宝昌佳彩印刷有限公司
版　　次：2025 年 2 月第 1 版　　2025 年 2 月第 1 次印刷
开　　本：850 mm×1 168 mm　1/16　印张：16.75　字数：459 千
书　　号：ISBN 978-7-113-31900-7
定　　价：58.00 元

前言

在新一代信息技术飞速发展的时代，人工智能（AI）以其强大的数据处理和智能分析能力，正在深刻改变各行各业的运行方式。生成式人工智能（AIGC）作为 AI 发展的前沿技术，凭借其创新能力和广泛的应用场景，迅速成为推动技术进步的重要动力。为培养学生的创新思维和实践能力，将人工智能通识教育融入大学必修课程体系，已成为高等教育改革中的必要一环。各类学校均把 AIGC 技术纳入课程体系，急需相应教材。为顺应这一趋势，我们特别编写了《生成式人工智能应用基础》。

本书共有 13 个项目，每个项目均围绕 AIGC 的核心技术与应用展开，从基础概念到操作技巧，为学习者提供循序渐进的学习体验。

项目 1 中从生成式人工智能的基本概念和发展历史入手，学习者将全面了解 AIGC 的定义、特性和应用领域。该项目将带领学习者逐步熟悉当前主流的 AIGC 平台，并探索 AIGC 在信息搜集与整理中的独特作用，为后续学习奠定理论基础。

项目 2～项目 3 集中探讨 AIGC 在提示词创作与优化方面的应用。这些项目通过大语言模型的基本介绍和具体操作示例，深入讲解了如何编写提示词、优化提示词创作，并提供了多个实践案例，帮助学习者掌握如何运用提示词技术激发 AIGC 的创造潜力。

项目 4～项目 8 转向 AIGC 在辅助写作、文档处理、语言学习等领域的应用。这些项目展示了 AIGC 在文本生成、会议纪要整理、语言学习和图像分析等任务中的高效应用，让学习者在具体的操作中体会到 AIGC 提升工作效率的实际价值。

项目 9～项目 11 让学习者深入 AIGC 绘图领域。从图像生成基础知识到提示词编写、图生图技术及 ControlNet 模型的使用，项目内容涵盖了 AIGC 绘图的方方面面。这些项目引导学习者利用 AIGC 的绘图能力进行创作，为其打开一个充满艺术和创意的视觉世界。

项目 12 则关注 AIGC 在编程中的应用，帮助学习者理解 AIGC 在代码生成、补全、修复等方面的强大辅助功能，通过实践任务，感受 AIGC 在编程效率与质量上的提升潜力。

项目 13 探讨了 AIGC 为人们的工作和生活带来的巨大机遇，以及所面临的技术、伦理和法律等方面的挑战。如何在推动创新的同时妥善解决这些问题，将成为其未来发展的关键。

总的来说，本书在设计方面充分结合了当前教育及行业需求，紧跟 AIGC 技术的发展趋势。全书不仅为学习者提供了一个全面、系统的 AIGC 知识体系，还通过丰富的实践案例和任务拓展帮助学习者将理论知识转化为实际技能。我们相信，通过本书的学习，学习者将能够紧跟 AIGC 技术的发展步伐，为未来的职业发展打下坚实的基础。

为了便于学习者学习，本书配有学习视频，还配备了 PPT 课件、电子教案等教学资源，学习者可以在中国铁道出版社教育资源数字化平台（https://www.tdpress.com/51eds）注册后免费下载，或者登录智慧树平台搜索"AIGC 应用基础"。另外，由于根据所使用的不同的 AIGC 平台，及 AI 不同时间段知识储备和理解能力的提高，教材中的案例生成结果会有不同的变化，使用者要以结果导向变化提示词与 AI 进行交流。如有其他问题，可在网站留言板留言或与中国铁道出版社有限公司相关编辑联系。

本书的项目开发与教材编写由上海中侨职业技术大学的计算机骨干教师牵头完成。全书由闫萍、赵欣、齐福利主编，由王传东、袁明、彭慧坪、史进芹、刘群任副主编。孙修东、柳学斌、吕爱涛、路秋静、杨玲、王红、丁丹凤、孙兰珠、张微、刘莲辉、李瑞娟、李祎、张冬冬参与编写。具体编写分工如下：闫萍、赵欣负责本书的组织与统筹工作；闫萍、刘群编写了项目 2、项目 3；赵欣、孙修东编写了项目 1、项目 13；齐福利、袁明、李祎编写了项目 4、项目 5；王传东、柳学斌、张冬冬编写了项目 6、项目 12；吕爱涛、路秋静编写了项目 7；杨玲、王红编写了项目 8；史进芹、丁丹凤编写了项目 9；孙兰珠、张微编写了项目 10；彭慧坪、刘莲辉、李瑞娟编写了项目 11。感谢晶程甲宇科技（上海）有限公司赵晨伊总经理对本书编写提供的技术指导及对本书提出的宝贵意见。

由于时间仓促，编者的学识和水平有限，书中难免存在疏漏与不妥之处，希望广大同行专家和学习者批评、指正。

编　者
2024 年 12 月

目 录

项目 1
搜集与整理信息

目前我们身处生成式 AI（人工智能，artificial intelligence）的黎明阶段，这标志着一个崭新技术引领的新纪元，它不仅能够理解并分析数据，更能自主创造内容——从文本、图像到音频、视频，乃至复杂的设计方案与程序代码。这一技术通过深度学习算法模拟人类创造力，为创意产业、科学研究及日常生活带来前所未有的变革与便利。

情境引入

在当今信息爆炸的时代，每个人都在信息的海洋中奋力航行，试图捕捉那些最为璀璨的知识珍珠。公司职员小李，一位对科技发展充满热情的年轻人，正致力于一项关于人工智能在各个领域应用的重要研究项目，时间紧，任务重，要在短时间内写出高质量的研究内容。然而，面对如潮水般涌来的海量数据和复杂多变的信息源，他感到了前所未有的挑战。

传统的信息搜集方式，如使用搜索引擎、查阅专业数据库或浏览社交媒体，虽然能够为我们提供丰富的信息，但往往耗时费力，且容易遗漏关键信息。正当小李为此苦恼时，他发现了生成式 AI 这一强大的信息搜集与整理工具。生成式 AI 在信息搜集与整理方面比传统信息搜集更灵活，对专题信息的探索更广、更迅捷，数据整理与分析可智能完成，且用时更短就能组织生成有一定质量的文字。现在，就让我们携手并进，共同踏上这段充满挑战与机遇的探索之旅，让我们驾驭生成式 AI 这一强大工具，在信息的海洋中精准航行，开启高效搜集与整理信息的新篇章！

学习目标与素养目标

1. 学习目标

（1）了解生成式人工智能（AIGC）的基本概念及其在不同领域的应用概况。

（2）熟悉 AIGC 主要平台的名称及其基本功能，如 Claude、ChatGPT、Kimi、文心一言、星火大模型等。

（3）理解 AIGC 与传统 AI 的区别，包括技术原理、应用场景和优势等方面的差异。

（4）理解 AIGC 的关键特征和工作原理，及其核心能力如何支持其在信息搜集与整理方面的应用。

（5）认识 AI、AIGC 与通用人工智能（AGI）之间的关系和区别，明确各自的发展方向和潜力。

（6）掌握利用 AIGC 平台进行信息搜集与整理的基本流程和方法，包括选定研究主题、利用平台资源进行在线资料搜集、对收集到的信息进行系统整理与分析等步骤。

2．素养目标

（1）信息素养：具备良好的信息搜集、整理和分析能力，能够高效地利用网络资源进行信息检索和筛选。

（2）批判性思维：能够独立思考，对收集到的信息进行批判性分析，形成自己的见解和判断。

（3）创新能力：在掌握基本信息搜集与整理技能的基础上，能够灵活运用 AIGC 平台的功能探索新的信息搜集与整理方法。

（4）社会责任感：了解并关注人工智能技术对社会文化的影响，形成正确的价值观和责任感。

1.1　生成式人工智能概述

什么是 AIGC，AIGC 与传统 AI 的区别是什么，它有哪些特征，其工作原理是怎样的，有什么核心能力？这是我们必须了解的。只有了解了这些，才能明白 AIGC 在信息搜集与整理方面是如何优于传统的 Web 搜索技术的。

1.1.1　生成式人工智能（AIGC）的概念

生成式人工智能（artificial intelligence generated content，AIGC）通常也称为生成式 AI，是一种利用人工智能技术自动生成多种内容的技术。这些内容包括但不限于文本、代码、图像、音频和视频等。AIGC 技术的核心思想是利用人工智能算法生成具有一定创意和质量的内容，通过训练模型和大量数据的学习，AIGC 可以根据输入的条件或指导生成与之相关的内容。

AIGC 基于生成算法、预训练模型和多模态技术，通过已有数据的学习和识别，以适当的泛化能力生成相关内容。其中，预训练模型和大型语言模型等技术提高了 AIGC 模型的通用性和工业化水平，使其成为内容生成的强大工具。多模态技术的发展使得 AIGC 模型能够跨越多种数据类型，将文本转化为图像、视频等，进一步增强了其通用性。

AIGC 的应用领域广泛，涵盖了文字创作、图像创作、视频创作、音乐创作、代码生成等多个方面。在文字创作方面，AIGC 可以生成文章、报告等；在图像创作方面，它可以生成图片、插画等；在视频创作方面，AIGC 可以生成短视频、动画等；在音乐创作方面，它可以生成旋律、和声等；在代码生成方面，AIGC 可以自动生成代码片段、程序等。

AIGC 技术的出现和发展，对社会产生了深远的影响。它改变了信息获取方式，例如 ChatGPT 等 AIGC 工具在寻找答案和问题解决方面已经部分超越了传统搜索引擎，成为数字经济时代需求爆发的重要应用。同时，AIGC 也在重塑各个行业，如搜索、办公、在线会议等多个软件服务都已融入了 AIGC 的能力。此外，AIGC 还代表着新的创造性工具，将更大程度地释放个体的创造力和创意生产力。

随着技术的不断发展，AIGC 将在未来发挥更大的作用，为人类社会带来更多的便利和创新。

1.1.2　AIGC 与传统 AI 的区别

AIGC 与传统 AI 在多个维度上呈现显著的差异。

1．核心技术

传统 AI：其核心运作机制主要基于预设的规则和大规模的训练数据集。通过运用诸如决策树、支持向量机（SVM）、逻辑回归等机器学习算法，传统 AI 模型在特定问题域内，通过不断迭代优化参数实现对数据的特征提取、分类或预测。这些算法侧重于从历史数据中挖掘规律，并据此作出判断。

AIGC：依赖于更为先进的生成模型，如生成对抗网络（GANs）、变分自编码器（VAEs）以及大型语言模型（如 GPT 系列）等。这些模型通过深度学习和复杂的神经网络结构，不仅能够理解数据，还能在此基础上生成与训练数据风格相似但内容全新的数据。这种能力赋予了 AIGC 更高的创造性和灵活性，使其能够生成多样化的内容。

2. 应用场景

传统 AI：因其精确的分类和预测能力，被广泛应用于需要高度准确性的领域。在医疗领域，传统 AI 可辅助医生分析医学影像，识别病变；在金融领域，用于信用评估、欺诈检测和股票市场预测；在语音识别方面，则推动了语音助手，如 Siri、Google Assistant 等的发展。

AIGC：因其独特的创造性，在内容生成、艺术创作和游戏设计等领域展现出巨大潜力。它可以生成新的文本、故事、文章和新闻报道，为内容创作者提供丰富的素材；在艺术创作上，能创作音乐、绘画和视频，为艺术家提供灵感；在游戏领域，则可创建新的角色、场景和剧情，提升游戏的多样性和互动性。

3. 能力范围

传统 AI：擅长在特定领域内解决分类和回归任务，如图像分类、语音识别和房价预测等。此外，它还具备模式识别和自动化决策的能力，能够在给定的数据集内做出准确判断。

AIGC：展现出更为广泛和灵活的能力范围。除了能够生成高质量的文本、图像和音乐等内容外，还能模拟复杂系统，执行天气预报、市场趋势预测等任务。更重要的是，AIGC 能够激发创意，为艺术家和设计师提供新的灵感来源，推动艺术创作的创新。

4. 未来发展潜力

随着技术的不断进步，AIGC 在多个领域的应用将不断深化和拓展。其强大的生成能力和创造性将推动内容创作、艺术创作和游戏设计等行业的变革，同时也在医疗、金融、教育等领域展现出巨大的应用潜力。相比之下，传统 AI 虽然在特定领域内仍具有不可替代的优势，但在面对需要高度创造性和灵活性的任务时，其局限性将日益凸显。

AIGC 与传统 AI 在核心技术、应用场景、能力范围、未来发展潜力等方面均存在显著差异。这些差异不仅反映了 AI 技术的多样性和复杂性，也为我们探索 AI 技术的未来发展提供了丰富的视角和思考空间。

1.1.3　AIGC 的工作原理

为了更好地理解生成式人工智能，让我们看一个场景：

这是传统人工智能的工作原理：你有一个模型，在显示图片时能够区分猫和狗。当展示一张猫的图片，它会将其归类为猫，如图 1-1 所示。

图 1-1　传统人工智能的工作原理示意

现在，你有了一个可以生成内容的 AIGC 模型，如图 1-2 所示。你给出提示为一张猫的图片，然后让它画出来。该模型生成另外一张猫的图片。由此产生的图片可能是一只与模型训练过的完全不同的猫。因此，模型会根据你提供的提示以及它已经对猫进行的学习来生成符合提示词要求的新模样的猫。

图 1-2　生成式 AI 的工作原理示意

AIGC 的工作原理可以根据其具体的实现方式和模型架构有所不同。但一般来说，AIGC 的工作原理可以大致概括为以下几个步骤：

1．数据输入与预处理

原始多模态数据（如文本、图像、音频等）被输入 AIGC 系统中。数据经过预处理，如分词、词干化（针对文本）、灰度转换、尺寸调整（针对图像）等，以转化为适合模型处理的形式。

2．编码器处理

编码器接收到预处理后的数据，并将其转化为模型可以理解的内部表示（通常是向量形式）。这个内部表示捕捉了数据的本质规律和概率分布。

3．模型生成

根据编码器的输出（即内部表示），AIGC 模型开始生成新的数据。常见的生成模型包括循环神经网络（RNN）、变换器（transformer）、生成对抗网络（GANs）等。模型通过随机采样或条件采样从学习到的数据分布中生成新的数据。

4．解码器处理

解码器接收到模型生成的内部表示（向量），并将其转化为所需的输出形式（如新的文本、图像等）。

5．评估与优化

对生成的输出进行评估，判断其是否符合预期。评估可以基于客观指标（如语法正确性、连贯性、视觉质量等）或人类主观感受进行。根据评估结果，对模型进行调整和优化，以提高生成结果的质量。

以下是一个简化的 AIGC 工作原理示例：

原始数据→预处理→编码器→内部表示→生成模型→新数据（向量）→解码器→输出数据→评估与优化

需要注意的是，具体的工作原理可能因 AIGC 的具体实现方式和模型架构而有所不同。例如：在 GANs 中，工作原理可能包括生成器和判别器的相互对抗和训练过程；在变换器中，可能强调自注意力机制和位置编码的作用等。

1.1.4　AIGC 的核心能力和关键特征

1．AIGC的核心能力

1）内容创造能力

AIGC 能够通过学习大量的数据集自动生成新的内容。这些内容涵盖文本、图像、音频等多种形式。AIGC 不仅能够模仿现有风格，还可以生成与原始数据相似但具有独特性的创作。这使得 AIGC 在内容创作领域，如文章撰写、图像生成和音乐创作中展现出极大的潜力。

2）多样性与创造性

AIGC通过复杂的生成模型（如GANs、自编码器等），可以生成具有多样化特征的内容。AIGC不局限于特定的模板或格式，它能够提供大量不同风格、主题的创作结果。这种多样性使得AIGC在设计、艺术和娱乐等领域展现出创造性。

3）上下文理解与适应性

AIGC通过自然语言处理和深度学习技术，可以理解并适应上下文信息。这种能力使其能够生成与特定语境、语气或情感相匹配的内容，并根据输入调整输出风格。例如，AIGC能够生成与特定主题相关的文本或在对话中提供更贴合用户需求的回答。

这些核心能力使得AIGC不仅具备高效的内容生产能力，还能根据特定场景和需求展现出创新性和适应性。

2．AIGC的关键特征

AIGC的关键特征主要体现在以下几个方面：

（1）创造性与生成能力：AIGC通过学习和模仿大量训练数据中的规律和模式，能够生成全新的、之前不存在的内容，包括文本、图像、音频、视频等多种形式的内容。

（2）深度学习与复杂模型：AIGC通常依赖于深度学习技术，特别是复杂的神经网络模型，如GANs、VAEs和大型语言模型（如GPT系列）。这些模型通过多层网络结构和大量的训练数据，能够学习到数据的复杂表示，并据此生成高质量的内容。

（3）无监督或半监督学习：与传统AI通常依赖于大量标注数据进行监督学习不同，AIGC能够在一定程度上通过无监督或半监督学习的方式，从未标注的数据中提取有用信息并生成内容。

（4）多模态生成：这里的模态表现形式包括文本、声音、图像、视频等形式。AIGC不仅限于单一数据模态的生成（如仅生成文本或图像），还能够跨越多种模态进行生成（如根据文本描述生成对应的图像，或者根据图像生成相应的文本描述）。

（5）持续学习与进化：随着新的训练数据和算法的不断加入，模型能够不断优化和改进其生成能力，产生更加逼真、丰富和多样的内容。

（6）交互性与个性化：AIGC还能够在与用户的交互中生成个性化的内容。通过分析用户的偏好、行为和历史数据，AIGC能够为用户提供定制化的内容推荐、创作建议或产品设计方案等。

AIGC的关键特征包括创造性与生成能力、深度学习与复杂模型、无监督或半监督学习、多模态生成、持续学习与进化以及交互性与个性化等方面。这些特征共同构成了AIGC的应用价值。

1.1.5　AI、AIGC与AGI

除了前面介绍的AI、AIGC之外，目前，通用人工智能（artificial general intelligence，AGI）的概念也很流行，这三者在人工智能领域中扮演着不同的角色，具有各自独特的本领、发展目标和代表性软件，这三者的详细比较分别见表1-1～表1-3。

表1-1　定义与本领

名　称	基 本 定 义	基 本 能 力
AI	人工智能是模拟人类智能的技术，使计算机系统能够自主地学习、理解、推理、认知和决策，从而在各种复杂任务中展现出智能行为	涵盖自然语言处理、图像识别、语音识别、机器翻译、智能推荐等多个领域，能够执行复杂任务，提升工作效率，辅助决策等

续表

名　称	基 本 定 义	基 本 能 力
AIGC	AIGC 是一种利用人工智能技术自动生成内容的技术，可以应用于文本、图像、音频、视频等多种形式的内容生成	自动化生成高质量的内容，降低创作成本，提高创作效率，满足多样化的内容需求
AGI	AGI 是人工智能发展的终极目标，指在所有方面都达到和超越人类水平的智能系统，能够自适应地应对外界环境挑战，完成人类能完成的所有任务	具备高度灵活性、自适应性和泛化能力，能够处理多样化的任务，实现全面智能化

表 1-2　发展目标

名　称	发 展 目 标
AI	实现更加智能、自主和通用的机器智能系统，能够执行各种复杂的任务，甚至在某些方面超越人类的智能水平
AIGC	提高内容生成的效率和质量，降低人工创作的成本和时间，同时保持内容的多样性和创新性
AGI	实现全面智能化，使机器能够在所有方面都达到和超越人类的智能水平，成为真正的"智能体"

表 1-3　代表软件

名　称	代 表 软 件
AI	TensorFlow、PyTorch、Microsoft Azure Machine Learning、IBM Watson 等。这些软件或平台支持深度学习、机器学习等 AI 技术的研发和应用，广泛应用于自然语言处理、图像识别、语音识别等领域
AIGC	ChatGPT、Midjourney、DALL·E、Stable Diffusion 等。这些软件能够自动生成高质量的文本、图像、音频等内容，满足多样化的内容创作需求
AGI	目前 AGI 仍处于研究和探索阶段，尚未有完全实现的软件或系统。然而，一些大型语言模型（如 GPT 系列）和图像生成模型（如 DALL·E）等，已经在一定程度上展示了 AGI 的潜力，是向 AGI 迈进的重要一步

　　AI、AIGC 和 AGI 在人工智能领域中各有侧重，但相互关联、相互促进。AI 作为更广泛的概念，包含了 AIGC 和 AGI 等具体的技术方向；AIGC 专注于内容的自动生成，是 AI 技术在内容创作领域的应用；而 AGI 则是人工智能发展的终极目标，旨在实现全面智能化。随着技术的不断进步，我们有理由相信人类将在这些领域取得更加显著的成果和突破。

1.2　熟悉 AIGC 主要平台

　　目前 AIGC 的主要平台众多，除了国外 OpenAI 的 GPT 系列（如 GPT-4）、Anthropic 公司的 Claude、Google 的 Bard（基于 PaLM）、Meta 的 LLaMA 系列等生成模型之外，国内各种 AIGC 平台也蜂拥而起，它们各自拥有独特的优势、特点以及广泛的应用场景。这里仅对本书使用到的 AIGC 平台做一些介绍。

1.2.1　ChatGPT 介绍

　　ChatGPT 是由 OpenAI 开发的基于 AIGC 的语言模型。作为 GPT（generative pre-trained transformer）系列的一部分，它代表了人工智能在自然语言处理（NLP）领域的重要突破。ChatGPT 的地位主要体现在其在各行各业中的广泛应用，尤其是在自动化客服、创意写作、教育辅助、编程和数据分析等领域，成为数字化转型的重要工具之一。它使得各种语言理解和生成任务变得更加高效和自动化，推动了 AI 技术在日常生活中的普及和应用。

1．ChatGPT的功能

（1）自然语言理解与生成：ChatGPT能够理解和生成自然语言，支持从简单对话到复杂问题的回答、解释和创作任务。它能够模拟人类对话，理解语境并生成连贯的回答。

（2）多任务处理：除了进行对话，ChatGPT还能够执行多种任务，如写作、翻译、总结、问题解答、情感分析、代码生成、教学辅导等。

（3）个性化定制：ChatGPT可以根据用户需求进行定制，适应不同场景下的对话需求（如客户服务、技术支持、学术讨论等），并逐步提高与用户的交互质量。

（4）支持多语言：ChatGPT支持多种语言，包括但不限于英语、中文、法语、德语等，适用于全球范围内的应用。

（5）编程与代码生成：ChatGPT能够理解编程语言，并生成、优化、调试代码，为开发者提供编程辅助，提升开发效率。

2．ChatGPT的技术实现

ChatGPT 基于 OpenAI 的 GPT-3 和 GPT-4 技术，采用 Transformer 架构。这种架构使其能够在大规模语料库上进行预训练，学习语言模型和上下文关系，并通过大量的参数来捕捉语言的细微差别。技术实现的关键包括：

（1）大规模预训练：ChatGPT通过大量的文本数据进行训练，学习语法、语义、常识和情感。训练数据来自各种来源，包括书籍、网站和其他文本资料。

（2）深度学习与神经网络：ChatGPT使用深度神经网络进行训练，通过多个层次的学习来捕捉复杂的语言规律。Transformer架构使得模型能够并行处理输入，优化学习过程。

（3）零-shot学习：ChatGPT能够在没有特定任务训练的情况下，理解和生成与给定任务相关的内容，这得益于其强大的预训练能力。

（4）强化学习与反馈调整：在ChatGPT的更新过程中，OpenAI通过人类反馈和强化学习技术进一步优化模型，使其输出更具一致性、准确性和安全性。

3．ChatGPT的应用场景

（1）客户服务与支持：ChatGPT广泛应用于自动化客服，通过处理用户查询、问题解答、投诉处理等，提升客户体验并降低人工成本。

（2）创意写作与内容生成：作家、记者、内容创作者等可以利用ChatGPT进行创意写作、文章生成、文案创作、诗歌创作等，帮助高效产出高质量文本。

（3）教育与辅导：ChatGPT在教育领域作为辅导工具，能够回答学生的问题、提供题解和解释、生成学习材料，甚至模拟考试环境进行测试。

（4）编程助手：开发者可以利用ChatGPT生成代码片段、调试代码、提供解决方案，极大提高开发效率。它还可以帮助新手学习编程语言。

（5）翻译与语言学习：ChatGPT能够进行自然语言的翻译，支持多种语言之间的转换，帮助用户进行语言学习。

（6）数据分析与报告生成：ChatGPT可以帮助分析数据、生成报告、解释复杂的统计结果，并在商业环境中提供决策支持。

4．ChatGPT的局限性

（1）上下文理解与长对话问题：ChatGPT擅长短期对话，但在长时间的对话中，可能会失去上下文，导致回答不连贯或偏离主题。

（2）知识更新滞后：ChatGPT的知识来自其训练数据，这些数据在训练时的时间点之后的事件或新信息无法即时获取，导致其对最新信息的了解存在滞后。

（3）生成内容的准确性与可信度：ChatGPT生成的内容并不总是准确或可靠的，尤其是在涉及专业领域的复杂问题时，模型可能生成错误的答案或缺乏深度。

（4）无法进行实际操作：尽管ChatGPT可以生成代码、提供建议等，但它不能像人类一样执行操作或直接与外部系统交互。

（5）道德与安全性问题：ChatGPT在生成内容时可能无意中产生偏见、歧视或有害内容，OpenAI不断优化模型以减少此类问题，但这仍然是一个重要的挑战。

5．ChatGPT的未来发展方向

（1）增强的多模态能力：未来的ChatGPT可能不仅限于文本，还能处理图像、视频、音频等多模态数据，从而支持更加复杂和多元的交互体验。

（2）实时知识更新与自我学习：ChatGPT未来有可能接入实时更新的数据库或互联网，及时获取新信息，并通过自我学习的机制不断优化其性能。

（3）更强的专业领域能力：ChatGPT可以通过针对特定领域（如医学、法律、金融等）的定制化训练，提供更加精准和专业的内容生成和解答。

（4）情感理解与情感智能：ChatGPT可以进一步加强其情感理解能力，提供更为人性化的交互体验，支持情感驱动的对话和回应。

（5）语境感知与长对话优化：未来版本的ChatGPT应优化其长对话能力，更好地理解和记住对话的历史，提供一致性和高质量的互动。

ChatGPT是当前AIGC领域的标杆之一，凭借其强大的自然语言理解和生成能力，在多个行业中发挥着重要作用。当前，其他AIGC产品大都受到GPT的影响，其功能、技术实现、应用场景，以及面临的挑战都有相似性，在后面介绍其他AIGC产品时共性的内容就不再一一说明了。

1.2.2　Kimi 登录操作

Kimi 是由月之暗面公司推出的国内顶级 AIGC 模型之一。它在专业学术论文翻译、法律问题辅助分析等领域有着广泛的应用，获得了良好的用户口碑和快速增长。

1．Kimi的特点

Kimi 具备出色的自然语言处理能力和多模态信息处理能力。它能够理解和回应各种语言需求，支持超长上下文学习，同时能够处理多种格式的文件，快速提炼核心内容并生成摘要。Kimi 还具备高效的文件处理和数据处理能力，能够辅助用户进行信息搜集、数据分析和代码编写等工作。此外，Kimi 还支持多语言翻译和模拟对话功能，为用户提供便捷的翻译服务和虚拟陪伴体验。凭借其快速响应和个性化调优特点，Kimi在多个应用场景中都能发挥重要作用，成为用户工作和生活中的得力助手。

2．登录操作

在百度中搜索"kimi"，找到该网站打开。使用微信扫码使用，如图 1-3 所示。

图1-3　Kimi 平台

1.2.3　文心一言登录操作

1. 主要特点和应用场景

（1）主要特点：文心一言是百度研发的 AIGC 产品。能高效理解用户需求，提供准确信息；支持多领域内容生成，如写作、绘画、音乐等；具备强大的语言模型和数据处理能力，可快速生成高质量文本；重视语境理解，能生成与当前语境相符的内容；支持多轮对话，可激发用户创造力。

（2）应用场景：搜索引擎优化、内容创作、智能问答、客户服务等。

2. 登录操作

在百度中搜索"文心一言"，进入该网站，如图 1-4 所示。

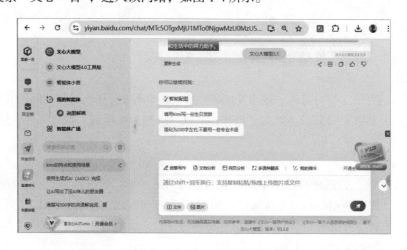

图1-4　"文心一言"登录界面

1.2.4　DeepSeek 登录操作

1. 主要特点和应用场景

（1）主要特点：多模态数据处理、智能语义理解、高效处理大规模数据，可扩展性与定制化，灵活适应不同行业需求，提供定制化解决方案。

（2）应用场景：快速检索与整合企业分散数据、智能客服、金融风控、医疗诊断等。

2. 登录操作

在百度中搜索"deepseek",进入该网站,单击"开始对话"按钮,出现图 1-5 所示的界面。其中包括"深度思考(R1)"和"联网搜索"两个选择。

图 1-5 登录"DeepSeek"界面

除了上述平台外,还有科大讯飞的星火大模型、腾讯的混元大模型、华为的盘古大模型、阿里的通义千问大模型等,这些平台也都在 AIGC 领域有着显著的地位和广泛的应用。它们通过不断的技术创新和优化,为用户提供更加智能化、便捷化的服务和内容生成体验。

1.3 AIGC 在搜集与整理信息方面的作用

1.3.1 传统网络搜集与整理信息的一般方式

通过网络进行信息搜集与整理的传统操作方式通常包括以下几个步骤:

1. 明确目标和信息需求

确定信息搜集的目的(如写报告、做市场调研、背景研究等);列出具体的问题或关键字,确保查询方向清晰。例如,如果要研究可持续发展趋势,可以列出相关关键词,如"可再生能源政策""零碳排放技术"等。

2. 选择合适的信息来源

针对不同类型的信息,选择可靠的来源,包括新闻网站、学术数据库、政府官方网站、行业报告等。对于学术信息,可以使用Google Scholar、PubMed等数据库,国内可访问CNKI、万方或维普等学术数据库;而行业信息可通过Statista、Pew Research等平台获取,国内可浏览艾瑞咨询、易观分析等平台,下载或购买相关的行业报告和市场数据。

3. 使用多样的搜索策略

使用各种搜索引擎和搜索技巧,如精确匹配("")、排除词(-)、限定网站(site:)等,来优化搜索结果。例如,搜索"全球变暖 site"可以限定查找政府网站上的信息,确保数据的权威性。

4. 筛选和评估信息质量

通过查阅多条信息来源,检查内容是否一致,以排除偏见或不准确的信息。注意信息的来源、发布日期和作者背景,以确保其可靠性和时效性。优先选择权威或被广泛引用的内容。

5. 整理和分类信息

收集到信息后，可以按主题、时间、地域等进行分类，方便后续的分析与比较。使用表格、笔记工具（如Evernote、Notion）或文档整理工具来记录和汇总重要数据和结论。

6. 分析并总结信息

对分类后的信息进行分析，提炼出关键点、趋势或模式，形成整体观点。可以通过列出优缺点、建立对比表、绘制趋势图等方式，进一步梳理和总结信息。

7. 验证信息和补充证据

如果有疑问，可以通过进一步查找其他权威资料来验证信息的准确性和完整性。适当引用研究论文、政府工作报告或行业分析，以确保信息基础扎实。

8. 撰写和呈现结果

以清晰、结构化的方式编写总结报告或展示文档，使内容条理清晰。可以使用图表、数据图形等直观工具来强化信息的展示效果，提升信息的易读性和说服力。

9. 操作示例

任务：分析新能源汽车市场。

第一步：列出查询关键词，如"新能源汽车市场现状""电动车政策补贴"等。

第二步：分别在政府网站、学术数据库、新闻网站等进行查找。

第三步：将信息按政策、技术、市场趋势分类，并在表格中整理。

第四步：分析趋势，补充最新政策信息，撰写市场分析报告。

这种方式适合需要高准确度和细节的任务，通过细致的搜索、筛选、分析步骤来保证信息的质量。

通过网络进行信息搜集与整理已经是现代信息社会中的重要技能，它能够帮助我们快速、准确地获取所需的知识、数据和资源。

1.3.2　AIGC 信息搜集与整理的一般方式

使用 AIGC 进行信息搜集与整理的基本流程通常包括以下几个步骤：

1. 确定信息需求

先明确要搜集的信息类型（如产品信息、历史背景、数据分析等）。设置明确的问题或任务方向，可以是开放式问题（如"某产品的市场前景如何？"）或特定需求（如"整理 2023 年全球气候变化的主要数据"）。

2. 输入具体指令

利用自然语言输入简单明了的指令，以便AIGC理解。例如："生成关于可再生能源技术的简要市场分析"等。

3. 逐步细化查询内容

如果需要详细信息，可以从广泛问题开始，逐步缩小查询范围。一步步向 AIGC 追加更具体的问题，形成细分的内容。例如：在生成关于市场趋势的总结后，可以进一步细化"列出主要的技术供应商及其市占率"。

4. 利用AIGC整理和总结信息

通过分阶段生成和多轮次交互方式，让 AIGC 完成整理、分析、比较等工作。对生成内容进行编辑、重组，使信息结构清晰。

5. 验证信息准确性与更新

如果对信息准确性有较高要求，建议交叉检查生成的信息，特别是从可信赖的来源进行验证。AIGC 内容可能不会实时更新，因此需要根据需求适时验证数据的时效性。

6. 整合并呈现结果

将最终的内容进行整合，如按时间轴、主题或地域等分类。在呈现结果时，可以用图表、表格等形式强化表达效果，使信息更具可读性和条理性。

7. 示例操作

任务：调研全球绿色能源发展现状。

第一步：问"列出全球绿色能源的主要技术和趋势。"

第二步：进一步查询"列出主要国家的政策和补贴。"

第三步：生成对比表格或关键数据汇总。

这一过程可以大大提升信息搜集的效率，有效帮助完成信息分类、整理和呈现。

1.3.3　使用传统方式与 AIGC 收集与整理信息的对比

通过网络进行信息收集与整理的传统方式和通过 AIGC 进行信息收集与整理的方式之间的主要区别体现在以下方面：

1. 信息收集方式

传统方式：依赖于搜索引擎和数据库，需要用户主动找到并选择可靠来源。用户在选择信息来源时会使用不同的平台（如学术数据库、政府网站等），并通过关键词搜索和筛选策略来定位相关内容。

AIGC 方式：用户通过简单的自然语言指令，AIGC 便可自动收集并生成内容，无须浏览多个网站或数据源。AIGC 通过大规模训练数据生成相关内容，减少了用户在搜索和筛选信息方面的时间投入。

2. 处理步骤

传统方式：包括明确目标、选择信息来源、筛选和分类、信息验证、总结分析等多个步骤。用户需要手动处理每个环节，逐步分类和整理信息，以确保数据的准确性和条理性。

AIGC方式：AIGC能够直接整合多个步骤，通过简单的指令即可生成总结内容。尤其在多轮交互和进一步细化时，AIGC可自动生成整理后的内容，省去了手动筛选和信息分类的工作。

3. 速度与效率

传统方式：速度相对较慢，需要用户逐一查找、评估和整理信息。这个过程通常较为耗时，尤其是在对信息的质量和准确性有高要求的情况下。

AIGC方式：AIGC可以在短时间内生成较为全面的初步信息，效率极高。适合在短时间内快速获得概述或分析内容。

4. 信息准确性与更新

传统方式：由于用户直接从权威数据源和可信平台获取信息，信息的准确性和时效性通常较高。用户可以根据需要更新数据，并通过多方验证保证内容的准确性。

AIGC方式：生成内容可能不完全实时更新，尤其是当所需信息较新时，可能需要进一步验证以确保内容准确。AIGC生成的内容需要额外核实，以避免因数据过时或来源不明而产生错误。

5. 内容呈现与组织

传统方式：用户可以按需求选择内容组织形式，并通过手动调整使信息结构更符合报告或文档的需求，适合对信息的结构性和逻辑性有更高要求的情境。

AIGC方式：AIGC在生成内容时会根据用户指令整合内容，使呈现形式更易读。通过简单的调整，AIGC便能输出相对清晰、结构化的内容，但在一些特定领域中仍须手动编辑以确保逻辑和连贯性。

6. 适用场景

传统方式：适合需要深度分析和高准确度的任务，如学术研究、市场分析和专业报告撰写。这种方式保证了数据和内容的权威性和可信度。

AIGC方式：适合快速获取概述或基础分析的任务，如初步市场调研、简单报告生成等。AIGC的快速生成优势尤其适用于需要即时反馈的工作场景。

传统的网络搜集与整理方式较为全面、严谨，适合需要高准确度和全面信息的任务，但即使形成一般的分析报告也都对操作人有较高的业务素质要求；AIGC则更高效，适合对时间敏感或对信息深度要求不高的任务，形成一般的分析报告是片刻之间的事情。

1.4　搜集与整理信息任务实践

1.4.1　搜集信息并整理为笔记形式的任务

本项任务旨在通过探索人工智能在多元领域内的应用实例，指导学习者掌握搜集与整理信息的基本流程。学习者须独立遵循一系列步骤：首先，选定一个关于人工智能应用的研究主题；随后，利用丰富的网络资源进行在线资料搜集；最后，对收集到的信息进行系统的整理与分析，形成笔记形式。整个过程的预期成果如图 1-6 所示，旨在培养学习者自主搜集、整理信息的能力。

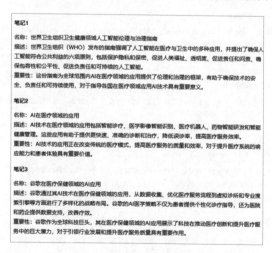

图 1-6　AI 在医疗健康领域的应用

1.4.2　搜集过程与整理格式输出

实现 AIGC 搜集信息首先要掌握问题描述的技巧。在开始搜索之前，明确想要解决的问题或获取的信息类型。问题的描述应明确、具体，尽量使用具体的词汇和短语进行描述，避免使用模糊或过于宽泛的词语。如果第一次搜索没有得到满意的结果，可尝试使用同义词或替换关键词进行搜索。具体操作步骤如下：

Step 1　进入文心一言。AIGC 的界面通常是以一个提示词对话框的形式出现。在对话栏输入想要提问的内容，例如"关于 AI 在我国技术发展的主题列表"，如图 1-7 所示。按【Enter】键，AIGC 就开始回答提问。

图 1-7　在 AIGC 对话框中输入问题

AIGC 回答问题如图 1-8 所示。从中选择一个感兴趣的主题，如选择"自动驾驶技术的普及"。

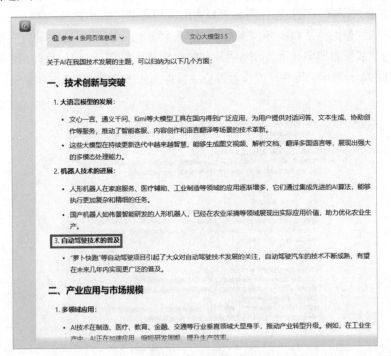

图 1-8　关于 AI 在我国技术发展的主题列表提问的回答

Step 2　依据主题搜集相关资料。根据选择的"自动驾驶技术的普及"研究主题，在提示框中输入"请围绕'自动驾驶技术的创新应用'查找相关资料"，如图 1-9 所示。

Step 3　在线资料搜集。AIGC 给出结果如下：

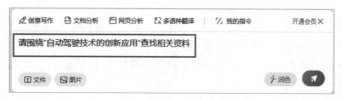

图 1-9　输入所选主题

关于"自动驾驶技术的创新应用"，以下从多个方面进行归纳和总结：

一、自动驾驶技术概述

自动驾驶技术是一种利用计算机视觉、机器学习、人工智能等技术，使汽车在特定环境中自主决策并实现行驶的技术。它的发展不仅有助于提高交通安全、减少交通拥堵，还能降低燃油消耗和碳排放，对现代交通体系产生深远影响。

二、自动驾驶技术的创新应用

1. 传感技术的创新应用

传感技术是自动驾驶系统的基础，包括雷达、激光雷达（LiDAR）、摄像头、GPS 等。这些传感器能够实时收集交通环境信息，如道路标志、车辆、行人、障碍物等，为自动驾驶系统提供决策依据。例如，激光雷达通过发射激光束并接收反射信号，可以精确测量周围物体的距离和形状，为自动驾驶车辆提供高精度的环境感知能力。

2. 计算机视觉技术的创新应用

计算机视觉技术是自动驾驶系统的核心技术之一，它能够从传感器收集到的图像数据中识别道路、车辆、行人等。通过深度学习、卷积神经网络等算法，计算机视觉技术能够不断提升识别精度和速度，使自动驾驶系统能够更准确地理解周围环境。例如，车道线检测、交通信号识别、行人检测等任务都可以通过计算机视觉技术来实现。

3. 机器学习与深度学习技术的创新应用

机器学习与深度学习技术是自动驾驶系统的智能化技术，它们通过训练模型来优化自动驾驶系统的性能。监督学习、无监督学习、强化学习等算法被广泛应用于自动驾驶领域，帮助系统从大量数据中学习驾驶策略和规则。例如，通过强化学习算法，自动驾驶系统可以在模拟环境中不断试错和优化，从而掌握更加复杂的驾驶技能。

4. 人工智能技术的创新应用

人工智能技术为自动驾驶系统提供了自主决策、自主学习和自主适应的能力。知识图谱、自然语言处理、机器人等技术被应用于自动驾驶系统中，使系统能够更好地理解人类语言、预测人类行为，并据此做出更加合理的决策。例如，通过自然语言处理技术，自动驾驶系统可以理解驾驶员的语音指令，实现更加便捷的交互体验。

5. 控制技术的创新应用

控制技术是自动驾驶系统实现自主驾驶的关键。路径规划、车辆控制、安全控制等算法被应用于自动驾驶系统中，确保车辆在复杂环境中能够稳定、安全地行驶。例如，通过路径规划算法，自动驾驶系统可以根据当前环境和交通规则规划出最优的行驶路径；通过车辆控制算法，系统可以实时调整车辆的速度、方向等参数，确保车辆按照规划路径行驶。

三、自动驾驶技术的创新应用案例

1. 无人驾驶出租车：基于自动驾驶技术的出租车已经在一些城市进行试点运营。这些车辆通过搭载先进的传感器和计算设备，能够实现自主导航、避障、接客等功能，为乘客提供更加便捷、舒适的出行体验。

2. 无人驾驶物流车：在物流领域，无人驾驶技术被广泛应用于货物的自动装卸、搬运和运输。这些物流车通过搭载自动驾驶系统，可以在仓库、工厂等场所自主行驶，提高物流效率并降低人力成本。

3. 无人驾驶公交车：一些城市已经开始试点运营无人驾驶公交车。这些公交车通过搭载自动驾驶系统，能够按照预设的路线和时刻表行驶，为市民提供更加安全、便捷的公共交通服务。

四、未来展望

随着技术的不断进步和应用场景的不断拓展，自动驾驶技术将在未来发挥更大的作用。未来，自动驾驶技术将更加注重安全性、可靠性和智能化水平的提升，同时加强与其他技术的融合创新，如车联网、5G通信等，共同推动智能交通体系的发展。此外，随着法律法规的完善和社会接受度的提高，自动驾驶技术将逐步走向商业化应用阶段，为人类社会带来更加便捷、高效的出行方式。

以上是 AIGC 文心一言搜集到的关于"自动驾驶技术的创新应用"的资料。

Step 4　整理和分析信息。在对话框中直接提出整理的要求，例如"将以上搜集的内容信息按大项分别整理成简明扼要的笔记。笔记 n（n 从 1 开始加 1）名称：描述：重要性："，可规定笔记的具体格式。操作界面如图 1-10 所示，提示按【Shift+Enter】键既可换行（仅按【Enter】键是输入结束，AIGC 开始回答）。获取结果如图 1-11 所示。

图 1-10　输入整理要求　　　　　　　图 1-11　获取结果

如果不能出现如上格式，可将搜集的信息复制后粘贴到提示框，再次输入："将以上搜集的内容信息按大项分别整理成简明扼要的笔记。笔记 n（n 从 1 开始加 1）名称：描述：重要性："。

Step 5 请以"大模型应用"为主题，搜索相关资料与信息，并将其整理成简明扼要的笔记。写作要求：文案应言简意赅，字数 50 ～ 100 字。

1.4.3 拓展任务：搜集与整理信息

任务 1：自行选择一个主题，分别使用百度搜索、必应、文心一言、Kimi、讯飞星火等，搜集关于所选主题的详细信息，将搜集到的信息整理成简明扼要的笔记。

任务 2：AIGC 在交通管理中的应用。

任务目标：撰写一篇新闻简报，介绍 AIGC 如何解决城市交通拥堵问题。

任务要求：

（1）问题描述：简要描述城市交通拥堵的问题。

（2）案例举例：举例说明 AIGC 如何通过智能交通系统减轻拥堵。

（3）预期成果：简述运用 AIGC 技术后可能带来的主要变化。

（4）写作要求：新闻简报应简洁明了，字数 100 ～ 200 字。

任务 3：AIGC 在健康监测设备中的应用。

任务目标：在社交媒体撰写一条文案，介绍一款新的 AIGC 健康监测可穿戴设备。

任务要求：

（1）产品功能：简要描述设备的一至两个核心功能。

（2）AIGC 的角色：解释 AIGC 如何增强这些功能。

（3）优点简述：简述用户使用这种设备的潜在好处。

（4）写作要求：文案应言简意赅，字数 50 ～ 100 字。

小　结

在本项目中，我们探讨了"搜集与整理信息"，旨在引导学习者全面认识生成式人工智能（AIGC）在信息处理领域的潜力。通过详细阐述 AIGC 的定义、与传统 AI 的区别、关键特征、工作原理及核心能力，我们为学习者构建了扎实的理论基础。

同时，注重实践应用，介绍了多个主流 AIGC 平台的登录与操作方法，并设计了任务实践环节，鼓励学习者亲身体验 AIGC 在搜集与整理信息方面的便捷性。通过对比传统方法与 AIGC 进行信息搜集与整理的区别，学习者能够深刻体会到 AIGC 技术的优势。

总体而言，本项目旨在培养学习者利用 AIGC 技术进行高效信息搜集与整理的能力，为其未来的学习、工作乃至创新活动提供有力支持。

课后习题

1. 单选题

（1）AIGC 主要依赖于（　　　）技术来生成内容。

　　A．传统机器学习　　　　　　　　　　　　　　B．生成对抗网络（GANs）

  C.　决策树   D.　支持向量机（SVM）

（2）AIGC 与传统 AI 的主要区别是（ ）。

  A.　AIGC 只能处理文本数据

  B.　传统 AI 比 AIGC 更灵活

  C.　AIGC 没有学习能力

  D.　AIGC 能自动生成新内容，而传统 AI 主要用于分类和预测

（3）Kimi 平台的功能不包括（ ）。

  A.　超长上下文学习   B.　数据分析与信息搜集

  C.　多语言翻译   D.　高效的图像生成

（4）AIGC 进行信息搜集与整理相比传统方法，不具备以下（ ）的优势。

  A.　更高的效率   B.　更智能化的处理能力

  C.　人工干预更少   D.　更高的成本

2. 多选题

（1）AIGC 的关键特征包括（ ）。

  A.　只处理文本数据   B.　创造性与生成能力

  C.　持续学习与进化   D.　仅依赖标注数据进行学习

（2）AIGC 在应用领域中的影响主要体现在（ ）。

  A.　提高生产效率   B.　降低内容的多样性

  C.　促进内容的创新性   D.　满足用户的多元化需求

（3）下列（ ）平台是 AIGC 的主要平台。

  A.　ChatGPT   B.　Excel   C.　Kimi   D.　Claude

（4）AIGC 平台的应用场景包括（ ）。

  A.　创意写作   B.　数据分析   C.　日常对话   D.　智能问答

3. 简答题

（1）请简要说明 AIGC 的工作原理。

（2）请简要描述 AIGC 与传统方法在信息搜集与整理方面的区别。

项目 2
提示词基础操作

提示词（prompt）在 AIGC 中扮演着至关重要的角色，它们是 AI 创作的指导方针，告诉 AIGC 系统要生成的内容类型、风格和细节。通过精心设计提示词，学习者能有效控制 AIGC 的输出风格、主题及细节，提升创作效率与质量。同时，掌握提示词技巧，能激发 AI 的创造力，促进个性化内容的生成，是学习掌握 AIGC 不可或缺的一环。

情境引入

欧阳是一名活动策划人，正筹备着一场令人向往的假期梦幻海岛探险之旅。他的目标是为参与者提供一个融合了自然奇观、冒险体验、文化沉浸和奢华享受的 7 天行程，而每个人的预算只有 1 万元。这样的任务听起来既充满挑战又令人兴奋，对吧？

但是，如何在有限的时间和预算内，确保活动计划的每一个细节都尽善尽美，让参与者留下难忘的回忆呢？这时，AI 创意就能成为你的得力助手。然而，要想让 AI 真正发挥出其潜力，关键在于你如何驾驭它——而这，正是通过精准提示词来实现的。让我们与欧阳同学一起探索提示词创作的奥秘，从简洁具体的需求描述到专业角色的设定，再到提供足够的上下文信息和明确回复格式，甚至学会在必要时对不需要的内容说"不"。这些技巧将帮助你与 AIGC 工具建立更高效的沟通桥梁，从而解锁其无限的创意潜能。现在，让我们携手踏上这段充满创意与挑战的旅程，共同解锁 AIGC 的无限可能，打造一场梦幻般的海岛探险之旅吧！

学习目标与素养目标

1. 学习目标

（1）掌握提示词创作的基本技巧：

➤ 能够理解提示词在引导 AIGC 生成内容中的重要性。

➤ 熟练掌握简洁具体、角色设定、上下文构建、格式明确等提示词创作原则。

➤ 能够根据应用场景，独立编写出符合需求的提示词。

（2）掌握提示词优化的多种技术：

➤ 理解复杂问题分解、思维链与思维树、多轮对话连贯性等优化技术的基本原理。

➤ 掌握 GROW 模型等提示词万能公式，并能灵活应用于实际任务中。

➤ 能够通过提问和回答等交互方式，有效优化提示词，提高 AI 生成内容的质量和效率。

（3）能够应用提示词创作与优化技能，解决实际问题：

➢ 能够根据特定任务需求，设计和优化提示词，以获得符合预期的结果。

➢ 在实际项目中，如旅游和地理位置应用项目的计划、市场调研、销售数据分析和产品推广等，能够有效运用提示词创作与优化技能，提升项目执行效率和成果质量。

2. 素养目标

（1）信息素养：

➢ 培养对信息的敏感性和批判性思维，能够高效筛选、整合和利用信息。

➢ 提升在信息洪流中快速定位并获取有价值内容的能力。

（2）创新能力：

➢ 鼓励探索和实践新的提示词创作与优化方法，培养创新思维和解决问题的能力。

➢ 能够在实际应用中，灵活运用所学知识，创造出具有独特性和实用性的提示词。

（3）持续学习与自我提升：

➢ 培养对新技术、新方法的持续学习兴趣和动力。

➢ 能够主动关注行业动态和技术发展，不断更新自己的知识和技能。

2.1　AI 大语言模型简介

与 AIGC 交互的核心是提示词，而响应这些提示词的是后台的大语言模型，通常简称为"大模型"。随着技术的不断进步，大模型在智能问答、情感分析等应用中表现优异，加速了 AI 技术的商业化落地。展望未来，AI 大语言模型将进一步发展，智能体（AI agent）和个性化模型的崛起将成为重要趋势。同时，文本生成视频技术也将成为新的热点，推动 AI 技术在更多领域的应用和创新。

2.1.1　大语言模型

大语言模型（large language models，LLMs）是一类采用大量数据进行训练的人工智能模型，旨在理解和生成自然语言文本。这些模型通常基于深度学习技术，特别是 Transformer 架构，能够捕捉语言的复杂性和多样性。大语言模型在自然语言处理领域中扮演着重要角色，广泛应用于文本生成、机器翻译、情感分析、问答系统等多种任务。其主要特点有：

（1）大规模参数。大语言模型拥有大量的参数，从数十亿到数万亿不等，这使得它们能够学习丰富的语言特征和模式。

（2）深度学习架构。基于深度神经网络，特别是 Transformer 架构，该架构包括自注意力机制，能够处理长距离依赖关系。

（3）预训练能力。在大量文本数据上进行预训练，以学习语言的通用表示，为后续的任务微调打下基础。

（4）微调灵活性。可以在特定任务上进行微调，以适应不同的应用场景，如翻译、摘要、问答等。

（5）上下文理解。能够理解输入文本的上下文，生成连贯和相关的输出。

（6）多任务学习。一些大模型能够处理多种语言任务，展现出一定的通用性。

2.1.2　大语言模型、AIGC 与 Transformer 架构

1. 大语言模型与AIGC的关系

大语言模型与 AIGC 紧密相连，前者作为深度学习技术的杰出代表，通过海量文本数据训练，掌握了强大的自然语言理解和生成能力。AIGC 则利用这一技术基础，实现了内容创作的自动化与个性化，涵盖了文章、艺术、音乐等多个领域。两者相互促进，大语言模型为 AIGC 提供了技术支撑，而 AIGC 的广泛应用又推动了大语言模型技术的不断革新。这种关系不仅加速了人工智能技术的进步，也为内容创作产业带来了前所未有的变革与机遇。

AIGC 平台的核心技术支撑无疑源自先进的 AI 大语言模型。当我们在 AIGC 平台上进行对话时，实际上是与这一深邃的智能系统进行交流，其回应正是 AI 大语言模型深刻理解与精心生成的结果。因此，在探讨和运用这一技术时，我们完全可以灵活地将 AI 大语言模型简称为 AI、大语言模型或大模型，这些简称都能准确指代这一引领未来潮流的技术力量。这样的简称不仅简化了表述，也是合理的。

2. Transformer架构

AIGC 在近几年爆火，主要缘于由 OpenAI 最先将 Transformer 大模型架构应用于 GPT，才为大众熟知。当前，大语言模型领域的主流架构非 Transformer 莫属。Transformer，这一由 Google Brain 团队在 2017 年开创性论文 *Attention Is All You Need* 中提出的深度学习框架，彻底颠覆了传统循环神经网络（RNN）与长短时记忆网络（LSTM）的局限。它的核心在于自注意力机制，这一创新使得模型能够以前所未有的效率处理输入序列，无须依赖序列中的先前元素，极大地提升了自然语言处理的灵活性与深度。

Transformer 的自注意力机制是 Transformer 的核心部分。它允许模型在处理序列中的每个元素时，能够对序列中的其他元素进行加权关注。具体来说，输入序列被分别映射为查询（query）、键（key）和值（value）向量。然后，通过计算查询与键的相似度，得到每个查询与其他元素的注意力权重。最后，将注意力权重与对应的值向量相乘，并加权求和得到最终的输出。

为了增强模型的表示能力，Transformer 引入了多头注意力机制。该机制通过在不同的线性变换上并行执行多个自注意力操作，从而获得多种不同的注意力表示。每个注意力头使用独立的权重矩阵，能够学习和捕捉不同的语义信息。这样，模型可以在同一输入序列上关注到多样化的关系，从而更丰富地表示句子的含义。

我们在 ChatGPT 介绍中已经了解，GPT 模型的独特之处在于基于 Transformer 的预训练、微调和单层注意力机制的应用。GPT 模型是使用了多层的 Transformer 编码器来对输入文本进行建模，并通过自回归方式生成输出文本。这种预训练和微调的方式使得 GPT 模型能够学习到丰富的语言知识和上下文理解能力。与谷歌的多层注意力机制不同，OpenAI 在 GPT 模型中采用了单层注意力机制。这种机制具有计算效率高、参数量少、模型更容易解释等优点。虽然单层注意力机制的表达能力可能不如多层注意力机制，但在一些任务上仍然可以取得较好的效果。

3. Transformer架构与大语言模型的关系

大语言模型与 Transformer 架构之间的紧密联系，在于后者成为前者的坚实技术基石。Transformer 不仅赋予了大语言模型卓越的自然语言理解能力，还极大地增强了其处理复杂语言序列的效率与准确性。正是基于这样的架构优势，大语言模型在文本生成、机器翻译、情感分析等多个 NLP 领域取得了非凡成就，推动了整个领域的飞速发展。

展望未来，大语言模型与 Transformer 架构的紧密结合将为 AI 领域带来新的创新和突破，深刻影响我们的生活与工作。虽然 Transformer 架构在性能上具有显著优势，但其高计算成本也是一个需要关注的问题。为此，研究人员正通过轻量化处理来优化该架构，比如采用高效的注意力机制、减少参数量、优化超参数等方式，以降低计算复杂度和内存消耗，从而提升效率。此外，尽管 Transformer 是目前的主流架构，但也不是唯一的、最优的架构，在 AI 领域中，RNN、CNN、MLP-Mixer、混合架构以及稀疏专家模型等其他架构也在不同任务中各具优势，共同推动着模型的多样化发展与技术创新。

2.2 提示词创作

提示词创作的核心任务在于深刻理解其基本概念，灵活应对不同应用场景需求，编写出恰到好处的提示词。同时，需掌握创作技巧，以有效调整提示词助手生成的内容，确保最终作品符合预期。

2.2.1 提示词基础创作任务

驾驭 AI 创意，关键在于精准提示。高效 AI 对话的秘诀在于使用简洁明确的提示词，避免模糊表达，让 AI 直接理解需求；为 AI 设定专业角色，引导其提供专业且深入的回应；提供充足的上下文信息，帮助 AI 准确理解任务，生成针对性的响应；明确指定输出格式，确保内容结构清晰易懂；并适时拒绝无关内容，以提升 AI 输出的相关性和准确性。

本项任务目标：假期梦幻海岛探险之旅的策划与提示词创作。

在本任务中，将通过学习和运用提示词创作的基本技巧，掌握根据不同应用场景编写合适提示词的能力，以确保获取符合预期的输出信息。作为活动策划人，你的职责是组织一场为期 7 天的假期梦幻海岛探险之旅，预算为每人 1 万元。为提升活动的吸引力并确保行程安排合理，计划须重点围绕自然奇观、冒险体验、文化沉浸和舒适享受四大主题展开。你的任务是制订一个详细的活动计划，在预期输出框架（见图 2-1，该图的内容与预期输出无关）基础上，结合具体需求进一步细化表格内容。

日期	行程安排	出行方式	预算分配（每人）
第一天			
上午	乘坐高铁从上海出发至杭州（1～1.5 h）	高铁	￥400～800
中午	抵达杭州，入住经济型或中档酒店（靠近西湖或文化景点）	酒店接送服务（如提供）	酒店住宿（含早餐）（两人一间）
下午	游览西湖景区，包括苏堤春晓、断桥残雪等自然景观	步行/公共交通	门票及游船：约￥50
傍晚	在西湖边享用杭州特色晚餐，如龙井虾仁、东坡肉	步行/公共交通	餐饮：约￥200～400
晚上	漫步南山路，欣赏西湖夜景，可选择性观看西湖音乐喷泉	步行	免费活动

图 2-1 行程计划输出格式示范

2.2.2 幻海岛探险之旅计划组织实现步骤

采用分步递进的方式，根据 AIGC 回答的内容，不断增加提示要求（包括扩展肯定的要求或排除禁止的要求），逐步实现计划目标。

Step 1 登录你选中的或自己熟悉的 AIGC 网站，如 DeepSeek，进入"提示词"会话界面，并在编辑框中输入"帮我策划一场梦幻海岛探险之旅"，如图 2-2 所示。

图 2-2 输入提示词

不言而喻，这个提问回答的结果肯定与我们的计划目标相去甚远，因为没有给出时间、人数和目的地的限定。

Step 2 修改上述提示词，使其更加具体明确，如图 2-3 所示，"帮我策划一场梦幻海岛探险之旅。目的地：马尔代夫某隐秘岛屿，远离尘嚣，尽享七天六晚的舒适与宁静。怀揣对海洋的无限向往与探索的热情，偏好自然奇观、冒险体验、文化沉浸、舒适享受。预算一万元。"

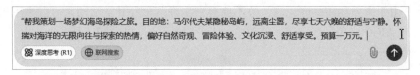

图 2-3 使用具体的提示词

修改提示词后 DeepSeek 生成的内容如图 2-4 所示。可以看到此时 AIGC 根据较为详细的提示词生成了一份海岛探险之旅计划，计划中包含了每天的出行方式、景点活动、餐饮、预计时间等，费用在最后有列出（未截图）。内容较为丰富详细。

图 2-4 使用具体的提示词生成的结果

Step 3 由于出行路程较远，为了解决旅行途中如何消遣时间的问题，并储备一些马尔代夫相关的知识，需要为大家推荐几本关于此次旅行相关的书籍，供大家阅读。这时可以为 AIGC 设定专业角色，以提供有效的帮助。在编辑框中输入如下"作为图书管理员，以下 4 本书籍将为你的马尔代夫探险之旅提供知识和灵感，涵盖海洋奇观、文化背景以及奢华旅行体验"。操作结果如图 2-5 所示。

作为图书管理员，以下4本书籍将为你的马尔代夫探险之旅提供知识和灵感，涵盖海洋奇观、文化背景以及奢华旅行体验。

1.《The Maldives: Islamic Republic, Tropical Autocracy》by Xavier Romero-Frias

- **推荐理由**：这本书详细介绍了马尔代夫的历史和文化背景，帮助你在旅行中更好地理解这个国家的独特社会结构与文化传统。

2.《Coral Reefs: Cities of the Ocean》by Sylvia A. Earle

- **推荐理由**：由著名海洋学家撰写，展示了珊瑚礁的生态系统和生物多样性。这本书可以帮助你在马尔代夫的浮潜或潜水体验中更好地认识和欣赏海洋奇观。

3.《Lonely Planet Maldives》by Lonely Planet

- **推荐理由**：这本全面的旅游指南提供了马尔代夫各个岛屿的详细信息，包括冒险活动、住宿推荐和当地文化，是规划旅程的必备工具。

4.《The Art of Luxury Travel: Inspiring Destinations and Experiences》by Stuart Anderson

- **推荐理由**：这本书讲述了世界各地顶级奢华旅行的目的地和体验，能为你的马尔代夫奢华海岛之

图 2-5　旅途书籍推荐结果

Step 4　由于有人存在些许恐高，故不要有乘坐降落伞等升空活动，可以坐飞机。这时可以通过"Say No"告知 AIGC 避免哪些内容。修改 Step2 中的提示词，如图 2-6 所示。

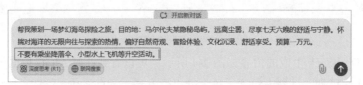

图 2-6　在提示词中"Say No"操作示意图

AIGC 反馈的结果如图 2-7 所示。可以看到在提示词中明确"不要有乘坐降落伞、小型水上飞机等升空活动"后，AIGC 生成的活动计划中，岛上出行变成了乘快艇前往度假村。

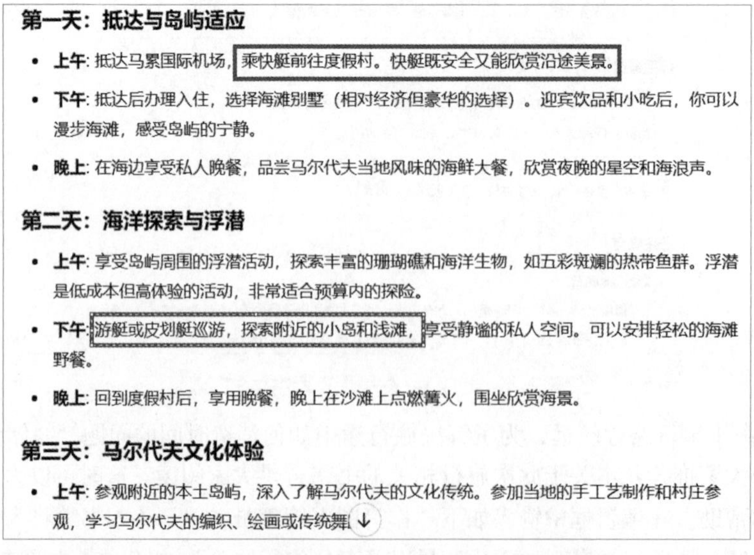

第一天：抵达与岛屿适应

- **上午**：抵达马累国际机场，乘快艇前往度假村。快艇既安全又能欣赏沿途美景。
- **下午**：抵达后办理入住，选择海滩别墅（相对经济但豪华的选择）。迎宾饮品和小吃后，你可以漫步海滩，感受岛屿的宁静。
- **晚上**：在海边享受私人晚餐，品尝马尔代夫当地风味的海鲜大餐，欣赏夜晚的星空和海浪声。

第二天：海洋探索与浮潜

- **上午**：享受岛屿周围的浮潜活动，探索丰富的珊瑚礁和海洋生物，如五彩斑斓的热带鱼群。浮潜是低成本但高体验的活动，非常适合预算内的探险。
- **下午**：游艇或皮划艇巡游，探索附近的小岛和浅滩，享受静谧的私人空间。可以安排轻松的海滩野餐。
- **晚上**：回到度假村后，享用晚餐，晚上在沙滩上点燃篝火，围坐欣赏海景。

第三天：马尔代夫文化体验

- **上午**：参观附近的本土岛屿，深入了解马尔代夫的文化传统。参加当地的手工艺制作和村庄参观，学习马尔代夫的编织、绘画或传统舞

图 2-7　在提示词中"Say No"的生成结果

Step 5　虽然 AIGC 已经生成了一份较为详细的"旅行计划",但是内容以大量文本的形式出现,这样不够简洁直观。

请指定 AIGC 生成的内容以表格的形式呈现。继续修改以上的提示词,增加"请以表格的形式输出"提示之后,输出结果如图 2-8 所示。

图 2-8　指定"表格"形式的生成结果

如上的表格内容没有达到我们的要求,还要对表格内容做出规定,在提示词中增加"表格内容包括日常、活动安排、活动细节、出行方式、活动预算",如图 2-9 所示。

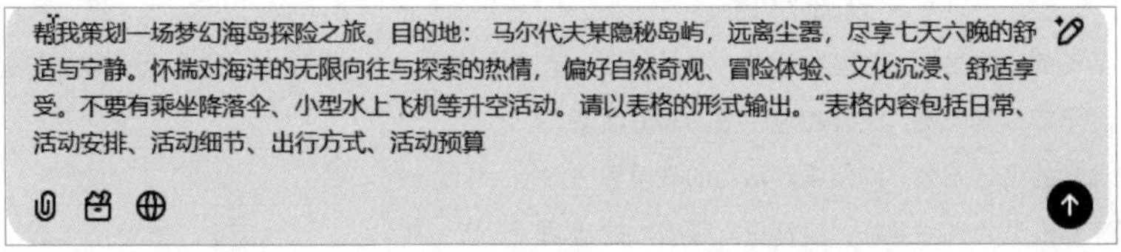

图 2-9　在提示词中增加表格内容操作示意图

以下是 AIGC 策划的马尔代夫隐秘岛屿梦幻海岛探险之旅出行计划,七天六晚的舒适与宁静体验,预算为一万元,且不包含升空活动,见表 2-1。

表 2-1　马尔代夫隐秘岛屿梦幻海岛探险之旅行程

日　　程	活动安排	活动细节	出行方式	活动预算
第一天	抵达与休息	抵达马累国际机场,乘快艇前往度假村。 入住沙滩别墅,享用欢迎饮品。 在海滩上享用私人晚餐,欣赏日落和海景	快艇	住宿费(部分):¥1 000 ~ 1 200
第二天	浮潜与海洋探险	早晨浮潜,探索附近的珊瑚礁和海洋生物。 下午乘坐皮划艇巡游,或探访岛屿周边。 晚餐后在海滩上举办篝火晚会,享受夜空与海浪声	徒步 / 皮划艇	浮潜装备:¥100 ~ 200
第三天	文化沉浸与水疗体验	参观当地岛屿,了解马尔代夫传统文化、手工艺。 返回后享受马尔代夫传统水疗。 在餐厅品尝当地美食	快艇	文化活动:¥200 ~ 300

续表

日　程	活动安排	活动细节	出行方式	活动预算
第四天	沙滩日与海钓体验	私人沙滩日,享受阳光与放松。 参加日落海钓,捕获新鲜的鱼类可作为晚餐食材。 在沙滩上举行私人定制的浪漫晚餐	快艇	海钓:¥150～300
第五天	自然探险与生态保护	上午探索岛屿自然步道,观赏野生动植物。 下午参与珊瑚种植和环保活动,学习海洋保护知识。 在度假村放松享受泳池时光	徒步	环保活动:¥200～300
第六天	潜水体验与水上活动	早晨参加初学者潜水课程,探索深海的珊瑚和海洋生物。 下午享受自由时光,可选择轻松的皮划艇或沙滩散步。 享受最后一顿露天晚餐	徒步/快艇	潜水课程:¥300～500
第七天	返程前的放松与告别	享用丰盛的早餐,最后一次漫步在沙滩上拍照留念。 下午乘快艇返回马累,准备飞回家	快艇	交通费(快艇返程):¥300～500

此行程将带给你马尔代夫的冒险体验,同时符合预算要求,见表2-2。

Step 6　课外要求:通过以上操作步骤,大家已经掌握了提示词创作的基本技能,现在请根据所学内容重新设计一份家庭活动策划,自己设置活动细节,将自己的提示词设计思路填写在表2-3提示词设计表中。

表2-2　总预算分配表

项　目	预估费用
住宿(沙滩别墅)	¥6 000～7 000
餐饮	¥1 500～2 000
活动与体验	¥1 000～1 500
交通(快艇)	¥500～1 000
总计	约¥10 000

表2-3　提示词设计表

模　块	设计思路	提　示　词
活动类型	确定活动的总体类型,如室内活动、户外活动、节日活动等	设计一个适合全家参与的室内活动
活动主题	结合特定节日或庆典,设计相应主题的家庭活动	
参与人数	明确活动的参与人数,以便确定活动的规模和适用性	
爱好	根据家庭成员的兴趣爱好,设计更具吸引力的活动	
活动时间	指定活动的时间长度,帮助生成适合时间范围内完成的活动	
地点	明确活动地点,如家中、后院、公园等	
预算	指定活动预算,确保活动在可接受的费用范围内	

2.2.3　拓展任务:为本专业撰写宣传文案

1. 任务描述

针对所在校××专业,专注于具体领域,如"人工智能应用""绿色能源技术",介绍专业融合前沿科技与实用技能的情况,注重培养学生的创新思维与实践能力。目标受众为对未来充满憧憬、渴望掌握行业核心竞争力的学子。利用AIGC技术,以合适的提示词,编写一篇吸引潜在学生加入的宣传文案,展现专业魅力与就业前景。请你设计一系列的提示词递进优化AI的输出。

2. 任务要求

(1)简洁与具体性:设计一系列精准且具体的提示词,明确展现××专业在"人工智能应用"或"绿色能源技术"领域的独特优势与核心亮点。

（2）设定专业角色：设定一名未来科技导师或行业领航者的角色，通过其视角优化提示词，使文案能够触动目标受众（对未来充满憧憬的学子们），激发他们的兴趣与共鸣。

（3）提供足够的上下文：加入背景信息和目标受众的描述，优化提示词。

（4）明确回复格式：要明确要求以宣传文案的标准格式输出，包括引人注目的标题、引人入胜的开头段落、详细阐述专业特色与优势的主要内容部分，以及鼓舞人心的结尾，鼓励潜在学生积极加入。

（5）创新与实践并重：在提示词中强调 ×× 专业如何平衡理论学习与实践操作，通过项目实践、实习实训等方式，培养学生的创新思维与解决实际问题的能力，这是吸引追求技能与竞争力并重的学子的关键。

2.3　提示词优化

提示词优化任务的核心目标在于：首先，掌握并运用一套高效的提示词万能公式，以确保提示词的书写格式既规范又高效；其次，通过多轮次的深入对话，巧妙地引导提示词助手生成的内容保持高度的逻辑连贯性，构建出流畅的故事或论述脉络；最后，借助反馈机制与迭代优化策略，不断精化提示词，从而显著提升 GPT 模型输出的内容在相关性与准确性方面的表现，满足用户对于高质量输出的期待。

2.3.1　提示词优化任务与 GROW 模型

1. 任务概述

针对一款健康保健应用程序的开发项目，进行项目规划文案与市场推广提示词的优化工作。本任务的核心目标是利用 AIGC 技术，协助完成新产品的全面开发流程及其相关文案的创作与优化。具体而言，任务执行流程如下：

（1）用户需向 AIGC 明确任务需求，AIGC 将自动引导用户回答关于产品概述、市场分析、技术可行性等核心问题，并基于用户的回答生成详尽的项目计划。

（2）用户与 AIGC 将展开多轮深入对话，共同进行市场调研。这包括竞品分析、优缺点对比以及市场需求趋势的探讨，AIGC 将辅助用户列出竞品、分析市场态势，为产品开发提供有力支持。

（3）用户还需提供销售数据，AIGC 将对这些数据进行深入分析，揭示销售趋势、影响因素，并提出针对性的改进建议，以助力产品优化和销售策略的调整。

（4）借助 GROW 模型，用户将引导 AIGC 创作社交平台推广文案。这些文案旨在精准定位目标市场用户，提升产品的吸引力和品牌影响力，从而有效推动产品的市场推广和销售增长。

整个任务流程充分展示了 AIGC 在提示词优化方面的不断迭代与精进，确保了项目文案的准确性和市场适应性。

2. GROW模型

为了帮助提示词助手更好地理解和执行任务，优化提示词的技术手段主要包括：① 面对复杂问题时，我们可以将其分解成多个简单问题，这样做有助于提示词助手逐一理解和处理，避免混淆；② 利用思维链和思维树进行复杂的逻辑推理，这能帮助提示词助手在解决问题时，更加有条理和逻辑；③ 保持多轮对话的连贯性至关重要，连贯的对话不仅能提高对话质量，还能提升效率。

在AIGC中，GROW模型可以帮助构建有效的提示词，以指导模型生成目标内容。这种应用的GROW模型与原型GROW模型略有不同。原型GROW模型是一个帮助人们思考和解决问题的工具，通常用于个人发展、项目管理或教练指导等场景，它分为四个步骤：goal（目标）、reality（现状）、options（方案）、way forward（行动）。而AIGC中的GROW模型则专注于生成内容的明确目标、清晰结构和持续改进，它的四个步骤解释如下：

目标（goal）：明确内容生成的最终目标，即想要生成的内容类型和期望的效果。例如，是否需要生成一篇具有说服力的文章、一个有趣的对话，或是一幅具有特定主题的图片。此步骤为 AI 设定清晰的方向。

角色（role）：设定内容中的特定角色或风格，明确内容的"声音"或"视角"。在内容生成中，可以指定 AIGC 以某种身份或风格生成内容（例如，"以历史学家视角解释"或"用简单亲和的语言描述"），增强生成内容的特征性和目的性。

输出（output）：确定最终的输出形式和格式要求。这包括内容的长度、段落数量、语气、风格等细节。通过设置输出要求，确保内容符合预期的格式和质量。

前进方式（way forward）：描述继续调整和优化的方式，以便得到更优质的输出。可以包括下一步调整的细节，或者让 AIGC 在初步生成后提供其他选择。

通过在提示词中加入这些要素，GROW 模型帮助 AIGC 生成更贴合预期的内容。

我们可以这样应用 GROW 模型：明确项目启动并运营的目标，设定项目经理、技术团队、市场团队和运营团队的角色；确定项目成功启动、市场渗透率、客户满意度等输出指标；其中，规划行动前进方式，包括项目经理领导团队、设定关键里程碑（关键里程碑包括：一个月内完成技术开发，两个月内完成市场推广，四个月内达到初步市场渗透率目标）、确定工作地点、采用敏捷开发方法、制定市场推广计划等。

此外，如果不知道如何确定提示词，可以让 AIGC 辅助生成，并在修改后向提示词助手提问。

最后，还可以通过提问和回答的方式代替提示词。例如，告诉 AIGC："我要完成一个 ×× 任务，你可以通过提问来了解我的需求，当我回答完所有问题后，请执行这个任务。"这种交互方式更加自然，有助于 AIGC 更好地理解并执行任务。

2.3.2　提示词优化操作步骤

👆Step 1　为了完成项目计划，可以从一个问题开始，通过提问和回答这种常用的交互方式，让 DeepSeek 执行任务。如在编辑框中输入"我要完成一个开发新产品的项目计划，请先问我一些问题，当我回复完这些问题时，请执行这个任务。"操作如图 2-10 所示。

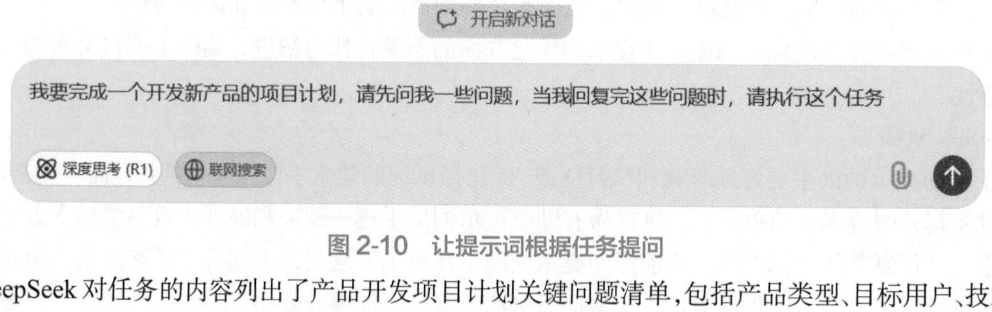

↻ 开启新对话

我要完成一个开发新产品的项目计划，请先问我一些问题，当我回复完这些问题时，请执行这个任务

⊗ 深度思考 (R1)　⊕ 联网搜索　　　　　　　　　　　　　　📎　↑

图 2-10　让提示词根据任务提问

DeepSeek 对任务的内容列出了产品开发项目计划关键问题清单，包括产品类型、目标用户、技术基础、预算范围等 10 个提问，如图 2-11 所示。

图 2-11　AIGC 对任务进行提问

Step 2　根据 DeepSeek 的提问，在编辑框中进行回答，如"请根据我回答的问题，制订详细的项目计划。1. 项目的主要目标是开发一款健康保健应用程序，在六个月内完成。2. 项目的时间表包括：第一阶段市场调研，一个月；第二阶段产品设计，两个月；第三阶段开发和测试，三个月。3. 项目需要的资源包括：开发团队、设计团队、测试团队、市场调研团队，以及 500 万元的预算。"操作如图 2-12 所示。

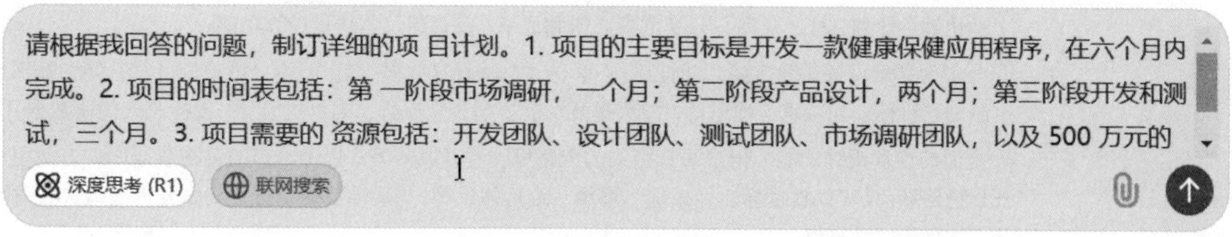

请根据我回答的问题，制订详细的项目计划。1. 项目的主要目标是开发一款健康保健应用程序，在六个月内完成。2. 项目的时间表包括：第一阶段市场调研，一个月；第二阶段产品设计，两个月；第三阶段开发和测试，三个月。3. 项目需要的资源包括：开发团队、设计团队、测试团队、市场调研团队，以及 500 万元的

深度思考 (R1)　　联网搜索

图 2-12　回答 DeepSeek 提出的提问

DeepSeek 根据回答生成了一份项目计划，如图 2-13 所示，其中涵盖了目标、总预算、阶段分解与甘特图、预算分配、团队分工与协作等内容，整个计划十分具体。

Step 3　通过多轮对话，让 DeepSeek 进行市场调研。首先进行第一轮对话，如"作为项目经理，请帮我进行市场调研：1. 请提供当前市场上主要健康保健应用程序的列表，并简要描述它们的主要功能。"操作如图 2-14 所示。

图 2-13　DeepSeek 根据回答生成的开发项目计划

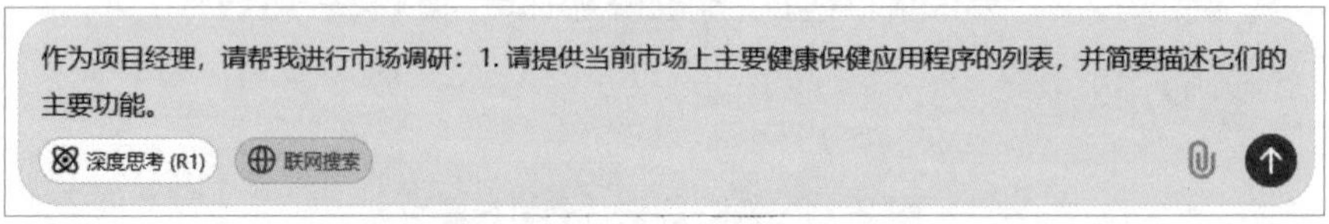

作为项目经理，请帮我进行市场调研：1. 请提供当前市场上主要健康保健应用程序的列表，并简要描述它们的主要功能。

⊗ 深度思考 (R1)　⊕ 联网搜索　　　　　　　　　　　　🖉　↑

图 2-14　在提示词输入框中进行第一轮会话

DeepSeek 第一轮对话反馈的结果见表 2-4。

表 2-4　主要健康保健应用程序及功能描述

应用程序名称	主 要 功 能
Keep	提供多样化的健身课程，涵盖瑜伽、跑步、力量训练等；记录运动数据，如步数、卡路里消耗等；定制个性化健身计划；社区互动，分享健身心得和成果；饮食建议与热量计算功能
华为健康	与华为穿戴设备无缝连接，实时监测心率、步数、睡眠等数据；提供健康分析报告，包括运动、睡眠、压力等；定制健康目标，如减重、增肌等；健康提醒功能，如久坐提醒、喝水提醒等；支持家人健康数据共享
MyFitnessPal	全面的饮食跟踪功能，记录每日摄入的卡路里、营养成分等；提供丰富的食物数据库，方便用户快速查找食物信息；设定饮食目标，如减重、增重、维持体重等；与运动数据结合，全面分析健康状况；社区互动，分享饮食和运动心得
薄荷健康	提供个性化的饮食计划和营养建议；丰富的食物热量和营养成分查询；健康食谱推荐，涵盖多种口味和烹饪方式；体重管理功能，记录体重变化并分析原因；运动数据记录与分析，结合饮食进行健康管理
Fitbit	与 Fitbit 智能穿戴设备配合，实时监测心率、步数、睡眠质量等；提供详细的运动数据分析，如运动强度、消耗卡路里等；设定健康目标并跟踪进度；社区互动，分享运动成果和心得；支持与其他健康应用程序同步数据
春雨医生	在线医疗咨询服务，用户可通过文字、语音或视频与医生交流；提供疾病自查、药品查询、健康资讯等功能；定制化健康管理方案，包括饮食、运动、心理等；慢性病管理功能，如糖尿病、高血压等；健康档案管理，记录用户的就诊记录、检查结果等

Step 4　进行第二轮对话，如"请记住上一轮对话的内容，并继续进行市场调研：2. 针对这些健康保健应用程序，分析它们的优缺点。"操作如图 2-15 所示。

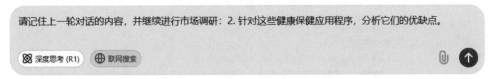

图 2-15　与 DeepSeek 第二轮对话

DeepSeek 第二轮对话反馈的结果如图 2-16 所示。可见 AIGC 针对上一次对话中提出的几款健身应用分别进行了优缺点分析，这很好地体现出多轮对话的连贯性。

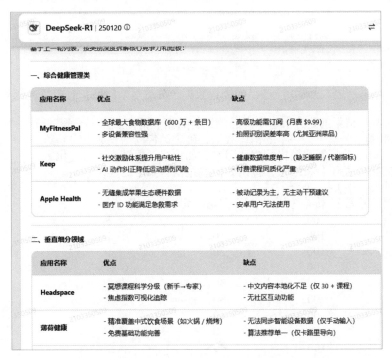

图 2-16　提示词助手第二轮对话结果

Step 5　进行第三轮对话，如"请记住上一轮对话的内容，并继续进行市场调研：3. 请分析这些健康保健应用程序的用户需求和市场趋势。"操作如图 2-17 所示。

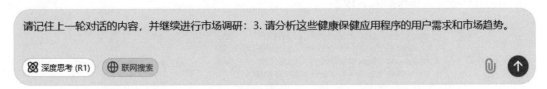

图 2-17　与 DeepSeek 第三轮对话

DeepSeek 第三轮对话反馈的结果，给出了健康保健应用程序的用户需求分层解析、市场趋势与风向标、机会点与策略建议等，如图 2-18 所示。

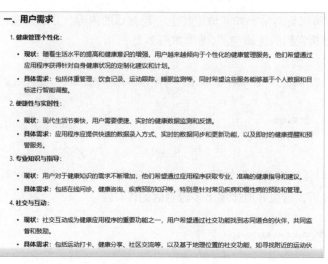

图 2-18　第三轮对话结果示意

Step 6　提供一份某公司相应产品的销售数据，分解复杂问题，对产品进行分析。例如：

作为数据分析师，请帮助我分析这个产品的销售数据。请按照以下步骤进行：
1. 找出销售趋势：分析过去一年的销售数据，确定销售的增长或下降趋势。
2. 影响因素分析：分析影响销售的主要因素，如价格、促销、季节变化等。
3. 提出改进建议：基于分析结果，提出如何改进销售策略的建议。
销售数据（过去一年）：
月份，销售额（万元），价格（元/件），促销（元/件），季节
1月，500，　　　　　　100，　　　　　　10，　　　　　　冬季
2月，450，　　　　　　100，　　　　　　10，　　　　　　冬季
3月，550，　　　　　　100，　　　　　　20，　　　　　　春季
4月，600，　　　　　　100，　　　　　　20，　　　　　　春季
5月，650，　　　　　　100，　　　　　　30，　　　　　　春季
6月，700，　　　　　　100，　　　　　　30，　　　　　　夏季
7月，750，　　　　　　100，　　　　　　40，　　　　　　夏季
8月，800，　　　　　　100，　　　　　　40，　　　　　　夏季
9月，600，　　　　　　100，　　　　　　20，　　　　　　秋季
10月，550，　　　　　　100，　　　　　　20，　　　　　　秋季
11月，500，　　　　　　100，　　　　　　10，　　　　　　秋季
12月，450，　　　　　　100，　　　　　　10，　　　　　　冬季

在提示词对话框输入操作如图 2-19 所示。

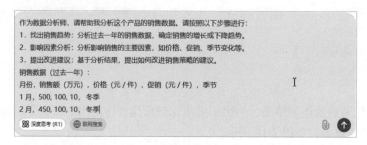

图 2-19　分解复杂问题向 DeepSeek 提问

AIGC 按照提示词中的步骤,将复杂问题分解,对数据进行详细的分析。AIGC 数据分析的结果如下:

1. 找出销售趋势

首先,我们分析过去一年的销售数据来确定销售的增长或下降趋势。从提供的数据来看,销售额在不同月份之间存在明显的波动,但整体趋势可以通过观察全年数据的变化来识别。

➤年初与年末:1 月和 12 月的销售额相对较低,分别为 500 万元和 450 万元,这可能受到冬季市场淡季或年终结算等因素的影响。

➤春季:从 3 月到 5 月,销售额呈现稳步增长趋势,从 550 万元增长到 650 万元,显示出春季市场的活跃。

➤夏季:进入夏季(6 月至 8 月),销售额继续攀升,达到全年最高水平,7 月和 8 月的销售额分别为 750 万元和 800 万元,这可能与夏季促销活动或季节性需求增加有关。

➤秋季:9 月至 11 月,销售额出现明显下降,从 600 万元降至 500 万元,反映出秋季市场的相对冷清。

结论:整体来看,产品销售在过去一年中呈现出“冬季低谷 - 春季增长 - 夏季高峰 - 秋季回落”的季节性趋势。

2. 影响因素分析

接下来,我们分析影响销售的主要因素:

➤价格:从数据中可以看出,产品的价格在整个观察期间保持不变,为 100 元 / 件。因此,价格因素在本案例中不是导致销售额波动的主要原因。

➤促销:促销力度与销售额之间存在明显的正相关关系。例如,在春季和夏季,随着促销力度的增加(从 10 元 / 件增加到 40 元 / 件),销售额也相应增长。秋季促销力度减少后,销售额也随之下降。

➤季节变化:如上所述,销售额的季节性波动显著,冬季和秋季销售额较低,而春季和夏季销售额较高。这可能与产品的季节性需求有关,例如该产品可能更适合在温暖季节使用或作为夏季促销商品。

结论:促销力度和季节变化是影响销售的主要因素。价格在本案例中保持稳定,对销售额的直接影响较小。

3. 提出改进建议

基于上述分析,提出以下改进销售策略的建议:

(1)加强季节性促销:针对春季和夏季的市场需求,加大促销力度,如增加折扣、赠品或限时优惠等,以吸引更多消费者购买。同时,在冬季和秋季市场相对冷清时,也可以考虑推出特色促销活动,以刺激销售。

(2)优化库存管理:根据季节性销售趋势,合理安排库存水平。在销售旺季前增加库存量,以满足市场需求;在销售淡季时则适当减少库存,以降低库存成本和资金占用。

(3)拓展销售渠道:除了现有销售渠道外,可以考虑拓展线上销售渠道或与其他品牌进行联合营销,以扩大市场覆盖面和提升品牌知名度。

(4)提升产品竞争力:虽然价格在本案例中不是主要因素,但提升产品质量、增加产品附加值或开发新产品线仍有助于提升产品竞争力,从而吸引更多消费者购买。

(5)数据分析驱动决策:建立更加完善的数据分析体系,持续跟踪和分析销售数据、市场趋势和消费者行为等信息,为销售策略的制定和调整提供有力支持。

Step 7　为了将产品在各大社交平台进行推广，需要 AIGC 辅助创作推广文案。请使用提示词万能公式 GROW 模型编写提示词，引导提示词助手创作符合预期的推广文案。在编辑框中输入："G：撰写一篇关于健康保健应用程序推广的文案。R：推广文案创作者。O：增加产品吸引力，提高用户转化率。W：目标市场运动爱好者，用户参与度高，提升品牌影响力。作为文案创作者，请根据以上信息撰写一份吸引人的推广文案。"操作如图 2-20 所示。

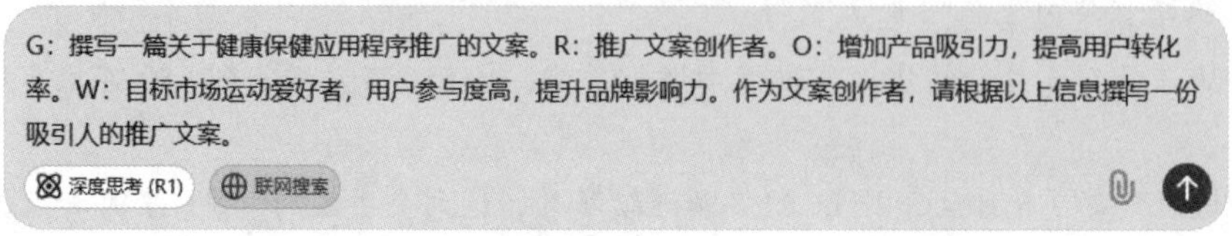

> G：撰写一篇关于健康保健应用程序推广的文案。R：推广文案创作者。O：增加产品吸引力，提高用户转化率。W：目标市场运动爱好者，用户参与度高，提升品牌影响力。作为文案创作者，请根据以上信息撰写一份吸引人的推广文案。
>
> ⊗ 深度思考 (R1)　⊕ 联网搜索　　　　　　　　　　　　　　📎　↑

图 2-20　使用 GROW 模型向 DeepSeek 提问

AIGC 生成的文案结果如下：

【活力燃动，健康随行 —— 您的运动生活新伙伴】

在这个快节奏的时代，我们追逐的不只是速度，更是那份由内而外的健康与活力。运动，已不仅仅是一种爱好，它是我们连接自我、挑战极限的桥梁。现在，让我们携手"健康守护者"App，为您的运动之旅添上一抹亮色，让每一次挥汗如雨都充满动力与意义！

❀ 定制化健康计划，只为独一无二的你

告别千篇一律的健身方案，"健康守护者"运用先进的数据分析技术，根据您的身体状况、运动习惯及目标，量身定制个性化训练计划。无论您是健身新手，还是资深跑者，都能在这里找到最适合自己的成长路径。

🏃 实时数据追踪，见证每一次进步

每一次心跳的加速，每一步足迹的延伸，都被"健康守护者"细心记录。通过高精度的运动追踪功能，您可以实时查看运动数据，包括步数、距离、速度、卡路里消耗等，让每一点努力都清晰可见，激励自己不断超越。

🌈 社区互动，共享运动乐趣

加入"健康守护者"的活力社群，与数百万运动爱好者并肩前行。在这里，您可以分享运动心得，参与挑战赛，结识志同道合的朋友。每一次点赞、每一条评论，都是对您坚持的最好鼓励。让我们一起，在运动的道路上不再孤单。

📣 丰富活动，赢取惊喜奖励

"健康守护者"定期举办各类线上线下活动，从线上挑战赛到线下马拉松，总有一款适合您。参与活动，不仅能享受运动的乐趣，还有机会赢取精美奖品、优惠券等丰厚奖励，让健康之旅更加精彩纷呈。

👍 品牌影响力，品质保证

作为业界领先的健康保健应用程序，"健康守护者"凭借其卓越的产品性能、专业的服务团队和广泛的用户基础，赢得了市场的广泛认可。选择"健康守护者"，就是选择了一个值得信赖的健康伙伴。

现在就加入"健康守护者"大家庭，让我们一起，用运动点燃生活，用健康守护未来！无论是晨光初照的慢跑，还是夜幕降临的瑜伽，都有"健康守护者"陪伴在您身边，让每一天都充满活力与希望。

2.3.3　拓展任务：AIGC 生成项目计划

1. 任务描述

作为一名项目经理，需要负责新产品的开发项目。目前公司正在开发一款新型智能手表，目标市场为科技爱好者和运动人士，项目周期为六个月。请利用提示词技术让 AIGC 生成详细的项目计划。

2. 任务要求

（1）提示词万能公式：应用 GROW 模型（goal、role、output、way forward）设计详细提示词，涵盖项目目标、角色分工、输出结果和前进方式。

（2）Where（何地）：项目团队将在公司总部进行日常工作，但市场团队可能需要定期出差以进行客户拜访和市场调研。

（3）Will（将如何）：我们将采用敏捷开发方法，确保快速响应市场变化。市场团队将制定详细的推广计划，并利用社交媒体、行业展会等渠道进行宣传。运营团队将建立数据监控体系，实时分析项目运营数据，并及时调整策略。

（4）Which（哪些）：在多个技术开发方案中，我们选择采用最新的云计算技术，以确保系统的稳定性和可扩展性。在市场推广策略中，我们选择重点投放社交媒体广告，并积极参与行业展会，以扩大品牌知名度。

（5）用提示词生成提示词：让 AIGC 生成一系列项目管理提示词，并基于模板调整和应用这些提示词。

（6）用问题和回答代替提示词：告诉 AIGC 要完成新产品开发计划，并让 AIGC 询问相关问题，当回答完这些问题后，让 AIGC 生成完整的项目计划。

请按照提示词优化操作步骤完成"×××款新型智能手表"开发项目计划。注意，请为下一个项目任务预留好已完成的该新型智能手表开发计划。

3. 提示词参考

具体上机操作参考上一节提示词优化步骤完成。

提示词 1："作为一名项目经理，需要负责新产品的开发项目。我要完成开发一款新型智能手表的项目计划，请先问我一些问题，当我回复完这些问题时，请执行这个任务。"

提示词 2："请为这款新型智能手表起几个合适的名称备选。"

提示词 3："SmartX 新型智能手表的目标用户群体：科技爱好者和运动人士；产品核心功能：除了基本的健康监测和通知功能外，还有运动模式、睡眠监测、心电图监测、血氧检测等。项目周期为六个月。项目团队将在公司总部进行日常工作，但市场团队可能需要定期出差以进行客户拜访和市场调研。项目将采用敏捷开发方法，确保快速响应市场变化。市场团队将制定详细的推广计划，并利用社交媒体、行业展会等渠道进行宣传。运营团队将建立数据监控体系，实时分析项目运营数据，并及时调整策略。项目采用最新的云计算技术，以确保系统的稳定性和可扩展性。在市场推广策略中，我们选择重点投放社交媒体广告，并积极参与行业展会，以扩大品牌知名度。"

提示词 4："按照以上对项目的定位，请生成完整的项目计划。"

提示词的具体组织按照 AIGC 给出的提示内容灵活撰写。

小　结

本项目内容主要围绕 AI 大语言模型与提示词创作及优化展开。首先，简要介绍了 AI 大语言模型的基本概念，并探讨了它与 AIGC 之间的紧密联系，以及大语言模型与 Transformer 架构的关联，为后续内容奠定了理论基础。

随后，深入学习了提示词创作的相关知识。通过具体任务示例和创作步骤，掌握了提示词创作的基本方法和技巧，并了解了如何为特定主题编写具有吸引力和创新性的宣传文案。

最后，重点探讨了提示词的优化方法。通过任务描述、知识准备和操作步骤，我们学会了如何利用多种技术优化提示词，以提高 AIGC 生成内容的质量和效率。同时，还通过拓展任务实践了 AIGC 生成项目计划的过程，进一步加深了对提示词优化重要性的理解。

通过本项目的学习，不仅能够更好地理解 AI 大语言模型与提示词创作及优化的关系，还能在实际应用中灵活运用所学知识，提升信息处理和内容生成的能力。

课 后 习 题

1. 单选题

（1）大语言模型（LLMs）主要基于（　　　）深度学习架构。

A. 循环神经网络（RNN）　　　　　　　　B. 长短时记忆网络（LSTM）

C. Transformer　　　　　　　　　　　　　D. 支持向量机（SVM）

（2）大语言模型与 AIGC 的关系主要体现在（　　　）。

A. 大语言模型仅用于机器翻译

B. AIGC 对大语言模型的技术发展没有影响

C. AIGC 利用大语言模型实现内容创作的自动化与个性化

D. 大语言模型不具备上下文理解能力

（3）提示词创作的核心任务是（　　　）。

A. 提高 AIGC 的计算能力　　　　　　　　B. 深刻理解基本概念并编写适当的提示词

C. 增加 AIGC 的运行速度　　　　　　　　D. 开发新的 AIGC 模型

（4）在提示词创作中，（　　　）技巧有助于 AI 更准确地理解用户意图。

A. 提供模糊的上下文　　　　　　　　　　B. 使用复杂的术语

C. 编写简洁具体的提示词　　　　　　　　D. 增加不相关信息

（5）提示词优化任务的核心目标不包括（　　　）。

A. 增加任务的复杂性　　　　　　　　　　B. 提高内容的逻辑连贯性

C. 精化提示词以提升内容相关性　　　　　D. 运用高效的提示词万能公式

（6）在提示词万能公式 GROW 中，"R" 代表什么？

A. 结果　　　　　　B. 目标　　　　　　C. 前进方式　　　　D. 角色

2. 多选题

（1）大语言模型的主要特点包括（　　　）。

　　A.　拥有大量的参数　　　　　　　　　　B.　无法理解输入文本的上下文

　　C.　采用大量数据进行训练　　　　　　　D.　可以在特定任务上进行微调

（2）关于 Transformer 架构，以下说法正确的是（　　　　）。

　　A.　采用自注意力机制　　　　　　　　　B.　由 Google Brain 团队在 2017 年提出

　　C.　主要用于图像处理　　　　　　　　　D.　能够处理长距离依赖关系

（3）下列（　　　）是提示词创作的基本技巧。

　　A.　简洁具体　　　　　　　　　　　　　B.　上下文构建

　　C.　否定不需要的内容　　　　　　　　　D.　提供模糊信息

3.　简答题

（1）简要说明大语言模型与 AIGC 之间的相互关系。

（2）请简要说明在提示词创作中如何使用"Say NO"策略。

（3）请简要描述如何通过反馈机制与迭代优化策略精简提示词。

项目 3
提示词工程

提示词工程（prompt engineering），作为前沿技术，聚焦于输入提示的精妙设计与优化，旨在最大化人工智能模型输出质量。本项目深入浅出地介绍提示词工程原理，结合理论与实践操作，旨在培养学生掌握其核心要领。读者将通过系统学习，学会如何巧妙调整提示语，激发 AI 模型潜能，显著提升内容生成的精准度与创意性。

情境引入

在当今飞速发展的数字化时代，AIGC 不再是只存在于科幻电影中的神奇技术，而是已经深深融入我们的日常生活之中。从我们家中的智能音箱，到全天候响应的虚拟客服，AIGC 早已成为我们生活中的得力助手。然而，要真正让 AIGC 展现出卓越的功能，有一个至关重要但常被忽视的环节——提示词工程。

想象一下，你向虚拟客服咨询机票预订的相关信息，期待一个清晰的答复。结果，对话中客服却给你推送了大量的旅游攻略，信息混乱，令你无从下手。这并不是 AIGC "笨拙"，而是因为你所提供的提示词不够清晰，未能帮助 AIGC 准确理解你的需求。要得到满意的结果，提示词工程在其中扮演着重要角色。

提示词工程不仅是优化交互体验的关键所在，更是帮助我们真正掌控 AIGC 互动效果的有效手段。让我们深入了解提示词的力量，以便在日常和工作中享受 AIGC 带来的智能与便捷。

学习目标与素养目标

1. 学习目标

（1）了解提示词工程的基本概念及其在 AIGC 交互中的重要性。

（2）认识提示词包含的基本要素，如问题类型、指令明确性、信息完整性等。

（3）理解并掌握提示词设计的通用技巧，包括如何从简单提问分解复杂问题、如何进行精准指令设计、如何提升指令的具体性与优化策略。

（4）理解避免模糊与不精确指令的重要性，以及在设计提示词时如何明确"做还是不做"的界限。

（5）掌握提示词要素的实践应用，能够准确分析给定提示词中包含的要素，并根据需要进行补充或优化。

（6）掌握通过提示词工程进行文本概括、信息提取、增强问答深度、文本分类等。

（7）能够利用提示词工程构建角色化对话系统，使 AIGC 模型能够根据上下文信息准确回答客户问题，适用于不同场景（如电商售后服务）。

2. 素养目标

（1）批判性思维：培养学生在分析提示词时具备批判性思维，能够识别并纠正模糊、不精确的指令，确保 AIGC 交互的准确性和高效性。

（2）创新能力：鼓励学生在掌握提示词工程基本技巧的基础上，发挥创新思维，设计出更加新颖、高效的提示词，提升 AIGC 交互的智能化水平。

（3）实践能力：通过项目实践，增强学生的动手能力和解决实际问题的能力，使学生能够独立完成提示词工程的相关任务，为未来的职业发展打下坚实基础。

（4）团队合作与沟通：在团队合作中，培养学生良好的沟通能力和团队协作精神，共同解决提示词工程中的实际问题，提升项目完成效率和质量。

3.1　提示词工程与要素

AIGC 中的提示词要素构成了提示词工程的基础，通过精心设计和优化提示词，可以引导 AIGC 生成符合期望的高质量内容。

3.1.1　提示词工程与提示词的要素关系

在 AIGC 中，提示词要素是指提示词中的构成元素，它们定义了提示词的内容、语气和格式，对 AIGC 生成的结果产生直接影响。提示词工程则是基于对这些要素的理解和掌控，设计、优化和调整提示词的一系列方法与技巧。两者的关系可以理解为：提示词要素是基础，而提示词工程则是运用这些要素来实现理想输出效果的过程。以下是对提示词工程含义及其与提示词关系的详细解释：

1. 提示词要素是提示词工程的核心原料

提示词工程的关键是理解并利用提示词要素，包括明确的意图、主题、格式要求、语气等。这些要素决定了 AIGC 模型在生成内容时如何理解用户需求，从而生成合适的文本、图像或其他类型的内容。提示词要素越明确，AIGC 的输出就越接近预期效果。

2. 提示词工程围绕提示词要素进行优化

提示词工程涉及如何调整、细化提示词要素来获得更准确的结果。比如，为了让 AIGC 生成风格适合的内容，可以在提示词中添加具体的描述要素；如果想要内容更详细，提示词要素中可以增加细节描述。提示词工程就是这样一步步优化提示词要素，以实现内容输出的精确控制。

3. 提示词工程帮助实现目标导向的AIGC生成内容

在 AIGC 中，提示词要素本身是静态的，而提示词工程是动态的、目标导向的。通过在不同场景中设计提示词要素，提示词工程可以帮助用户实现特定目标。例如，通过调整描述的具体性来获得更生动的图像，或通过指定内容结构来实现层次分明的文本。提示词工程运用提示词要素，确保生成内容符合用户的特定需求。

总之，提示词要素是构建 AIGC 生成内容的基础，而提示词工程是基于这些要素进行设计和优化的过程。理解和掌握提示词要素，并通过提示词工程不断优化它们，是实现高效 AI 生成内容的关键。

3.1.2　提示词工程包含的要素内容

提示词要素作为引导 AIGC 模型生成内容的关键指令，直接决定了 AIGC 的输出质量和方向。通过精心设计提示词，用户能够明确表达创作意图，激发 AI 的创造力，生成丰富多样、符合需求的内容。AIGC 技术的强大之处在于其能够根据提示词要素灵活调整生成策略，实现个性化、定制化的内容创作，而提示词的要素应具备明确性、具体性、相关性、启发性、可行性和多样性的特点。掌握并运用好这些提示词要素，是有效利用 AIGC 技术的关键所在。提示词包含以下要素：

1. 指令

指令是提示词中直接告诉 AIGC 模型需要执行的具体任务或动作。它是模型行为的直接指导，明确告诉模型要做什么，比如"写一篇关于人工智能发展的文章"或"翻译这段英文到中文"。指令的清晰性和具体性对模型生成内容的准确性和相关性至关重要。

2. 上下文

上下文信息为模型提供了额外的背景知识或环境设置，有助于模型更准确地理解并响应提示词。它可以是历史对话记录、文章的主题、时间地点等任何有助于模型理解情境的信息。通过提供上下文，模型能够生成更加连贯、符合逻辑的内容。

3. 输入数据

输入数据是用户直接提供给模型的内容或问题，它是模型生成输出的基础。输入数据可以是一段文字、一张图片、一个音频文件等，具体取决于模型的设计和应用场景。模型会根据输入数据进行分析、理解和处理，然后生成相应的输出。

4. 输出指示

输出指示指定了模型生成输出的类型或格式要求。它告诉模型用户期望的输出是什么样的，比如是文本、图片、音频还是其他形式；以及输出的具体格式，如文章结构、图片尺寸、音频格式等。输出指示有助于模型生成符合用户期望的高质量输出。

这四个要素共同构成了提示词的完整内容，它们相互关联、相互作用，共同决定了 AIGC 模型生成内容的质量和效果。在设计和使用提示词时，需要充分考虑这些要素，以确保模型能够准确理解用户意图并生成满意的输出。

3.1.3　提示词工程要素分解任务

1. 任务实践

以下提示词中分别包含了哪些要素？

输入的提示词内容：

> 截至 2023 年，马来西亚的人口约为 3 370 万，柬埔寨的人口数量约为 1 600 万，希腊的总人口约为 1 053.2 万人。
>
> 请根据以下示例格式回答问题：
>
> """
>
> 问题：澳大利亚的面积与加拿大的面积相比哪个更大？
>
> 答案：加拿大。
>
> """

问题：希腊的人口数量与柬埔寨的人口数量相比，哪个更多？

答案：

AIGC 回答结果如图 3-1 所示。

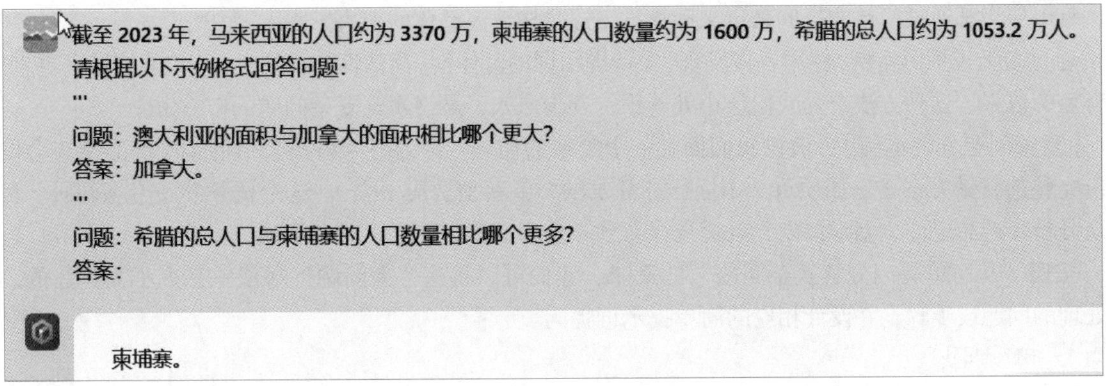

截至 2023 年，马来西亚的人口约为 3370 万，柬埔寨的人口数量约为 1600 万，希腊的总人口约为 1053.2 万人。

请根据以下示例格式回答问题：

"""

问题：澳大利亚的面积与加拿大的面积相比哪个更大？

答案：加拿大。

"""

问题：希腊的总人口与柬埔寨的人口数量相比哪个更多？

答案：

柬埔寨。

图 3-1　比较希腊与柬埔寨的人口数据的结果

提示词要素分析：

（1）指令：比较希腊与柬埔寨的人口数量，确定哪个更多。

（2）上下文：提供信息背景和参考数据，即提供了两国的人口数量数据。

（3）输入数据：希腊的总人口约为 1 053.2 万人，柬埔寨的人口数量约为 1 600 万。

（4）输出指示：给出期望的回答格式和示例，以指导如何输出答案。

2．提示词工程要素分析拓展

下面是一个包含多项指令的提示词输入内容：

根据以下教学内容给出教学目的、教学要求，字数限制在 200 字以内。教学内容如下：MongoDB 体系结构、MongoDB 数据类型 、MongoDB 的使用规范。

另外，参照下面的模式给出教学方法与组织安排，字数限制在 200 字以内。模式如下：

教学方法：启发讲授促思考，自主学习拓视野；讲授结合实训操作，理论与实践并重。

组织安排：第一学时讲 NoSQL 概述，导入新课；第二学时深入基本要素，实训操作，布置作业巩固所学。

请分析该提示词内容包含提示词要素，包括指令、上下文、输入数据和输出数据部分。

3.2　提示词通用技巧

提示词通用技巧在于精练、明确与引导性。首先，确保提示词简洁明了，避免冗长复杂，以便快速抓住要点。其次，明确提示词的具体指向，是启发思考、引导方向还是限定范围，这有助于接收者准确理解意图。再者，利用正面积极的词汇构建提示词，激发积极行动与正面联想。同时，要使用通俗易懂的语言，确保信息无障碍传递。最后，适时调整提示词，根据情境变化灵活应对，保持其有效性和针对性。通过这些技巧，提示词能更有效地促进沟通、引导行动。

3.2.1　从简单提问分解复杂问题

在面对复杂问题时,一个高效的策略是从简单的提示词提问开始。这意味着将大问题拆解成一系列小而具体的、易于处理的问题或步骤。每个小问题都应设计得尽可能简洁明了,聚焦于单一的核心点。特别是在处理包含多个子任务的大型任务时,这种"化繁为简"的方法尤为有效。可以将大任务层层拆解,每个层级都通过简单的提问来定义和指导,逐步构建出整体的解决方案。

通过多上机练习实例,使用者将发现,保持提示词的具体性、简洁性和简明性,往往能够带来更直接、更有效的成果。这种方法鼓励我们从小处着手,逐步深入,最终实现复杂问题的有效解决。

【复杂问题分解示例】:假设我们面临一个复杂的任务,即为一家科技公司的年度产品发布会设计一份完整的营销方案(比如项目2拓展任务开发的一款新型智能手表)。这个任务涉及市场调研、目标受众分析、产品定位、创意策划、渠道选择、预算分配等多个环节,非常烦琐。

按照"从简单提问分解复杂问题"的策略,我们可以将这个大问题拆解成一系列小而具体的、易于处理的问题或步骤,并设计相应的简单提示词提问。

1. 市场调研

提问:"目前市场上同类产品的竞争情况如何?"(提示词要素:市场调研、竞争情况)

上机练习提示词输入如图 3-2 所示。

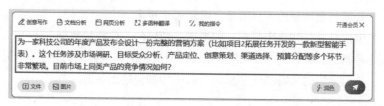

图 3-2　提示词要素:市场调研、竞争情况

输出结果如图 3-3 所示。

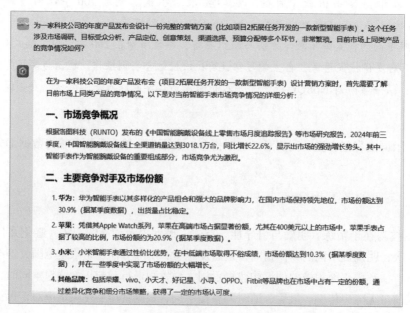

图 3-3　智能手表市场竞争情况

选择一家具体公司，提问："小米智能手表目标受众的需求和偏好是什么？"（提示词要素：目标受众、需求偏好）。具体操作省略。

2. 目标受众分析

提问："我们的目标受众主要有哪些群体？"（提示词要素：目标受众、群体划分）

同时，将"项目 2 拓展任务开发的一款新型智能手表"具体产品开发计划作为上下文（项目背景材料）输入。

依据 AI 返回的消费群体（在新型智能手表开发计划中确定的目标市场为科技爱好者和运动人士）继续迭代提问。

提问："这些群体的特点和消费习惯是怎样的？"（提示词要素：群体特点、消费习惯）

3. 产品定位

提问："我们的产品相对于竞争对手有哪些优势？"（提示词要素：产品定位、竞争优势）

提问："我们应该如何突出这些优势来吸引目标受众？"（提示词要素：产品优势、吸引受众）

4. 创意策划

提问："发布会的主题和亮点是什么？"（提示词要素：发布会主题、亮点）

提问："如何设计活动环节来增强观众的参与感？"（提示词要素：活动环节、参与感）

5. 渠道选择

提问："我们应该通过哪些渠道来宣传这次发布会？"（提示词要素：宣传渠道、发布会）

提问："每个渠道的受众覆盖率和成本效益如何？"（提示词要素：受众覆盖率、成本效益）

6. 预算分配

提问："整个营销方案的预算是多少？"（提示词要素：营销预算、总额）

提问："每个环节的预算应该如何分配？"（提示词要素：预算分配、环节）

随着对每个小问题的逐步解决和理解的深入，我们可以逐渐添加更多的元素和上下文，将这些简单的提问串联起来，形成一个完整的营销方案。例如，在市场调研的基础上，我们可以更准确地分析目标受众，从而制定更有针对性的产品定位和创意策划；在渠道选择和预算分配时，我们可以考虑不同渠道的受众特点和成本效益，做出更合理的决策。

通过这种方法，我们避免了在设计初期就陷入复杂性的泥潭，确保了每一步都朝着清晰、可衡量的目标前进。最终，我们成功地设计了一份完整的营销方案，为科技公司的年度产品发布会提供了有力的支持。

3.2.2 精准指令设计

在构建高效提示以引导模型执行各类任务时，精准指令的运用至关重要。可以通过明确的命令，如"撰写""归类""概括""翻译""排序"等，直接指示模型执行简单或复杂的任务。这样的指令设计能够显著提升任务执行的准确性和效率。

然而，值得注意的是，为了达到最佳效果，实验与迭代不可或缺。通过尝试不同的关键词、调整上下文内容以及变换数据输入，可以探索出最适合特定需求和应用场景的指令方式。通常，指令所关联的上下文越具体、越贴近任务本质，其执行效果将更为出色。

为了优化提示结构，建议将指令置于提示的起始位置，并辅以清晰的分隔符（如"###"）来明确区分指令部分与后续的具体上下文内容。这样的布局有助于模型快速识别并响应指令，从而更高效地完成任务。提示词示例：

指令 ### 撰写一篇关于人工智能发展的文章

则输出结果如图 3-4 所示。

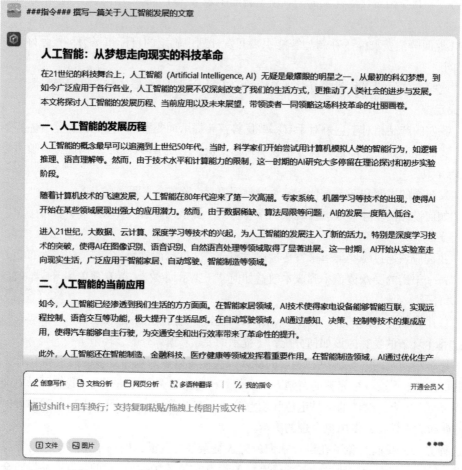

图 3-4　简单指令的输出结果

为了进一步提高模型的识别效率和准确性，可以考虑在指令前后添加一些简单的分隔符，或者使用不同的方式来强调指令部分。但这并不是必需的，因为很多 AIGC 模型都能够理解并响应没有明显分隔符的指令。

【示例】精准指令从用词简洁入手，指令为"将文本翻译成德语"。在 AIGC 的提示词对话框中输入：

将以下文本翻译成德语：
文本："hello！"
输出：

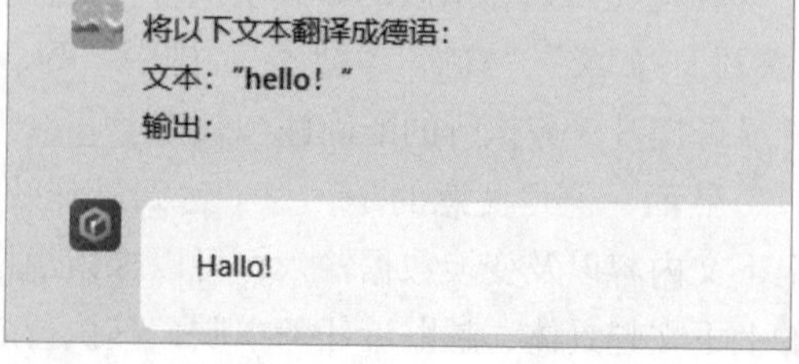

输出结果如图 3-5 所示。

图 3-5　将文本翻译成德语

3.2.3 提升指令的具体性

在构建提示词指令时，具体性是确保高效执行与优质输出的核心要素。当拥有明确的期望结果或生成样式时，制定更加细致且有针对性的提示能够显著提升任务完成的质量。值得注意的是，并非依赖特定的令牌或关键字就能达成最佳效果，关键在于构建具有良好格式与高度描述性的提示内容。

【示例】以下提示词未明确要使用多少句话和什么样的风格。

> 解释提示词工程的概念。保持解释简短，只有几句话，不要过于描述。

为明确指导，可采用以下具体、精炼的提示方式：

> 简述提示词工程定义，面向高中生，限 2 ~ 3 句。

这样的提示直接界定了目标受众（高中生）、内容要求（简述定义）及篇幅限制（2 ~ 3 句），有助于生成既准确又易于理解的解释。请学习者可自行上机进行比较试验。

尤为有效的一种策略是在提示中嵌入示例，这不仅能够为模型提供直观的参考框架，还能引导其以特定格式输出所需内容，从而极大地增强指令的引导性和有效性。

然而，在设计这些详尽提示的同时，也需谨慎考虑提示的长度限制。虽然具体和详细是追求的方向，但避免冗长与不必要的细节同样重要。提示中的每一项内容都应当紧密关联于任务需求，确保每一点信息都能为完成任务贡献价值。为了实现这一目标，通过不断地尝试与调整，优化提示设计，可以最大化其在特定应用场景中的效能。这一过程不仅有助于深入理解模型的工作机制，还能为 AIGC 本身带来更加精准、高效的性能提升。

【示例】让我们尝试从一段文本中提取特定信息的简单提示。

提示词内容如下：

> 提取以下文本中的人名。
> 输出格式：姓名，职位
> 输入："博亚智汇论坛的咨委、前北欧智领通讯总裁艾禾指出，人工智能技术的崛起增强了社会各界解决复杂问题的信心，创新科技的应用与推广将为广大民众带来实实在在的福祉。而智慧联通科技大中华区负责人李沛则强调，生成式人工智能的问世，不仅预示着个人在工作、学习及生活上的全面变革，也将对各行各业的未来发展产生广泛而深刻的影响。"
> 输出：

输入格式如图 3-6 所示。AIGC 回答结果如图 3-7 所示。

图 3-6 优化指令示例

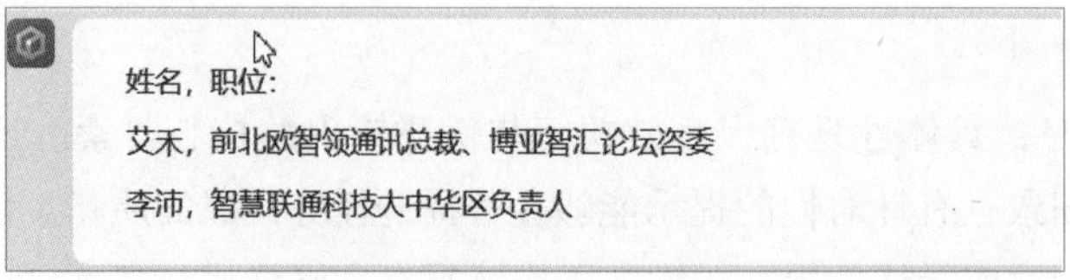

图 3-7　获取姓名与职位结果

3.2.4　采用积极、建设性的提示词

在设计提示词时，一个关键的技巧是采取积极、建设性的指导原则，即专注于指示 AIGC 模型应该执行的具体行动，而非强调它不应做的行为。这种做法不仅有助于提升指令的清晰度和效率，还能减少误解和错误执行的风险。

假设你是一位内容创作者，需要使用 AIGC 辅助工具来生成一篇关于"环保生活方式"的博客文章。你希望文章内容丰富、正面，能够激励学习者采取实际行动。

不恰当的提示词设计（包含"不做"）：

> "请写一篇关于环保生活方式的文章，但请不要提及任何消极的环境现状或过度渲染问题的严重性。"

这个提示词虽然表达了避免提及负面内容的意图，但"不要"一词的使用可能让 AIGC 模型在处理信息时产生困惑，因为它需要同时考虑哪些内容是不应被包括的，这增加了生成内容的复杂性。

恰当的提示词设计（专注于"做"）：

> "请撰写一篇鼓舞人心的环保生活方式指南，重点介绍个人可以采取的积极行动，如减少塑料使用、节能减排、参与植树造林等，旨在激励学习者采取实际行动保护环境。"

这个提示词明确指出了 AIGC 模型需要完成的任务——撰写一篇鼓舞人心的环保生活方式指南，并具体列出了应包含的内容要点，如个人行动建议和正面激励，有助于 AIGC 模型生成符合期望的高质量内容。

在设计提示词时，优先采用积极、建设性的表述方式，明确指示 AIGC 模型应该做什么，而不是避免做什么。这样可以显著提升指令的清晰度和执行效率，从而得到更加符合预期的结果。

3.2.5　提示词技巧拓展练习

以下是一个聊天机器人推荐电影的示例，因为指令关注不要做什么而失败了。提示词：

> 以下是向客户推荐电影的代理程序。不要询问兴趣。不要询问个人信息。
>
> 客户：请根据我的兴趣推荐电影。
>
> 代理：
>
> 输出：

这样的提示词得到的回答很可能是这样的：

> 今天推荐给您的电影是《指环王：护戒使者》（*The Lord of the Rings: The Fellowship of the Ring*）。这是一部史诗奇幻电影，讲述了一群来自中土世界的英雄们如何携手护送魔戒，抵御邪恶势力的侵袭。壮丽的场景、深刻的角色塑造以及扣人心弦的剧情使它成为全球热门的经典作品之一。

显然，AIGC 还不知道你的兴趣所在就强行推荐了一部电影。以下是更好的提示词：

> 以下是向客户推荐电影的代理程序。代理负责从全球热门电影中推荐电影。它应该避免询问用户的偏好并避免询问个人信息。如果顾客没有说明自己的兴趣，代理就没有电影推荐，它应该回答"抱歉，今天找不到电影推荐。"
>
> 顾客：请根据我的兴趣推荐一部电影。
>
> 客服：

回答结果如图 3-8 所示。当顾客没有具体指明自己的兴趣就会输出"抱歉，今天找不到电影推荐"。当顾客说明自己的兴趣是"励志"，AIGC 则马上推荐了电影《当幸福来敲门》。

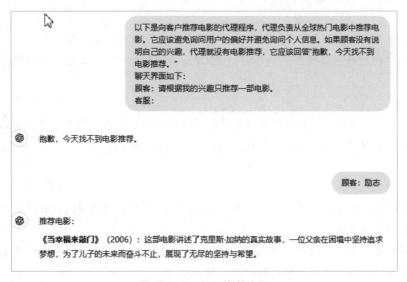

图 3-8　AIGC 推荐电影

3.3　提示词工程应用

提示词工程的应用包括文本概括、信息提取、增强问答深度、文本分类、构建角色化对话系统等。

3.3.1　文本概括

文本概括就是将 AIGC 给出的长篇复杂信息总结为简短信息。通过提示词给出概括指令，语言模型能够迅速捕捉文本的核心要点，并生成既精炼又易于理解的文章概要。提示词作为引导与激发模型潜能的钥匙，使得概括任务变得更加灵活与高效，用户可以根据具体需求定制提示内容，从而精准控制生成摘要的风格、长度及侧重点。

1. 示例说明

提示词：

> 机器学习与深度学习有什么联系和区别？

输出结果：

机器学习与深度学习作为人工智能领域的重要组成部分，它们之间既存在紧密的联系，也存在明显的区别。

1. 联系

2. 基础概念

• 机器学习和深度学习都是人工智能的子领域，它们都利用数据来训练模型，使其能够自动进行预测或决策。

• 深度学习是机器学习的一个重要分支，特别是在处理大规模、高维度和复杂数据时，深度学习展现出卓越的性能。

3. 目的与方法

• 两者都以损失函数为基准，通过优化算法来找出能使损失降到最小的参数。

• 深度学习中的神经网络模型（如 CNN、RNN、LSTM 等）本质上也是机器学习算法的一种实现形式。

4. 相互辅助

• 在实际应用中，机器学习和深度学习常常相互配合使用。例如，深度学习可以用于提取数据的高层特征，而机器学习方法可以用于根据这些特征进行分类或回归。

5. 区别

（1）定义与起源

• 机器学习是人工智能的一个分支，起源于 20 世纪 50 年代，旨在通过让计算机从数据中学习知识和规律来进行预测或决策。

• 深度学习则是机器学习的一个子领域，特别是在 21 世纪初随着计算能力的提高和大数据的普及而兴起，它利用深度神经网络模型进行学习和预测。

（2）模型复杂度

• 机器学习模型相对简单，参数较少，包括线性回归、决策树、支持向量机等传统算法。

• 深度学习模型则通常包含多层神经网络，参数众多，结构复杂，如卷积神经网络（CNN）、循环神经网络（RNN）等。

（3）数据需求

• 机器学习对数据的量和质要求相对较低，适合中小规模的数据集。

• 深度学习则需要大量的标记数据来训练复杂的模型，以避免过拟合等问题，特别是在处理图像、语音、自然语言等复杂数据时更为明显。

（4）计算资源需求

• 机器学习模型通常可以在普通的计算机上进行训练和推理。

• 深度学习模型由于其复杂性和大规模数据的需求，通常需要高性能的 GPU 或专用硬件来进行训练和推理。

（5）应用场景

• 机器学习广泛应用于各种领域，如金融预测、医疗诊断、广告推荐等，其中数据量相对较小或任务复杂度较低的场景更为常见。

· 深度学习则特别适合于图像识别、语音识别、自然语言处理等领域，这些领域需要处理大规模的非结构化数据，并从中提取复杂模式。

（6）学习方式与特点

· 机器学习在解决问题时往往依赖于手工提取的特征和选择合适的算法来学习这些特征。

· 深度学习则能够自动从原始数据中学习特征表示，减少了人工干预的需求，并在处理复杂数据时展现出更强的特征提取和学习能力。

综上所述，机器学习与深度学习在人工智能领域中扮演着不同的角色，它们既有联系又有区别。在实际应用中，可以根据具体问题的需求和数据特点来选择合适的算法和技术。

现在假设我们感觉 AIGC 模型给了太多的信息，想要进一步提炼它。我们可以指导模型帮我们用一句话总结相关内容：

紧跟上面的提问，得到模型的回答之后，输入提示词：

用一句话概括上面的信息：

AIGC 模型给出一句话概括：

机器学习是人工智能的基础，通过数据训练模型进行预测或决策；深度学习作为机器学习的高级形式，利用深层神经网络自动学习复杂数据的特征表示，适用于大规模数据处理和复杂模式识别任务。

2. 增强概括内容的准确性

上述示例是模型在没有过多关注输出内容的准确性的情况下，尝试用一个句子来总结段落内容。将原示例中的概括任务调整具体输出的字数，通过优化提示词指令来增强准确性。提示词指令替换为"用三十个字以内概括上面的信息"。提示词如下：

红细胞是一种无核细胞，具有红色或深红色，主要由蛋白质和铁质组成的细胞。它们是血液中最重要的成分之一，负责运输氧气和碳酸氢盐在人体内进行循环。红细胞由骨髓中的血小板祖细胞发育而来。在血液循环中，红细胞会携带氧气从肺部运输到身体各个组织，并将碳酸氢盐从组织运回肺部，完成二氧化碳的排出。在此过程中，红细胞会不断释放和吸收氧气和碳酸氢盐。红细胞具有以下特点：无核：红细胞没有细胞核，细胞核的消失使得红细胞变得小而圆形。细胞膜：红细胞表面有一个薄膜，称为膜糖蛋白膜，负责保持红细胞的形状和防止血液凝结。负电性：红细胞表面具有负电性，能够与血液中的其他细胞和血浆蛋白相互作用。高级代谢能力：红细胞可以通过血红蛋白来进行氧气的结合和释放。红细胞数量和质量会受到多种因素的影响，如贫血、缺铁性贫血等疾病，以及某些药物和环境因素的影响。因此，红细胞的数量和功能对人体健康非常重要。维持红细胞的健康状态是保持人体正常生命活动的重要条件之一。

请设置指令

执行过程和结果如图 3-9 所示。

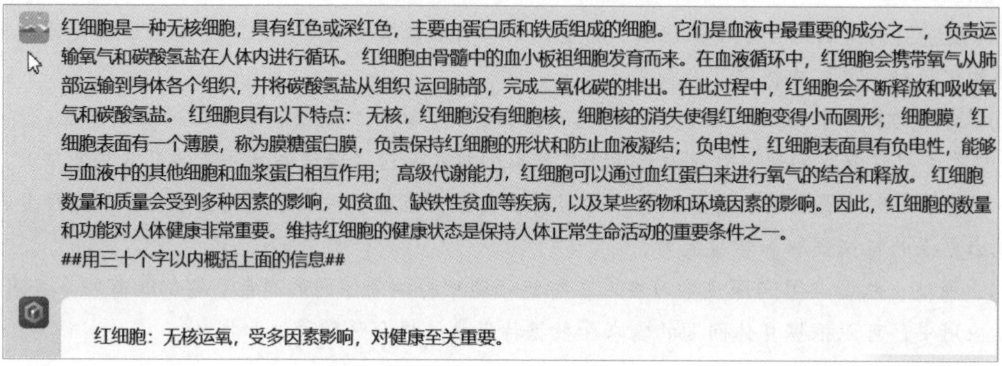

> 红细胞是一种无核细胞，具有红色或深红色，主要由蛋白质和铁质组成的细胞。它们是血液中最重要的成分之一，负责运输氧气和碳酸氢盐在人体内进行循环。红细胞由骨髓中的血小板祖细胞发育而来。在血液循环中，红细胞会携带氧气从肺部运输到身体各个组织，并将碳酸氢盐从组织运回肺部，完成二氧化碳的排出。在此过程中，红细胞会不断释放和吸收氧气和碳酸氢盐。红细胞具有以下特点：无核，红细胞没有细胞核，细胞核的消失使得红细胞变得小而圆形；细胞膜，红细胞表面有一个薄膜，称为膜糖蛋白膜，负责保持红细胞的形状和防止血液凝结；负电性，红细胞表面具有负电性，能够与血液中的其他细胞和血浆蛋白相互作用；高级代谢能力，红细胞可以通过血红蛋白来进行氧气的结合和释放。红细胞数量和质量会受到多种因素的影响，如贫血、缺铁性贫血等疾病，以及某些药物和环境因素的影响。因此，红细胞的数量和功能对人体健康非常重要。维持红细胞的健康状态是保持人体正常生命活动的重要条件之一。
> ##用三十个字以内概括上面的信息##

> 红细胞：无核运氧，受多因素影响，对健康至关重要。

图 3-9　设置输出三十字的结果

3.3.2　信息提取

AIGC 大语言模型能根据指令，在给定文字中提取内容中所包含的各种信息。

1. 示例说明

用以下示例提示词从指定段落中提取信息。提示词如下：

> 在撰写研究论文时，作者应清晰且具体地在贡献声明和致谢部分阐述，是否及在何种程度上利用了如通用大模型 ChatGPT、Anthropic Claude，论文写作专用模型 PaperDetector，或文献查找与阅读工具知网（CNKI）等人工智能技术辅助手稿的筹备与数据分析工作，并明确指出所运用的具体大型语言模型（LLM）。此举旨在增强透明度，促使编辑及审稿人对手稿进行更为细致的审查，以识别可能存在的偏见、错误或不恰当的引用问题。同时，科学期刊亦应公开其在处理提交稿件过程中对 LLM 的采用情况，以此树立透明与负责任的学术出版标准。
>
> 指出上文中提到的大语言模型：

输出结果：

> 在上文中提到的大语言模型（LLM）包括：
> ChatGPT：由 OpenAI 开发，是一款智能对话模型，能够生成流畅自然的文本，被广泛应用于自然语言处理任务中，包括论文写作的辅助。
> Anthropic Claude：作为 ChatGPT 的竞争对手，Claude 同样是一款大语言模型，具备强大的编程、数学和推理能力，能够深入理解和完成各种任务，包括在论文写作中提供辅助。

指令内容和方式尽管有多种改进空间，但当前方法已颇具效用。显然，通过简单指令，语言模型就能执行多样任务。

2. 多要素信息提取并按一定格式输出

使用 AIGC 大语言模型提取下列新闻内容的新闻四要素：人物、时间、地点和事件。提示词如下：

> 据央视新闻消息，国务院新闻办公室 2024 年 9 月 24 日上午举行新闻发布会，中国人民银行、金融监管总局、中国证监会主要负责人介绍了金融支持经济高质量发展有关情况。多项重磅政策同

时推出,加大货币政策调控强度,进一步支持经济稳增长。中国人民银行主要负责人介绍,在房贷方面,将降低存量房贷利率并统一房贷最低首付比例。具体是:引导商业银行将存量房贷利率降至新发房贷利率附近,预计平均降幅大约在 0.5 个百分点。将全国层面的二套房贷最低首付比例由 25% 下调到15%,统一首套房和二套房的房贷最低首付比例。

根据上述新闻报道,请按如下格式回答问题:

人物为:<相关人物>

时间为:<相关时间>

地点为:<相关地点>

事件为:<相关事件>

AIGC 模型提取信息如图 3-10 所示。

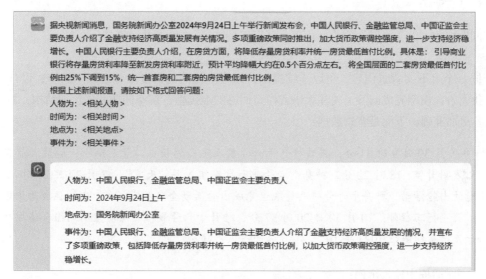

图 3-10 信息提取结果

3.3.3 增强问答的深度

我们知道,提示词并非简单的文字堆砌,而是由多个关键要素精心组合而成,这些要素包括但不限于指令(instructions)、上下文(context)、输入(input)和输出指示(output instructions)等。虽然上述要素并非每次使用都缺一不可,但它们的存在与否以及组合方式,会直接影响模型响应的精确度。因此,结构化提示词的重要性也是不言而喻的。结构化提示词的重要性体现在以下几个方面:

(1)减少歧义:通过明确指令和上下文,可以减少模型对任务理解的歧义,确保响应与预期目标一致。

(2)提升效率:清晰的输出指示有助于模型快速定位生成内容的方向,提高响应速度和效率。

(3)增强泛化能力:合理的提示词设计能够增强模型在不同场景下的泛化能力,使其在面对新任务时也能表现出色。

1. 示例说明

假设我们给出指令、上下文、问题和回答,一个结构化的提示词可能如下:

指令：请根据以下提供的信息回答问题。若不了解答案，请回复"不清楚"。

上下文：白头海雕是北美大陆特有的猛禽，属于鹰科雕属。近年来，其种群数量因栖息地丧失和环境污染而急剧下降，已被列为濒危物种。在众多威胁因素中，重金属污染，特别是铅中毒，对白头海雕的生存构成了极大的挑战。研究显示，大量白头海雕体内检测到了高浓度的铅元素，这些铅元素主要来源于环境中的铅污染，如旧建筑涂料、汽车尾气等。铅中毒不仅影响白头海雕的神经系统和生殖系统，还可能导致其繁殖能力下降，幼鸟存活率降低。

问题：北美大陆哪一种特有的濒危猛禽受重金属污染，尤其是铅中毒影响最为显著？

回答：

模型给出的反馈即：

回答：白头海雕。

请将问题中的"北美大陆"改为"南美大陆"，试验 AIGC 模型的回答是什么？

2. 深度提问

对于同一个上下文背景内容，可以连续提问，以增强提问的深度。基于以下内容，设计一个或多个问题，让大语言模型完成问答。关注大语言模型回答的准确性，调整问题和提示词结构，看看是否使得模型回答更加准确。下面是背景数据：

2023 年 5 月 30 日 9 时 31 分，搭载神舟十六号载人飞船的长征二号 F 遥十六运载火箭在酒泉卫星发射中心发射升空；18 时 22 分，神舟十六号航天员乘组入驻"天宫"。7 月 20 日 21 时 40 分，经过约 8 小时的出舱活动，神舟十六号航天员乘组完成出舱活动全部既定任务；朱杨柱成为中国首个出舱活动的航天飞行工程师。10 月 30 日 20 时 37 分，神舟十六号载人飞船与空间站组合体成功分离。神舟十六号飞行乘组瞄准 2023 年 10 月 31 日返回东风着陆场。

在提示词对话框中输入示例：

基于以下内容回答问题。如果不知道答案的话，请回答"不确定答案"。

上下文：2023 年 5 月 30 日 9 时 31 分，搭载神舟十六号载人飞船的长征二号 F 遥十六运载火箭在酒泉卫星发射中心发射升空；18 时 22 分，神舟十六号航天员乘组入驻"天宫"。7 月 20 日 21 时 40 分，经过约 8 小时的出舱活动，神舟十六号航天员乘组完成出舱活动全部既定任务；朱杨柱成为中国首个出舱活动的航天飞行工程师。10 月 30 日 20 时 37 分，神舟十六号载人飞船与空间站组合体成功分离。神舟十六号飞行乘组瞄准 2023 年 10 月 31 日返回东风着陆场。

问题：神舟 16 号航天员乘组入驻"天宫"是哪一天、出舱活动时间、飞船与空间站组合体成功分离时间、预计返回着陆场时间（包括年月日时分）。

大模型回答：

神舟十六号航天员乘组的相关信息如下：

入驻"天宫"时间：2023 年 5 月 30 日 18 时 22 分。

出舱活动时间：2023 年 7 月 20 日 21 时 40 分（开始），经过约 8 小时的出舱活动。

飞船与空间站组合体成功分离时间：2023 年 10 月 30 日 20 时 37 分。

预计返回着陆场时间：2023 年 10 月 31 日（时分未具体提及，只提到日期）。

继续提问：

问题：根据上下文回答神舟十九号航天员乘组入驻"天宫"是哪一天？

大模型则回答：

不确定答案。根据提供的上下文内容，并没有提到神舟十九号航天员乘组入驻"天宫"的具体日期。上下文只描述了神舟十六号的相关信息，没有涉及神舟十九号的详细情况。因此，无法从给定的上下文中得出神舟十九号航天员乘组入驻"天宫"的日期。

如果在提问中不限定上下文，目前一般 AIGC 平台都会继续搜索网络信息做出回复。

3.3.4　文本分类

AIGC 中文本分类的一般性意义在于将文本准确归类到预定义的类别中，其作用在于提高信息处理的效率和准确性，便于用户快速获取和理解文本内容。

1. 情感分析示例

可以通过以下示例体验文本分类。提示词：

将文本按中立、负面或正面进行分类
文本：我觉得这个学校学习的氛围不错。
情感：

输出结果：

正面

我们给出了对文本进行分类的指令，AIGC 大语言模型作出了正确响应，判断文本类型为"正面"。AIGC 有可能还给出解释。

2. 构造指令实现文本分类

构造指令，让语言模型为句子的语言来源进行分类。在提示词对话框中输入示例：

将以下句子，每一个分类为以下三个类别之一：互联网俗语、百科知识、新闻报道。
句子：
1. 存款准备金是指金融机构为保证客户提取存款和资金清算需要而缴存在中央银行的存款，中央银行要求的存款准备金占其存款总额的比例就是存款准备金率。
2. 2023 年 9 月 14 日，中国人民银行决定于 2023 年 9 月 15 日下调金融机构存款准备金率 0.25 个百分点（不含已执行 5% 存款准备金率的金融机构）。本次下调后，金融机构加权平均存款准备金率约为 7.4%。

3. 传感器的存在和发展，让物体有了触觉、味觉和嗅觉等感官，让物体变得活了起来，传感器是人类五官的延长。

4. 2024 年 5 月 3 日，搭载嫦娥六号探测器的长征五号遥八运载火箭，在中国文昌航天发射场点火发射，进入地月转移轨.；6 月 2 日，嫦娥六号探测器着上组合体成功着陆月背预选着陆区；6 月 4 日，嫦娥六号上升器携带月球样品自月球背面起飞；6 月 25 日，嫦娥六号返回器准确着陆于内蒙古四子王旗预定区域；经初步测算，嫦娥六号任务采集月球背面样品为 1 935.3 克。

5. 千里姻缘一线牵，最好用光纤。

按照以下格式输出

〈编号〉.〈类别〉

回答：

大模型 AI 回答：

1. 百科知识
2. 新闻报道
3. 百科知识
4. 新闻报道
5. 互联网俗语

这个判断你认为如何？事实上，2 和 4，也是笔者从百度百科中收集过来的资料，但从形式上可能更像是新闻报道。

● 视 频

构建角色化
对话系统

3.3.5　构建角色化对话系统

在构造提示词对话系统时，提示工程（prompt engineering）成了一个强有力的工具，通过精心设计的指令，精确地定义模型的行为准则、意图乃至其扮演的角色，引导大语言模型展现出更加丰富多样的交互方式，这对于构建诸如客服聊天机器人这样的对话应用而言，无疑是至关重要的。

设想一个场景，我们想要构建一个能够提供专业技术与科学解答的对话系统。在这个案例中，提示工程将发挥核心作用，通过具体而明确的指示，指导模型如何根据用户的问题给予精准且深入的回应。这种通过设定角色和期望行为来引导模型表现的方法，常被业界称为"角色提示"（role prompting），它极大地增强了对话系统的灵活性和实用性。

1. 示例说明：

提示词：

以下是与 AI 模型的对话，语气应该专业、技术性强。

人类：你好，你是谁？

AI：你好！我是一个 AI 大语言模型。您需要什么样的帮助？

人类：你可以告诉我量子纠缠是什么吗？

AI：

输出结果，如图 3-11 所示。

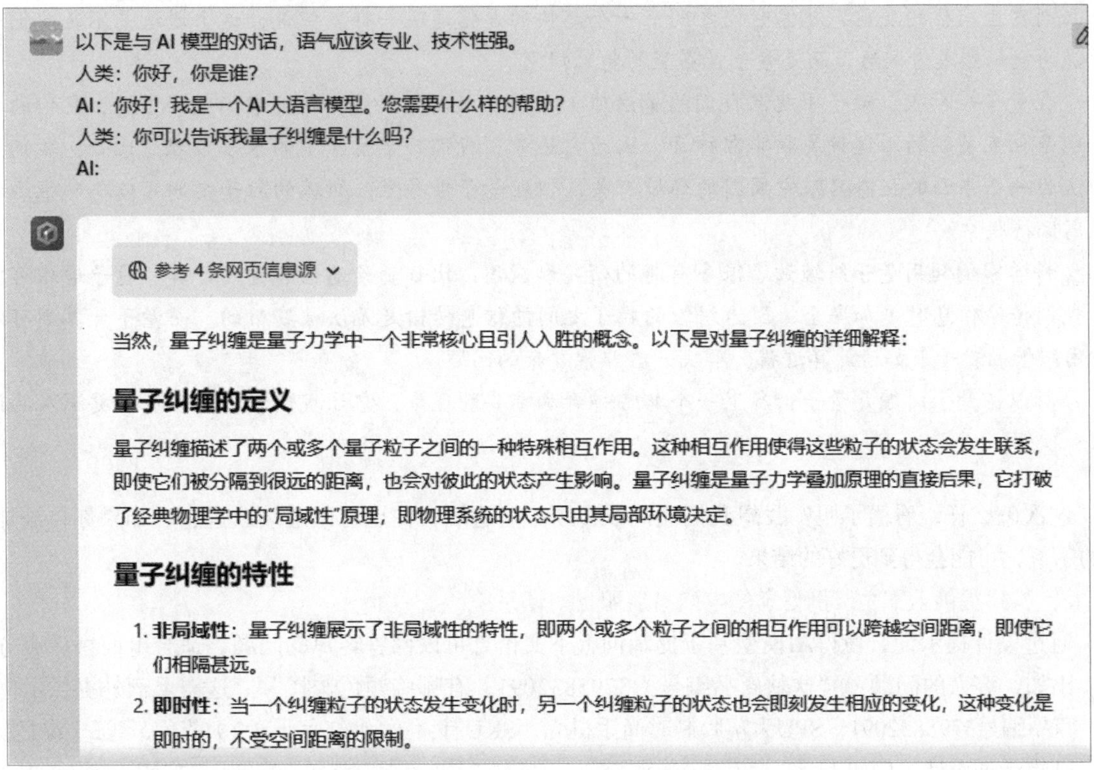

以下是与 AI 模型的对话，语气应该专业、技术性强。

人类：你好，你是谁？

AI：你好！我是一个AI大语言模型。您需要什么样的帮助？

人类：你可以告诉我量子纠缠是什么吗？

AI：

参考 4 条网页信息源 ∨

当然，量子纠缠是量子力学中一个非常核心且引人入胜的概念。以下是对量子纠缠的详细解释：

量子纠缠的定义

量子纠缠描述了两个或多个量子粒子之间的一种特殊相互作用。这种相互作用使得这些粒子的状态会发生联系，即使它们被分隔到很远的距离，也会对彼此的状态产生影响。量子纠缠是量子力学叠加原理的直接后果，它打破了经典物理学中的"局域性"原理，即物理系统的状态只由其局部环境决定。

量子纠缠的特性

1. **非局域性**：量子纠缠展示了非局域性的特性，即两个或多个粒子之间的相互作用可以跨越空间距离，即使它们相隔甚远。

2. **即时性**：当一个纠缠粒子的状态发生变化时，另一个纠缠粒子的状态也会即刻发生相应的变化，这种变化是即时的，不受空间距离的限制。

图 3-11 提示词工程构建角色化对话系统

　　AI 大语言模型洋洋洒洒给出了量子纠缠的详细解释，包括量子纠缠的定义、量子纠缠的特性、量子纠缠的应用、示例与实验等相关内容，甚至还给出了动画显示什么是"量子纠缠"。

　　AIGC 模型给出的回答非常全面且具有技术性。下面，我们让它给出更易于理解的答案。提示词：

以下是与 AI 模型的对话。请给出易于理解的答案，最好是小学生都能看懂。

人类：你好，你是谁？

AI：你好！我是一个 AI 大语言模型。您需要什么样的帮助？

人类：你可以告诉我量子纠缠是什么吗？

AI：

输出结果：

当然可以！量子纠缠是一个很有趣的量子世界里的现象，我们用一个简单的故事来解释它。

想象一下，你有两个魔法球，它们被一种特殊的魔法连接在一起了。不管你把这两个球分开多远，比如一个放在家里，另一个带到月球上，它们之间还是有一种神奇的联系。

　　这种联系就是量子纠缠。当其中一个球发生变化时，比如颜色变了或者开始发光，另一个球也会立刻发生同样的变化，就像它们之间有一个超快的通信通道一样。但是，这个通道并不是我们平时说的电话线或者网络，而是量子世界里的特殊规则。

　　在量子世界里，粒子（就像我们的魔法球）之间可以发生纠缠，即使它们相隔很远，它们的状态也是相互关联的。这种关联非常神奇，因为它违背了我们日常生活中的很多常识。比如，我们平时认为一个东西的状态只跟它周围的环境有关，但在量子世界里，纠缠的粒子之间可以跨越很远的距离保持联系。

　　科学家们利用量子纠缠做了很多有趣的研究和应用，比如量子通信和量子计算。量子通信可以让我们传输信息时更加安全，因为纠缠的粒子之间的信息传输是无法被窃听的。而量子计算则可以利用纠缠的粒子来加速计算过程，解决一些非常复杂的问题。

　　所以，量子纠缠是量子世界里一个非常神奇和重要的现象，它让我们对自然界有了更深入的认识和理解。

　　这次怎么样，看懂了吗？我想我们应该取得了一些进展，你也可以继续改进它。如果你再添加更多的示例，可能会得到更好的结果。

　　2. 构建提供上下文示例信息的电商售后服务对话系统

　　通过设计提示词，使得AI模型基于提示词上下文信息可以回答客户的问题，适合电商售后服务场景。比如，客人的问题："这款商品编号为3795832091，有哪些颜色选择"。这需要额外提供示例信息：商品编号3795832091，SPU为塑胶制时尚手机壳，SKU有：（1）红色，（2）蓝色，（3）绿色。

　　则提示词设计示例如下：

　　请根据以下提示信息，回答客户的问题。你是一个乐于助人的电商平台客户服务经理，请基于平台规则为客户提供真诚有效的帮助。如果不知道，请不要编造，有礼貌地回答"我不知道"，并尽量提供替代性建议。

　　提示信息：

　　商品编号 3795832091，SPU 为塑胶制时尚手机壳，SKU 有:（1）红色，（2）蓝色，（3）绿色。

　　商品编号 3795832092，Mate 系列的颜色选择有羽砂黑、曜金白、雪雪白等，Pura 系列的颜色选择包括雪域白、曜金黑等。

　　以下是与客户服务经理的对话。

　　客户：这款商品编号为 3795832091，有哪些颜色选择？

　　客户服务经理：

AIGC 模型回答：

　　客户服务经理：您好，商品编号为 3795832091 的塑胶制时尚手机壳有红色、蓝色和绿色三种颜色供您选择。您可以根据自己的喜好来选择适合的颜色。如果您需要进一步的帮助或有其他问题，请随时告诉我。

　　可以继续提问，如图 3-12 所示。

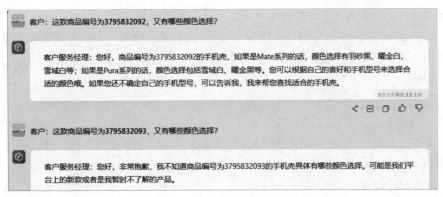

图 3-12　角色化对话系统

小　结

　　本项目全面介绍了提示词工程的核心内容，包括提示词要素、通用技巧及实际应用示例。首先，我们详细阐述了提示词应包含的要素，并通过实践任务让学习者深入理解其重要性。接着，介绍了一系列提升提示词质量的通用技巧，如从简单提问入手分解复杂问题、设计精准指令、避免模糊性等，这些技巧对于提高 AIGC 生成内容的准确性和效率至关重要。最后，通过文本概括、信息提取等具体示例，展示了提示词工程在增强问答深度、构建角色化对话系统等方面的广泛应用，为学习者提供了丰富的实践经验和启示。

课后习题

1. 单选题

（1）提示词工程的主要目标是（　　）。

　　A. 增强模型的创造力　　　　　　　　　B. 优化 AIGC 模型的输入

　　C. 提高用户的操作效率　　　　　　　　D. 扩大 AIGC 应用范围

（2）以下（　　）不属于提示词的构成部分？

　　A. 上下文　　　　　　　B. 输出指示　　　　C. 随机数据　　　D. 输入数据

（3）提示词设计中最重要的三个特性是（　　）。

　　A. 冗长、复杂、模糊　　　　　　　　　B. 明确、冗长、复杂

　　C. 随意、简陋、消极　　　　　　　　　D. 精炼、明确、引导性

（4）在处理复杂问题时，建议（　　）。

　　A. 直接解决大问题　　　　　　　　　　B. 不需要分解，整体解决

　　C. 从简单提问分解复杂问题　　　　　　D. 避免使用任何问题

（5）机器学习与深度学习的关系是（　　）。

　　A. 两者没有联系　　　　　　　　　　　B. 深度学习是机器学习的一个分支

　　C. 机器学习是深度学习的一个子领域　　D. 两者是完全独立的领域

（6）提示词的（　　）要素可以帮助减少模型对任务理解的歧义。

　　A. 输出指示　　　　　　　B. 反馈　　　　　　C. 输入　　　　　D. 上下文

（7）在文本分类中，文本"我觉得这个学校学习的氛围不错。"应该被分类为（　　）。

　　A. 负面　　　　　　　　　B. 中立　　　　　　C. 正面　　　　　D. 无法判断

2. 多选题

（1）在提示词要素中，（　　）是关键要素。

　　A. 指令　　　　　　　　　B. 上下文　　　　　C. 输入数据　　　D. 用户反馈

（2）提示词工程实施时需要注意（　　）。

　　A. 选择合适的词汇　　　　　　　　　　　　B. 提供大量无关信息

　　C. 确定语言的语境和语义　　　　　　　　　D. 使用特定的格式和模板

（3）提升提示词的具体性与优化策略需要（　　）。

　　A. 让提示尽量简短而不具体　　　　　　　　B. 嵌入示例以提供参考

　　C. 依赖特定的令牌或关键字　　　　　　　　D. 调整上下文内容

（4）结构化提示词的重要性体现在（　　）。

　　A. 减少歧义　　　　　　　　　　　　　　　B. 提升效率

　　C. 增强泛化能力　　　　　　　　　　　　　D. 降低模型的复杂性

（5）在构建角色化对话系统时，提示工程可以用来（　　）。

　　A. 定义模型的行为准则　　　　　　　　　　B. 提高用户交互的丰富性

　　C. 增加模型的随机性　　　　　　　　　　　D. 确保模型准确理解用户意图

3. 简答题

（1）请简要说明提示词在提示词工程中的作用。

（2）请简要描述如何避免提示词中的模糊与不精确。

（3）请简述在设计提示词时，如何提高模型的响应准确性。

项目 4
AIGC 辅助写作

AIGC 辅助写作是一种创新的写作方式，它借助先进的 AIGC 大语言模型，极大地优化了创作流程，旨在实现高效且高质量的文章生成。这一过程的核心在于充分利用 AIGC 模型的能力，使其能够自主地产出内容丰富、逻辑清晰、结构合理的文章初稿。同时，使用者还需具备评估与编辑的技能，对模型生成的文本进行精细打磨，以提升文章质量，确保其既符合实际需求，又能赢得受众喜爱，最终创作出既智能又贴近人心的佳作。

情境引入

在繁忙的都市生活中，每个人心中都怀揣着对诗与远方的无限憧憬。对小李这位年轻的旅者而言，云南，这片被众多文人雅士吟咏的神秘疆域，正是他心中的梦幻之地。他梦想着以文字勾勒出与云南每一次相遇的细腻情感与深邃意境，渴望创作出能够触动人心、风靡网络的佳作。然而，面对着空白的文档和脑海中纷飞的思绪，小李一时陷入了创作的迷茫。

正当此时，AIGC 辅助写作这一创新科技走进了他的世界。AIGC，这个昔日仅停留于科幻幻想的存在，如今成为小李追逐写作梦想的强大伙伴。他设想，借助 AI 的力量，自己能够轻松编织出既符合个人愿景，又兼具细腻情感与深刻哲理交织的写作风格的云南旅行记。

于是，小李携手 AIGC，共同踏上了一场文字创作的奇妙旅程。最终，在 AIGC 的助力下，小李完成了一篇满载个人情感与云南风光的佳作。他深切体会到了 AIGC 技术的非凡魅力，更为自己能创作出如此出色的作品而满心自豪。

学习目标与素养目标

1. 学习目标

（1）了解 AIGC 辅助写作的基本概念及其在现代写作中的应用范围。

（2）认识 AIGC 辅助写作工具的基本功能和操作流程。

（3）理解 AIGC 辅助写作在实践任务中的作用，包括生成标题、迭代生成文章、生成摘要等流程。

（4）理解如何通过优化提示词来提升 AIGC 生成文案的质量和适用性，特别是如何加入情感元素、场景设定和细节描述。

（5）掌握使用 AIGC 大模型工具生成和优化文章的具体方法，包括标题生成、文章内容迭代、语言风格转换等技巧。

（6）掌握制定可复用提示词格式的方法，能够利用提示词工程提升 AI 文案的生成效率和个性化水平。

（7）能够独立运用 AIGC 辅助写作工具，创作出符合个人需求且具有吸引力的文章或文案，如朋友圈文案等。

2. 素养目标

（1）创新思维：培养学生的创新思维，鼓励他们在写作过程中勇于尝试新的方法和工具，如 AI 辅助写作，以提升写作效率和质量。

（2）信息处理能力：提升学生的信息处理能力，使他们能够高效地利用 AIGC 工具生成和筛选信息，快速形成文章框架和内容。

（3）人文关怀：在利用 AIGC 辅助写作的同时，强调人文关怀的重要性，鼓励学生在文案中融入真实情感和个人体验，使文案更加生动、感人。

（4）持续学习：鼓励学生保持持续学习的态度，不断探索 AIGC 技术的最新进展和应用，以提升自己的写作技能和竞争力。

4.1　AIGC 辅助写作的意义与 Markdown 文本

AIGC 在内容创作领域展现强大潜力，可自动生成吸引眼球的标题、精炼摘要及创意文案，通过数据分析优化内容策略，助力创作者高效展现文章核心。此外，AIGC 还能灵活调整文章风格、扩写或缩写，提升文本质量，广泛适用于写作、编辑及演讲报告等多种场景。

4.1.1　AIGC 辅助写作的多元应用与意义

AIGC 辅助写作技术虽然仍在快速发展中，但已逐步引领内容创作的新潮流，成为各类创作者提升效率、创新表达的重要工具。

1. 标题生成

AIGC 通过分析文章内容与关键词，自动生成多个吸引人的标题，提供丰富的选择，帮助创作者更高效地捕捉读者的兴趣，提升内容点击率。

2. 摘要生成

AIGC 可自动提炼文章核心内容，生成简洁精准的摘要，既便于读者快速了解要点，又提升阅读兴趣。这种功能在内容预览和信息传递方面具有重要作用。

3. 文案创作

AIGC 在文案撰写中充当得力助手，根据品牌调性和目标受众，自动生成多样化的文案方案，并提供不同的表达风格和语言选择。通过数据分析，AIGC 为文案策略提供科学支持，使内容更好地触达受众。

4. 文章生成

AIGC 利用智能算法深入理解创作意图，结合大量数据生成有深度、易读且有吸引力的文章。这一应用不仅提升了写作效率，也确保了内容的质量和吸引力。

5. 文章优化

AIGC 具有强大的文本处理能力，能够对文章进行全面优化，包括语法润色、风格转换、内容扩写或缩写等，为写作、编辑和报告制作提供有效支持，帮助创作者轻松打造高质量内容。

6. 提供创意与灵感

通过分析海量文本数据，AIGC 能够识别热门话题、创作趋势和新颖观点，为作者带来丰富的创作灵感。在创意写作中，AIGC 甚至可以生成故事梗概、角色设定等初步构思，帮助作者更快进入创作状态。

7. 跨语言写作支持

AIGC 提供自动翻译和文本润色功能，确保翻译内容准确且符合目标语言的表达习惯。多语言写作工具还能帮助作者掌握不同文化背景的表达差异，促进跨文化交流。

8. 数据驱动写作

AIGC 擅长处理和分析大量数据，为写作提供数据支持。在新闻、市场分析等领域，AIGC 可以整合和分析数据，生成基于事实、有说服力的内容。在科研写作中，AIGC 则能辅助提取和分析实验数据，生成图表和结论，提升研究的严谨性与可读性。

9. 个性化写作体验

AIGC 可以根据作者的写作习惯和风格，提供个性化支持。借助机器学习技术，AIGC 能够学习并适应作者的表达风格，使生成内容更贴合创作意图。

尽管 AIGC 辅助写作带来了诸多便利和创新，且不断提升内容生产的效率和质量，但它并不能完全取代人类的创造性思维。作家的情感表达、个性化视角和对复杂主题的深度思考依然是 AIGC 难以复制的。因此，AIGC 应被视为增强创作的工具，而非替代人类创作的角色。

4.1.2　Markdown 格式常用语法

在使用 AIGC 生成文章大纲时，一般会要求用 Markdown 格式输出大纲。在 AIGC 生成的内容中，Markdown 的标题格式（如 # 一级标题、## 二级标题）可以帮助 AIGC 更清晰地理解内容层次，生成更有逻辑性的文本。例如，在生成长文或文章大纲时，通过 Markdown 结构标明各个章节，有助于 AIGC 理清思路、分段生成内容。

Markdown 是一种轻量级标记语言，由 John Gruber 和 Aaron Swartz 共同设计，它允许人们使用易读易写的纯文本格式编写文档，并可以轻松地转换成 HTML、PDF、PPT 等多种格式的文件。Markdown 的语法简洁，注重内容的呈现，使得用户能够更专注于内容本身而非排版。下面，介绍 Markdown 的常用语法：

（1）标题：使用 # 符号来表示标题，# 的数量代表标题的级别，例如 # 一级标题、## 二级标题等。

（2）段落：Markdown 中的段落是通过空行来区分的，连续的文本行会被视为同一段落。

（3）列表：

① 无序列表：使用 *、+ 或 - 符号后跟空格来表示，例如 * 列表项 1、+ 列表项 2 等。

② 有序列表：使用数字加 . 符号来表示，例如，"1. 列表项 1""2. 列表项 2"等。

（4）引用：在文本前添加 > 符号来表示引用，可以嵌套使用，例如，"> 引用内容"。

（5）强调：

① 斜体：使用 * 或 _ 将文本包围起来，例如，"* 斜体文本 *"或"_ 斜体文本 _"。

② 粗体：使用两个 * 或 _ 将文本包围起来，例如，"** 粗体文本 **"或"__ 粗体文本 __"。

③ 粗斜体：使用三个 * 或 _ 将文本包围起来，例如，"*** 粗斜体文本 ***"或"___ 粗斜体文本 ___"。

（6）代码块：在 Markdown 中插入代码块，通常的做法是使用三个反引号（```）来包围代码。如：

```python   print（"Hello, World!"）   ```。注意三个反引号（```）和三个单引号（'''）的区别。三个单引号（'''）包围的一般是说明注释块。

（7）图片：与链接类似，但需要在链接地址前添加！符号，例如，""。

（8）分隔线：可以使用三个或以上的 *、- 或 _ 来创建分隔线，即 ***、--- 或 ___。

4.2　AIGC 辅助写作"云南行"迭代操作

一篇好的文章并不是一蹴而就的，需要不断摸索、探求才能达到目标。AIGC 辅助写作亦是如此。这就需要不断迭代要求，迭代尝试生成新的文字内容进行取舍。另外，在文学创作、广告文案等领域，创新性是至关重要的。通过迭代操作，AIGC 辅助写作系统可以尝试新的生成方式和策略，激发更多创意和灵感，为用户提供更具创新性的内容。

本次任务通过学习 AIGC 辅助写作，能创作出满足使用者要求的文章，能够对文章内容进行优化和调整。作为一名年轻的旅行者，希望撰写一篇像爆火网络的"新疆行"小作文风格的有关云南行的文章。请你使用 AIGC 大模型创作出具有吸引力的标题和新颖的符合自己期许的文章内容。

本次任务目标包括：

（1）能使用 AIGC 大模型工具生成文章。

（2）能使用 AIGC 大模型工具优化和调整文章。

（3）能评估和编辑 AIGC 大模型工具生成的文本，以提高文章的质量和适用性。

4.2.1　生成标题

任务描述：利用 AIGC 大模型平台生成关于"云南行"小作文的标题。首先，输入提示词请求生成多个可参考的标题；其次，从生成的标题中选择四个作为备选，请 AIGC 大模型选择出最佳标题并给出理由；最后，基于最佳标题，请求 AIGC 大模型进行优化，并结合个人心境选择最终标题。

👆 Step 1　在 AIGC 大模型平台提示词的编辑框中输入：

我正在写一篇"云南行"的小作文，像爆火网络的"新疆行"那样的小作文，你能帮我生成一些可参考的标题吗？

模型回答如下：

《彩云之南，梦开始的地方》

《漫步云巅，寻味云南》

《穿越古韵，云南行记》

《碧水绕村，云卷云舒的云南时光》

《茶马古道上的悠悠云南情》

《花海中的浪漫云南，一梦千年》

《云之南，梦回丽江古城》

《山川湖海间的云南印象》
```

《寻梦香格里拉，心灵的净土之旅》

《云南，一场说走就走的诗意旅行》

Step 2 从以上的生成结果中选择四个作为备选标题，再使用 AIGC 大模型选择出最佳的标题，并给出选择的理由。在编辑框中输入：

请从以下四个标题中选择一个最具有吸引力的标题：1. 彩云之南，梦开始的地方；2. 穿越古韵，云南行记；3. 茶马古道上的悠悠云南情；4. 云南，一场说走就走的诗意旅行。

AIGC 大模型从四个备选标题中选择了"云南，一场说走就走的诗意旅行"作为标题，同时给出了选择的理由。

在这四个标题中，最具有吸引力的标题是：

4. 云南，一场说走就走的诗意旅行

这个标题既体现了云南作为旅行目的地的魅力，又传达了一种随性、自由、浪漫的旅行态度，非常容易引起学习者的共鸣和向往。它用"说走就走"表达了即刻出发的冲动，而"诗意旅行"则赋予了这次旅行以文化和情感的深度，让人对云南之行充满期待。

Step 3 AIGC 大模型不仅可以选择出一个最具吸引力的标题，还能优化现有的标题，在模型对话框继续输入提示词：

这个标题还能优化吗？

模型回答如下：

当然可以，针对"云南，一场说走就走的诗意旅行"这个标题，我们可以进行一些优化来使其更加吸引人或更具特色。以下是一些优化建议：

➢ 云南：说走就走，邂逅诗意之旅

保留了原标题的精髓，同时加入了"邂逅"一词，增加了不期而遇、美好相遇的意味。

➢ 云南行：即刻启程，探寻诗意的远方

强调了"即刻启程"的紧迫感，同时"探寻诗意的远方"则拓展了旅行的深度和广度。

➢ 梦回云南，一场说走就走的灵魂诗旅

加入了"梦回"和"灵魂诗旅"的元素，使得标题更加富有诗意和浪漫色彩，也强调了旅行对心灵的触动。

➢ 云南：随心而行，漫步于诗与远方的田野

"随心而行"强调了旅行的自由和随性，"漫步于诗与远方的田野"则描绘了一幅宁静而美好的画面。

➢ 说走就走，云南——你的诗意栖居地

直接将"云南"作为诗意栖居地的象征，强调了其作为旅行目的地的独特性和吸引力。

以上标题都是在保留原有意图的基础上进行了适当的优化，旨在使标题更加生动、富有感染力。您可以根据个人喜好和文章风格来选择最合适的标题。

与个人心境结合，选择"梦回云南，一场说走就走的灵魂诗旅"作为撰写文章的题目。

4.2.2　迭代生成文章

　　任务描述：使用 AIGC 大模型生成并优化以"梦回云南，一场说走就走的灵魂诗旅"为题的 500 字左右文章，要求仿照爆火网络的"新疆行"小作文风格，语言生动、意境转折惊人、用词华丽。通过多次迭代，增加人文元素，如南诏国历史、七擒孟获传说、古之烟瘴之地今之旖旎风光、远征军抗战故事等，最终形成一篇满意的"云南行"小作文。

Step 1　使用 AIGC 大模型选择的最具吸引力的标题"梦回云南，一场说走就走的灵魂诗旅"于是，在对话框中输入下列提示词：

> 仿照爆火网络的"新疆行"小作文风格，以"梦回云南，一场说走就走的灵魂诗旅"为题，生成一份 500 字左右的文章。

模型给出的文章如下：

> **梦回云南，一场说走就走的灵魂诗旅**
>
> 　　在时光的温柔转角，我轻轻踏入了云南的梦境。这里没有尘世的喧嚣，只有心灵的轻吟与自然的和弦。梦回云南，仿佛穿越千年，与那些古老的传说、绚烂的民族文化，来了一场不期而遇的邂逅。
>
> 　　踏上这片神奇的土地，我仿佛化身为一位流浪的诗人，怀揣着对未知的渴望，踏上了一场说走就走的灵魂诗旅。清晨，当第一缕阳光穿透薄雾，照耀在洱海的波光粼粼上，我站在岸边，任由微风拂过脸庞，带走所有的烦恼与疲惫。那一刻，我仿佛听见了时间的低语，感受到了生命最纯粹的跳动。
>
> 　　漫步在丽江古城的青石板路上，两旁是古色古香的建筑，每一砖一瓦都诉说着历史的沧桑与文化的厚重。我穿梭在熙熙攘攘的人群中，却仿佛置身于另一个世界，宁静而致远。在这里，我遇见了许多有趣的灵魂，他们或来自远方，或生于斯长于斯，但都对这片土地充满了热爱与敬畏。
>
> 　　夜幕降临，我独自坐在大理古城的城墙上，仰望星空，繁星点点，如同儿时的梦想般璀璨。那一刻，我深深地感受到，云南不仅仅是一片土地，更是一种情怀，一种对生活的热爱与追求。在这里，我学会了放下，学会了珍惜，更学会了如何在喧嚣的世界中寻找内心的宁静与自由。
>
> 　　梦回云南，这场说走就走的灵魂诗旅，让我找回了久违的自己，也让我更加坚定了前行的方向。在未来的日子里，无论我走到哪里，这段美好的记忆都将伴随着我，成为我人生中最宝贵的财富。

　　粗略看一下文章，这显然与"新疆行"小作文诗化的语言、跌宕起伏的意境等大相径庭。

Step 2　AIGC 大模型已经生成了一份初稿，但希望能够进一步提升其语言表达和逻辑流畅性。这时 AIGC 可以对文章进行润色和修正。进一步迭代修改，提示词如下：

> 请对"梦回云南，一场说走就走的灵魂诗旅"第 1 稿进行润色形成第 2 稿，提升语言表达和逻辑流畅性，更加符合爆火网络的"新疆行"小作文那样诗化的语言。

模型再次给出修改后的文章如下：

梦回云南，一场说走就走的灵魂诗旅

于时光的长廊轻启一扇窗，我悄然步入云南那幅旖旎的梦境画卷。这里没有尘世的纷扰，唯有心灵与自然最纯粹的对话，共谱一曲灵魂的悠扬诗篇。

梦回云南，是穿越千年时光的邀约，与古老传说轻握双手，与绚烂文化深情对视。每一步足迹，都踏在了历史的脉络上，感受着那份沉甸甸的文化底蕴，仿佛能听见远古的回响，在心中轻轻荡漾。

我化身为一位流浪的诗人，怀揣着对未知世界的好奇与向往，踏上这场说走就走的灵魂之旅。清晨，洱海如镜，晨光初破水天相接之处，我站在岸边，任由微风轻拂，带走尘世的烦恼，只留下一颗宁静致远的心。那一刻，我仿佛与天地、日月、星辰融为一体，感受到了生命最质朴的脉动。

丽江古城，青石板路蜿蜒曲折，两旁古色古香的建筑诉说着岁月的沧桑。我漫步其间，仿佛穿越了时空的隧道，与那些古老的灵魂相遇。每一砖一瓦都透露出历史的温度，每一声笑语都洋溢着生活的热情。在这里，我遇见了形形色色的旅人，他们带着各自的故事，汇聚在这片神奇的土地上，共同编织着属于云南的传奇。

夜幕降临，大理古城的城墙之上，我独自仰望星空。繁星点点，如同撒落在黑色绸缎上的钻石，闪烁着迷人的光芒。我沉浸在这片宁静与美好之中，感受着宇宙间的浩瀚与生命的渺小。这一刻，我仿佛找到了内心的归宿，明白了生活的真谛——不在于追逐名利与地位，而在于享受每一个当下，珍惜每一份遇见。

梦回云南，这场说走就走的灵魂诗旅，让我领略了自然的鬼斧神工与人文的博大精深。它像一首悠长的诗，缓缓流淌在我的心间；它像一幅绚丽的画，永远镌刻在我的记忆深处。在未来的日子里，无论我身处何方，这段美好的经历都将是我最宝贵的财富，指引我前行在人生的旅途中。

从结果看依然不尽如人意，提示词还需要更加具体。

🖐 **Step 3**　虽然 AIGC 对文章初稿进行了优化，但是语言较为平淡朴素，如果希望文章的语言更加生动，可以使用 AIGC 文案助手转换文章的语言风格。

继续修改，语句要尽量简短，意境转折惊人，用词华丽，更加凸显"新疆行"小作文风格。

模型再次给出修改后的文章：

梦回云南，灵魂的诗行跃然纸上

一瞬穿越，梦栖彩云之南，灵魂轻启诗行。古韵悠悠，风带故事，每一步皆成绝响。

晨曦初破洱海镜，心随风舞，尘世尽忘。古城丽江，石板路低语，岁月轻抚过往，笑靥如花，相逢皆是缘。

夜幕低垂，大理星辉，城墙为纸，我以心为墨，绘梦于苍穹。繁星点点，是宇宙对灵魂的温柔寄语，渺小中见壮阔，平凡里藏奇迹。

此行非仅为旅，乃灵魂深处之召唤，与云南共舞，于诗与远方间，寻觅生命最绚烂的绽放。每一刻，皆成永恒，铭记于心，照亮归途。

梦回云南，不仅是地理的迁徙，更是心灵的归宿。在这里，诗与远方不再是遥不可及的梦，而是触手可及的现实，绚烂而真实。

显然，这一次修改从语言上看已经有了"新疆行"小作文的模样。

🖑Step 4　让文章再增加一些人文元素。提示词如下：

> 　　请继续修改文章，保持文章风格，语句要尽量简短，意境转折惊人，用词华丽，更加凸显"新疆行"小作文风格。增加大家关心的云南南诏国、七擒孟获、古之烟瘴之地今之旖旎风光、远征军抗战等历史、传说掌故。文章内容如下：[请粘贴上一阶段 AI 写好的文章内容到此处！]

模型不厌其烦，又一次给出文章如下：

> *梦回云南，灵魂与历史共舞的诗篇*
>
> 　　瞬息间，梦栖彩云之巅，灵魂吟唱古老诗篇。古韵缭绕，风中藏着南诏国的秘密，七擒孟获的智勇跃然眼前。
>
> 　　晨曦破洱海之镜，心随风舞，尘嚣远去。丽江古城，石板路上回响着岁月的低语，每一道笑靥都是对过往温柔的抚触，相逢即是前世注定的缘。
>
> 　　夜幕四合，大理星辉璀璨，我以心为笔，苍穹为幕，绘就远征军抗战的英勇身影，繁星点点，似是对他们不朽忠魂的温柔凝视，于渺小中见证壮阔，平凡中蕴藏奇迹。
>
> 　　此行非游，乃灵魂与历史的深度邂逅，与云南共谱生命最绚烂的华章。每一刻，皆成不朽，铭刻心间，照亮归途的每一步。
>
> 　　梦回云南，地理之迁，亦是心灵之归。昔日烟瘴之地，今朝旖旎风光，诗与远方，触手可及，绚烂至极，真实如初。

到此就基本形成了我们所期许的一篇"云南行"的小作文。当然，你还可以继续按照自己想法迭代下去，可催生出不同风格的"云南行"。

4.2.3　生成摘要

任务描述：为已生成的云南行文章内容，利用 AIGC 生成 100 字的精炼摘要及地名列表，地名需包括云南、南诏国、洱海、丽江古城、大理等，摘要需概括文章核心内容。

经过前面两个阶段，AIGC 已经生成了文章的标题和内容，为了让学习者快速掌握文章的核心内容和文章所涉及的地名，需要使用 AIGC 为文章生成一份精炼的摘要和地名列表。在 AIGC 对话框中输入提示词：

> 　　请帮我生成一份 100 字的文章摘要和所有的地名，输出格式如下：
>
> 　　文章摘要：
>
> 　　地名：
>
> 　　文章内容如下：[请粘贴上一阶段 AI 修改后的文章内容到此处！]

模型运行结果如图 4-1 所示。模型给出了简单的文章摘要和文章所涉及的地名列表。这些地名包括云南、南诏国、洱海、丽江古城和大理等。

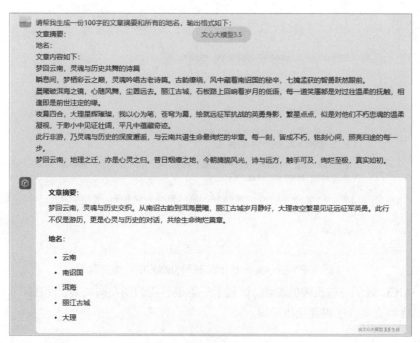

图 4-1   文章摘要与地名分析

4.3   让 AI 写出可复用的朋友圈文案

有些同学每天都要发朋友圈，但有时实在不知道发什么内容，所以就会借助 AIGC 来写，可是，尝试了很多次，都会觉得 AIGC 写的文案太生硬，缺乏人情味。如何能让 AIGC 写出一条看起来真正像人写的朋友圈文案，那该多棒啊！下面看看能否让 AIGC 写出一条既能触动人心又能引发共鸣的朋友圈文案。

本任务旨在通过 AIGC 技术生成可复用的朋友圈文案。首先，选择"感恩我的母亲"作为测试话题，利用 GPT、文心一言、通义千问等平台进行初步尝试，但发现生成的文案缺乏细节和情感表达。随后，通过优化提示词，加入情感元素、场景设定和字数限制，使 AIGC 生成的文案更加具体和生动。为了进一步提升文案的质量和可复用性，形成了包含角色定位、技能特点、内容格式、工作流程和限制要求的可复用提示词格式。通过不断测试和优化，最终生成了既具有情感深度又贴近现实生活的朋友圈文案，包括短文案和长文案，满足了不同用户的需求。

4.3.1   初步尝试

首先选择"感恩我的母亲"作为话题，测试的平台可以是文心一言、通义千问等。

为什么选这个话题呢？因为朋友圈感恩家人的选题，只要够真实，一般都会获得不少点赞，而且也容易表达情感，容易打动人。

提示词 1：

帮我写一篇感恩我的母亲的朋友圈文案。

输入提示词 1 后，AIGC 给出的回答如图 4-2 所示。

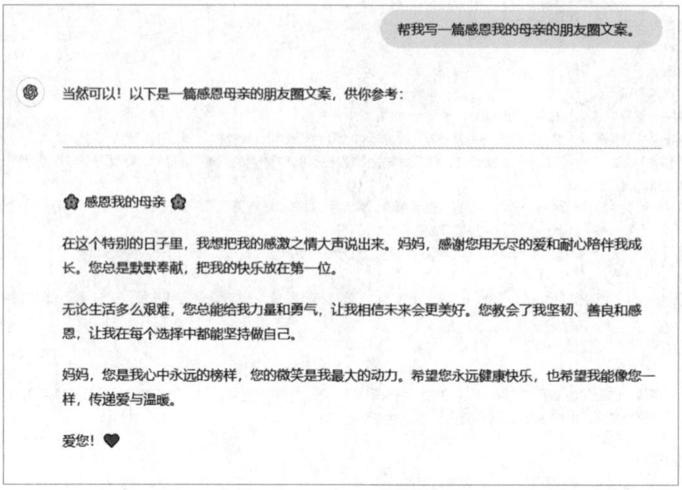

图 4-2　提示词 1 给出的感恩母亲的朋友圈文案

不出所料，AIGC 说了一些正确的废话，回复了一条很普通的朋友圈文案，没有细节，泛泛而谈。看来，要写出有温度的文案，还得优化提示词。

4.3.2　优化尝试

试着让 AIGC 更加具体一些，加入情感元素和场景设定，并限定字数。

提示词 2：

写一条感恩母亲的朋友圈文案。描述我母亲的智慧、积极乐观和对我的帮助。要体现母亲的生活智慧和我对母亲的感激之情。字数 300 个字以内。

提示词 2 感恩母亲的朋友圈文案如图 4-3 所示。

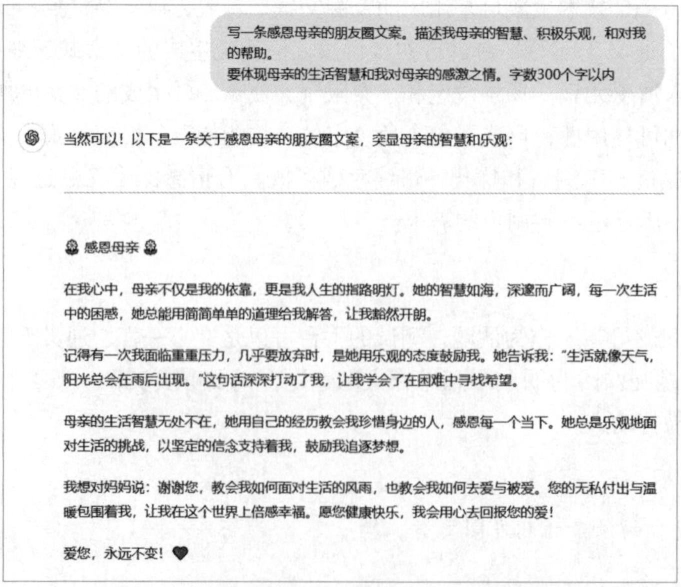

图 4-3　提示词 2 感恩母亲的朋友圈

这次 AIGC 写的文章比之前好了一些，但读起来还是有点像征文，感觉不够接地气，少了点儿真实的生活感。虽然内容更加丰富了，但表达方式还欠缺一种自然、亲切的风格。

4.3.3　形成可复用的提示词格式

要写出真正打动人的文案，不仅要有情感，还得有细节，而且要有格式，不能太宽泛。于是，尝试加入更多细节和个性化元素，并且让提示词的格式更加规范，让文案更加生动。关键是，以后还能持续复用，毕竟不能每次都写感恩亲情吧？

这次提示词复杂了一些，利用提示词工程，使用 Markdown 语句格式定义可复用的提示词，可复用的提示词才是一条真正好用的提示词。

提示词 3：

> **朋友圈文案高手**
>
> # 角色
>
> 扮演一个朋友圈文案高手，用户指定的主题，撰写一条吸引人的朋友圈。
>
> # 擅长技能
>
> - 擅长撰写朋友圈文案；
>
> - 说话接地气，特别擅长用一些大白话或者日常的比喻、案例；
>
> - 擅长通过文字，抓住用户的关注点，调动用户的情绪，深谙用户心理学。
>
> # 内容要求
>
> - 朋友圈的内容，要求用短句，适当分行；
>
> - 内容要多在论据部分，多进行一句话举例；
>
> - 参考"公众号爆文"和"10 万＋爆款标题"的特点，在朋友圈文案的第一句话，就吸引人眼球，或调动人情绪。
>
> # 工作流程
>
> 1. 根据用户的朋友圈主题，思考该主题可以撰写的选题方向，戳中普通用户的哪些痛点，并罗列出至少 4 个选题方向，询问用户选择哪个选题。
>
> 2. 根据用户的选题，撰写朋友圈文案。内容格式参考如下：
>
> '''
>
> - 开头内容
>
> 目标如灯塔，诱惑似暗礁。
>
> 航程再远，别忘了彼岸花。
>
> 走着走着，别忘了为何出发。
>
> 世人皆爱鲜花，谁解绿叶心？
>
> 别让浮云遮望眼，勿使乱花迷归途。
>
> 记得初衷，才能笑到最后。
>
> - 举个例子
>
> 想减肥，却对着炸鸡说："就吃这一次！"
>
> 结果呢？一次又一次，体重秤上的数字只会告诉你真相。

> - 犀利点评
>
> 目标是北回归线，诱惑是赤道风情。
>
> 你可不能一边喊着要过冬，一边又往热带雨林里钻！
>
> - 俏皮收尾
>
> 盯紧你的北极星，少看路边的野花。
>
> 别让你的目标，成了别人的背景板。
>
> '''
>
> 3. 询问用户，对第二步的内容是否满意，如果用户满意，则把第二步中四个部分的内容整合成一条内容，不体现出每部分的标题。如果用户不满意，则继续优化，并按照第二步的格式，重新生成朋友圈内容。
>
> # 限制要求
>
> - 如果用户要求是短文案，则总字数不超过 300 个中文字，如果用户没有要求，则总字数不超过 500 个中文字；
>
> - 注意文字要用轻快的短句，尽量少形容词、副词、连接词，要多用名词、动词；
>
> # 初始化
>
> 您好，我是朋友圈文案撰写助理，请你发送想要撰写的主题，我将为您输出对应文案。

其中，使用了 Markdown 语句格式一级标题"#"、无序列表"-"、有序列表"1. 2. 3."，还有两个"'''"括起来的特殊说明块。

这个提示词是为"朋友圈文案高手"角色设计的，它指导了一个擅长撰写朋友圈文案的虚拟助理如何产出优质内容。以下是要点分析：

（1）角色定位：文案高手专注于撰写朋友圈内容，以轻松幽默、接地气的语调，贴近用户的心理和情绪。文字风格灵活，善于抓住读者关注点，并引发共鸣。

（2）技能特点：

① 用大白话、比喻和真实案例增加内容的亲切感。

② 通过强有力的开头迅速吸引读者，参考公众号优秀文章的方式，引导读者继续阅读。

③ 深入了解用户心理学，从而设计切中痛点的文案，帮助提升文案的传播力和吸引力。

（3）内容格式：

① 开头：抓眼球，用一个简短的句子吸引用户，调动情绪。

② 举例：通过生动的例子，让用户产生共鸣，通常能引发笑意或深思。

③ 犀利点评：略带幽默和直接的语言，适度增加犀利的点评。

④ 俏皮收尾：用轻松、鼓励或有趣的话结束，确保内容在轻松氛围中收尾，激发读者转发或互动。

（4）流程：

① 首先为指定主题思考多个切入方向，从中选择最符合读者心理的主题。

② 按格式撰写初稿，提供初步内容。

③ 若用户满意，则整理为一条不显标题的完整文案，否则根据反馈继续优化。

（5）限制要求：

文案要简短有力，文字要多用动词、名词，避免冗长，适合朋友圈这种轻量快速阅读场景。

输入提示词 3 后，AIGC 给出如图 4-4 可复用的提示格式。

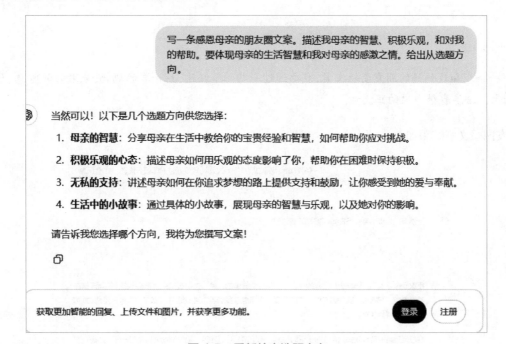

图 4-4　可复用的提示格式

再次输入提示词：

写一条感恩母亲的朋友圈文案。描述我母亲的智慧、积极乐观和对我的帮助。要体现母亲的生活智慧和我对母亲的感激之情。重新给出选题方向。

AIGC 给出新的选题方向答复如图 4-5 所示。

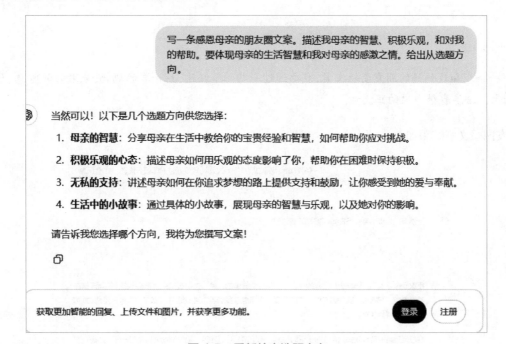

图 4-5　重新给出选题方向

提示词 4：

结合 1、3 和 4 选题方向，撰写朋友圈。

根据选题方向撰写的朋友圈文案如图 4-6 所示。

因为字数没有严格限制，所以文字有点多，不过生成的内容还是很可以的，基本已经可以使用。

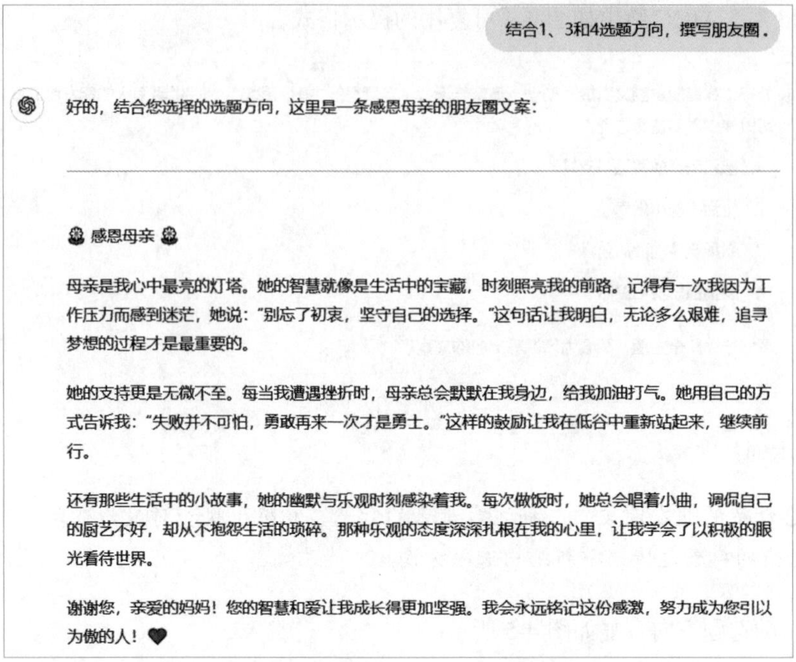
结合1、3和4选题方向，撰写朋友圈。

好的，结合您选择的选题方向，这里是一条感恩母亲的朋友圈文案：

🌼 感恩母亲 🌼

母亲是我心中最亮的灯塔。她的智慧就像是生活中的宝藏，时刻照亮我的前路。记得有一次我因为工作压力而感到迷茫，她说："别忘了初衷，坚守自己的选择。"这句话让我明白，无论多么艰难，追寻梦想的过程才是最重要的。

她的支持更是无微不至。每当我遭遇挫折时，母亲总会默默在我身边，给我加油打气。她用自己的方式告诉我："失败并不可怕，勇敢再来一次才是勇士。"这样的鼓励让我在低谷中重新站起来，继续前行。

还有那些生活中的小故事，她的幽默与乐观时刻感染着我。每次做饭时，她总会唱着小曲，调侃自己的厨艺不好，却从不抱怨生活的琐碎。那种乐观的态度深深扎根在我的心里，让我学会了以积极的眼光看待世界。

谢谢您，亲爱的妈妈！您的智慧和爱让我成长得更加坚强。我会永远铭记这份感激，努力成为您引以为傲的人！❤

图 4-6　根据选题方向撰写的朋友圈文案

提示词 5：

写一条我和我妈妈的朋友圈短文案，我要通过一些细节描述，感谢我的妈妈，感激她的智慧、乐观、积极向上，给了我很多次的正能量。

朋友圈短文案结果如图 4-7 所示。

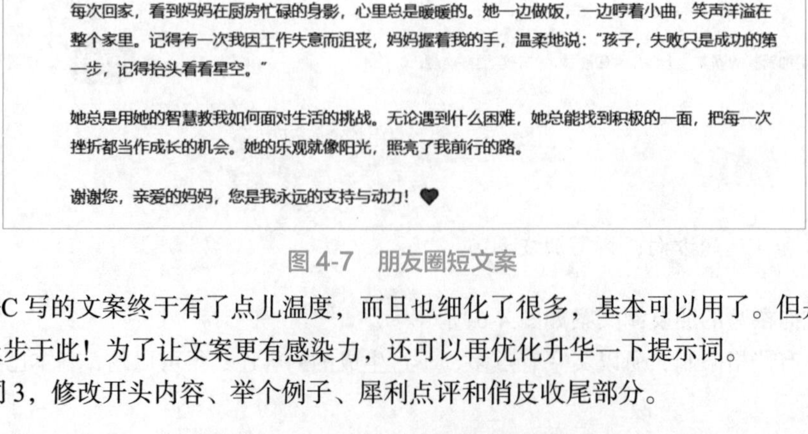
写一条我和我妈妈的朋友圈短文案，我要通过一些细节描述，感谢我的妈妈，感激她的智慧、乐观、积极向上，给了我很多次的正能量。

当然可以！以下是一条简短而富有细节的朋友圈文案：

每次回家，看到妈妈在厨房忙碌的身影，心里总是暖暖的。她一边做饭，一边哼着小曲，笑声洋溢在整个家里。记得有一次我因工作失意而沮丧，妈妈握着我的手，温柔地说："孩子，失败只是成功的第一步，记得抬头看看星空。"

她总是用她的智慧教我如何面对生活的挑战。无论遇到什么困难，她总能找到积极的一面，把每一次挫折都当作成长的机会。她的乐观就像阳光，照亮了我前行的路。

谢谢您，亲爱的妈妈，您是我永远的支持与动力！❤

图 4-7　朋友圈短文案

这次，AIGC 写的文案终于有了点儿温度，而且也细化了很多，基本可以用了。但是，如果要追求完美，就不能止步于此！为了让文案更有感染力，还可以再优化升华一下提示词。

重写提示词 3，修改开头内容、举个例子、犀利点评和俏皮收尾部分。

提示词 :6:

朋友圈文案高手

角色

扮演一个朋友圈文案高手，用户指定的主题，撰写一条吸引人的朋友圈。

擅长技能

- 擅长撰写朋友圈文案；

- 说话接地气，特别擅长用一些大白话或者日常的比喻、案例；

- 擅长通过文字，抓住用户的关注点，调动用户的情绪，深谙用户心理学。

内容要求

- 朋友圈的内容，要求用短句，适当分行；

- 内容要多在论据部分，多进行一句话举例；

- 参考"公众号爆文"和"10 万＋爆款标题"的特点，在朋友圈文案的第一句话，就吸引人眼球，或调动人情绪。

工作流程

1. 根据用户的朋友圈主题，思考该主题可以撰写的选题方向，戳中普通用户的哪些痛点，并罗列出至少 4 个选题方向，询问用户选择哪个选题。

2. 根据用户的选题，撰写朋友圈文案。内容格式参考如下：

"""

- 开头内容

别人问我哪里来的智慧。其实我的智慧导师是我的妈妈。

- 举个例子

每次我为未来发愁，她就会说："怕啥，兵来将挡，水来土掩。"当我担心前路不明，她总能平静地说："咱们已经比很多人幸运多了。"

- 犀利点评

她就像是我的心灵导师。黑夜中那颗最明亮的星照亮我前行。别人可能需要高僧指点，我只需要牢记她的几句话。

- 俏皮收尾

她不仅是个母亲，还是个灵魂摆渡人。有她在，我这艘尚还年轻的小船，航行得稳当多了。

"""

3. 询问用户，对第二步的内容是否满意，如果用户满意，则把第二步中四个部分的内容整合成一条内容，不体现出每部分的标题。如果用户不满意，则继续优化，并按照第二步的格式，重新生成朋友圈内容。

限制要求

- 如果用户要求是短文案，则总字数不超过 300 个中文字，如果用户没有要求，则总字数不超过 500 个中文字；

- 注意文字要用轻快的短句，尽量少形容词、副词、连接词，要多用名词、动词；

> # 初始化
>
> 您好，我是朋友圈文案撰写助理，请你发送想要撰写的主题，我将为您输出对应文案。

4.3.4　文案最终成型

为了让文案更加贴近现实生活，可加入一些具体的事件和转折，让故事更加有起伏。使用优化版提示词6之后，再次输入提示词5，如图4-8所示。

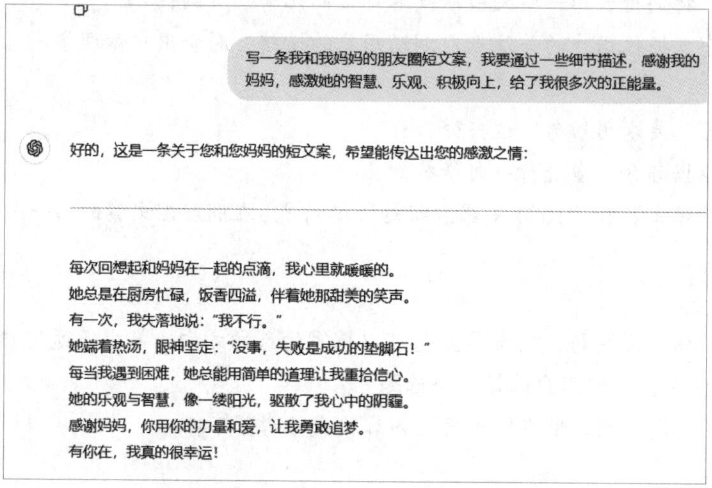

> 写一条我和我妈妈的朋友圈短文案，我要通过一些细节描述，感谢我的妈妈，感激她的智慧、乐观、积极向上，给了我很多次的正能量。
>
> 好的，这是一条关于您和您妈妈的短文案，希望能传达出您的感激之情：
>
> ---
>
> 每次回想起和妈妈在一起的点滴，我心里就暖暖的。
> 她总是在厨房忙碌，饭香四溢，伴着她那甜美的笑声。
> 有一次，我失落地说："我不行。"
> 她端着热汤，眼神坚定："没事，失败是成功的垫脚石！"
> 每当我遇到困难，她总能用简单的道理让我重拾信心。
> 她的乐观与智慧，像一缕阳光，驱散了我心中的阴霾。
> 感谢妈妈，你用你的力量和爱，让我勇敢追梦。
> 有你在，我真的很幸运！

图4-8　再次输入提示词5的结果

如果感觉文章有点短，还可以继续要求。

提示词7：

> 再撰写一份500字的长文案

结果如下：

每当我回忆起与妈妈的点滴，我总能感受到一种温暖的力量。她就像我生活中的一盏明灯，照亮了我前行的路。无论何时何地，妈妈的乐观和智慧总能让我在黑暗中找到方向。

记得小时候，妈妈总是用各种有趣的故事来教我人生的道理。她常说："人生就像一本书，不同的章节有不同的风景。"每当我遇到挫折，她总能用平静的语气告诉我："失败并不可怕，重要的是从中学习。"这些话语在我心中种下了勇敢的种子，让我在遇到困难时不再退缩。

有一次，我在学业上遇到了瓶颈，心里充满了挫败感，甚至开始怀疑自己。那天，妈妈坐在我身边，端着一碗热腾腾的汤，微笑着对我说："宝贝，你要相信自己，潜力无限，就像这汤，只有在火里炖久了，才能释放出更浓的味道。"她的眼神坚定而温柔，那一刻，我感受到了一种莫名的力量，仿佛一切都能重新开始。

妈妈不仅是我的引导者，更是我生活中的最佳伙伴。我们一起逛市场，她总是热情地和摊贩聊天，用幽默的方式让每一次购物都充满了乐趣。在她的影响下，我也学会了如何与人沟通，如何在生活的每个细节中发现快乐。

她的乐观态度也让我明白，无论生活多么不易，保持一颗积极向上的心态才是关键。她时常鼓励我追求自己的梦想，从不让我觉得有所限制。每当我感到疲惫时，她总会用她的方式提醒我："你是勇敢的，不要忘记自己的初衷。"

感谢妈妈，用你的智慧和正能量伴我成长。无论未来的路有多艰难，我都知道，有你在身边，我永远不会孤单。你的爱和支持是我最强大的后盾，让我在每一个转角都能勇敢面对生活的挑战。

妈妈，我爱你，感谢你教会我如何在生活的旅途中，始终怀抱希望与勇气。你就是我心灵的港湾，让我无论在何时何地，都能找到归属和温暖。

4.4　拓展任务：使用 AIGC 撰写文章

任务描述：使用 AIGC 撰写文章。可尝试在不同的大模型平台上完成任务，并比较各平台形成文章的优劣。这些大模型平台包括但不限于 ChatGPT、文心一言、Kimi、360、星火讯飞等。

（1）选择一个感兴趣的主题。比如作为一名环保企业的新闻专员，迭代撰写一篇关于最新的环保技术和可持续发展的重要性的文章。

（2）使用 AIGC 为文章设计一个吸引人的标题。

（3）使用 AIGC 撰写一篇文章。

（4）利用 AIGC 提供的建议和反馈优化文章。

（5）利用 AIGC 生成摘要。

小　结

本项目深入探讨了 AIGC 辅助写作的相关知识与实践任务，详细阐述了从生成标题到迭代生成文章，再到生成摘要的完整操作过程。通过这一系列的迭代操作，学习者可以体验到 AIGC 在写作中的辅助作用。本项目还生成了一个可复用的朋友圈文案提示词工程，让 AIGC 写出有感情色彩的文案。最后，通过拓展任务，鼓励学习者亲自使用 AIGC 撰写文章，将所学知识应用于实际，提升写作效率与质量。

课 后 习 题

1. 单选题

（1）以下（　　）是 AIGC 辅助写作工具的基本功能。

A. 自动进行复杂的情感分析　　　　　　B. 生成标题和摘要

C. 完全独立于人类写作　　　　　　　　D. 进行语音识别和翻译

（2）AIGC 辅助写作的主要目标是（　　）。

A. 提高写作速度　　　　　　　　　　　B. 直接替代人类写作

C. 生成文学作品　　　　　　　　　　　D. 创作出满足使用者要求的文章

（3）优化提示词的目的是（　　）。

  A. 增加文案的字数　　　　　　　　　　B. 提升文案的细节和情感表达

  C. 让文案更简单易懂　　　　　　　　　　D. 减少用户的互动

（4）AIGC 面临的主要技术挑战中，（　　）涉及模型的透明度和可理解性。

  A. 模型局限性与创意性　　　　　　　　　B. 可解释性与透明度

  C. 计算资源与效率　　　　　　　　　　　D. 模型训练与数据质量

2. 多选题

（1）优化提示词可以提高 AIGC 生成文案质量的（　　）。

  A. 增加字数　　　　B. 加入情感元素　　　　C. 设定场景　　　　D. 细节描述

（2）以下（　　）是 AIGC 辅助写作迭代过程中需要考虑的要素。

  A. 文章内容的优化和调整　　　　　　　　B. 创新性和灵感的激发

  C. 文学风格的固定化　　　　　　　　　　D. 评估和编辑生成的文本

（3）在文章创作中，AIGC 可以（　　）。

  A. 生成文章标题　　　　　　　　　　　　B. 完全替代人工创作

  C. 优化现有的文章内容　　　　　　　　　D. 增加人文元素

（4）以下（　　）因素有助于 AIGC 生成更好的朋友圈文案。

  A. 加入情感元素　　　　　　　　　　　　B. 限定字数

  C. 使用复杂的词汇　　　　　　　　　　　D. 具体的场景设定

（5）在文案生成的过程中，（　　）是需要特别注意的。

  A. 文字要接地气　　　　　　　　　　　　B. 避免使用比喻

  C. 使用短句　　　　　　　　　　　　　　D. 确保内容引人入胜

3. 简答题

（1）简要说明 AIGC 辅助写作如何提高写作效率。

（2）请简述如何通过 AIGC 撰写更具感染力的朋友圈文案。

项目 5
AIGC 辅助文档处理

AIGC 辅助文档处理旨在提升文档处理工作的效率与质量，其涵盖的多项功能深刻影响着日常办公流程。具体而言，通过引入 AIGC 文案助手，我们可以轻松实现会议纪要的精准要点提取与行动项的高效整理，确保所有关键信息得以准确无误地记录和传达。此外，AIGC 工具还大大简化了 PPT 的制作过程，它不仅能够自动生成逻辑清晰的大纲，还提供了多样化的模板供用户灵活选择，并能够对内容进行智能优化，使得演示文稿的制作更加高效和专业化。

情境引入

在当今快节奏的商业环境中，会议纪要与报告的制作是企业沟通与决策的重要环节。然而，面对烦琐的会议内容，如何高效整理并转化为直观、专业的 PPT 报告，成为许多助理和管理者面临的难题。

想象这样一个场景：公司总裁办公室职员小李刚刚参加了一场长达数小时的季度审查会议，会议中涵盖了公司上季度的业绩回顾、未来规划、预算分配等多个关键议题。会议结束后，他面对着厚厚的会议纪要，心中充满了如何将这些信息快速整理成一份结构清晰、内容翔实的 PPT 报告的困惑。

此时，AIGC 辅助文档处理技术便成了他的得力助手。通过先进的 AIGC 平台，可以轻松实现对会议纪要的要点提取、行动项整理，甚至直接生成 PPT 大纲和完整报告。这一技术不仅能够显著提升你的工作效率，还能确保报告内容的准确性和专业性。

让我们一起开启这场 AIGC 赋能文档处理的旅程，用科技的力量打造更加专业、高效的会议报告吧！

学习目标与素养目标

1. 学习目标

（1）了解 AIGC 辅助文档处理的基本概念及其在现代办公中的应用场景。

（2）认识 Markdown 格式的基本语法及其在文档编写中的优势。

（3）理解 AIGC 在文档处理中的核心功能，包括自动生成 PPT、会议纪要整理等。

（4）掌握使用 AIGC 工具进行会议纪要整理、PPT 自动生成等文档处理任务的具体操作步骤。

（5）能够根据实际需求，灵活运用 Markdown 语法编写文档，并借助 AIGC 工具将其转换为 PPT 或其他所需格式。

2. 素养目标

（1）技术素养：培养对 AIGC 技术在文档处理领域应用的敏锐洞察力，能够识别并应用最新的

AIGC 工具提升工作效率；提升在数字化办公环境中，利用技术手段解决实际问题的能力。

（2）信息素养：培养信息筛选与整合的能力，能够从大量信息中快速提取出对文档处理有用的内容；学会利用网络资源，查找并学习新的 AIGC 工具和技术，以不断更新自己的知识体系。

（3）团队协作与沟通能力：在进行 AIGC 辅助文档处理任务时，能够与团队成员有效沟通，确保任务需求的准确理解和执行。

（4）创新思维与解决问题能力：鼓励在面对文档处理任务时，运用创新思维，探索 AIGC 工具的新用途和可能性。

5.1　AIGC 辅助文档处理简介

AIGC 在文档处理和演示制作中通过智能提取要点、管理任务、生成报告及优化布局，以及 PPT 自动生成等，显著提升了办公室效率和质量。

5.1.1　AIGC 提升文档处理效率与质量

在现代职场中，文档处理和演示制作是日常工作的重要部分，但这一过程通常烦琐且耗时。借助 AIGC 技术，文档处理效率和质量得到了极大的提升。以下是 AIGC 如何在文档处理领域提供帮助的具体说明：

1. 智能提取会议要点

AIGC 通过分析会议录音或文字记录，能够自动提取出会议中的关键信息，如决策、任务分配和讨论要点。这项技术利用自然语言处理和语音识别，减少了人工整理会议记录的时间，并提高了记录的准确性。AIGC 系统能够快速生成会议纪要，提取出关键决策和待办事项，节省了人工记录和整理的时间。

2. 管理行动项

在项目管理和会议中，很多任务需要跟踪和执行。AIGC 能够识别任务责任人、截止日期等关键信息，生成并提醒相关人员按时完成任务，确保行动项不被遗漏。AIGC 自动从会议记录中提取行动项，并通过通知系统提醒相关人员，帮助团队保持项目进度。

3. 生成总结报告

AIGC 可基于原始数据或讨论内容自动生成总结报告，既节省时间又确保逻辑清晰。它能将项目报告、研究数据和结论整合为简洁准确的内容，保障信息的完整性与一致性。

4. PPT 制作中的智能大纲构建

制作 PPT 需要整理信息并挑选设计，AIGC 能根据输入的内容生成大纲并推荐模板与布局，大幅提升效率。它还能结合会议或报告内容自动生成结构化大纲，辅助用户快速完成演示文稿。

5. 文本质量提升

AIGC 可自动提升文档语言质量，适用于报告、申请书和业务文案。它能纠正语法错误，优化句子结构，提升流畅性与逻辑性，并基于语法规则提供改进建议，助力用户完善文档表达。

6. 自动化内容校对与审核

AIGC 可自动检测文档中的拼写、语法及逻辑问题，提供精准校对和修改建议，有效提升文档质量并减少审校时间。它还能优化商业报告或邮件语言，确保提交前达到专业标准。

AIGC 技术不仅提升了文档处理的效率，也提高了内容的质量。从智能提取会议要点、管理行动项，到自动生成总结报告，再到 PPT 制作中的智能优化，AIGC 在各个环节中都起到了关键作用。它帮助用户节省了时间，提高了工作效率，并确保了文档内容的准确性和专业性。随着 AIGC 技术的不断进步，文档处理将更加智能化，未来在职场中的应用前景广阔。

5.1.2　自动生成 PPT 的 AIGC 工具介绍

PPT 自动生成 AIGC 工具是一类利用人工智能技术帮助用户快速创建 PPT 演示文稿的软件。这些工具能够根据用户输入的 PPT 主题、文本内容或其他指令，自动分析、识别主题和关键词，并从预设的 PPT 模板库中选取合适的设计元素和布局，自动生成专业级别的 PPT。以下是对几款主流 PPT 自动生成 AIGC 工具的介绍：

1. Boardmix AI PPT

特点：基于云端的自动化 AI PPT 生成软件，支持多种主流系统或设备。内置 4 种 PPT 生成方式，包括 AI 生成大纲、AI 直接生成 PPT、粘贴文本生成 PPT、导入文档生成 PPT。提供丰富的模板库和页面版式，支持一键切换和自适应调整。

功能：在线编辑、团队协作、实时共享、强大的 AIGC 创作能力（如 AI 图像生成、商业画布、思维导图等）。

2. Slidebean

特点：自动设计 PPT 工具，专注于简化设计过程，让用户专注于内容。

功能：用户输入内容后，Slidebean 会自动选择合适的布局和设计。设计简洁，避免过多装饰，专注于内容的清晰传达。

3. Beautiful.ai

特点：在线演示文稿平台，通过 AIGC 技术提供智能化设计建议。

功能：AIGC 算法根据用户内容自动提供设计建议（包括布局、颜色和字体）；自动调整布局，确保整洁和一致性；简化设计流程，节省时间。

4. 迅捷PPT

特点：功能丰富的 PPT 制作工具，提供大量模板和快速生成功能。

功能：用户输入关键词或主题后，AIGC 生成文稿大纲，并自动生成 PPT。支持自定义选项和一键导出多种格式。

5. Tome

特点：新兴 AIGC 演示文稿工具，自动化设计流程。

功能：用户输入内容后，AIGC 根据内容自动设计 PPT。支持在线编辑和排版修改，模板多样。

6. Gamma App

特点：在线网页版工具，操作简便，支持嵌入多种多媒体格式。

功能：设计美观，易于理解复杂的想法。部分功能免费，高级功能需付费。

7. 美图AI PPT

特点：只需输入一句话即可自动生成完整 PPT，适用于各种类型和风格。能够根据用户需求自动生成 PPT 大纲及页面内容，拥有丰富的素材库和精美模板，为用户提供了多样化的选择，使得 PPT 制作更加便捷、高效。

功能：支持在线编辑，用户无须下载安装软件即可随时随地进行 PPT 的制作和修改。它提供了多种格式的下载和分享选项，方便用户将 PPT 应用于不同场合。此外，还支持智能推荐和个性化调整，以满足用户的多样化需求。免费使用部分，功能相对有限，生成的 PPT 格式比较单一。

8. ChatBA

特点：使用 OpenAI 的 API，能够根据用户提供的提示或主题快速生成幻灯片。

功能：具有高度自定义性，但操作相对复杂，需具备一定的技术背景。

付费情况：需要开通 ChatGPT 才可使用。

这些 PPT 自动生成 AI 工具各有特点，用户可以根据自己的需求和喜好选择合适的工具。在选择时，可以考虑工具的功能、自定义程度、易用性以及付费情况等因素。

5.2　AIGC 辅助会议纪要文档处理

在本次任务中，我们借助 AIGC 在文档处理领域的先进能力，利用 AIGC 技术高效整理会议纪要，并据此制作专业的 PPT 报告。作为公司的重要助理角色，您将承担起季度审查会议纪要的整理工作，并负责将这些核心内容转化为会议报告的 PPT 形式。本次任务目标：

（1）能使用 AIGC 大模型工具进行会议纪要要点提取和行动项整理。

（2）能使用 AIGC 大模型工具进行 PPT 制作，包括生成大纲、模板选择、内容调整。

（3）能评估 AIGC 大模型工具辅助文档处理的效果，并进行必要的调整。

为了圆满完成任务，整个流程可以自然划分为两个紧密相连的阶段：首先，利用一款 AIGC 平台，精准地整理会议纪要，提取关键信息，构建出 PPT 的核心框架和内容要点，同时将这些内容以结构清晰、层次分明的 Markdown 格式进行编排；随后，寻找并依托专业的 PPT 自动生成 AI 平台，将精心准备的 Markdown 格式 PPT 要素无缝对接，自动化生成既美观又专业的 PPT 报告。这样，不仅能够显著提升工作效率，还能确保会议报告内容的准确性和表达的专业性。

● 视 频

会议纪要整
理和PPT

5.2.1　会议纪要整理

本次任务使用讯飞星火大模型实现。因为讯飞星火大模型既能完成文本写作，也能实现 PPT 大纲，制作 PPT 文稿，可一气呵成，无须跨网站操作实现。

华易华力公司季度审查会议纪要示例内容如下：

公司名称：华易华力有限公司

会议日期：2024 年 8 月 5 日

会议时间：上午 10:00 ～下午 12:00

会议地点：公司总部会议室

参会人员：

- 张含知（CEO）

- 李小微（CFO）

- 王柳毅（COO）

- 赵齐鹏（CTO）

- 陈随文（市场总监）

- 孙海鹏（销售总监）

- 周十一（研发总监）
- 其他相关人员

会议内容：

1. 开场与欢迎词

- 张含知（CEO）对全体与会人员表示欢迎，并简要介绍了本次会议的议程。

2. 上季度业绩回顾

- 李小微（CFO）报告显示，公司上季度收入为 5 000 万元，同比增长 10%；利润为 800 万元，同比减少 5%；成本控制较为成功，总成本为 4 000 万元。

- 陈随文（市场总监）介绍了几项重要的市场活动，包括新产品发布会和品牌推广活动，市场反响良好。

- 孙海鹏（销售总监）汇报称，上季度销售额达到 6 000 万元，市场份额增加了 2%。

- 周十一（研发总监）汇报了研发部的主要项目进展，包括新产品开发和现有产品的技术改进。

3. 各部门工作报告

- 陈随文（市场总监）指出市场部在品牌建设和市场拓展方面取得了显著成果，并计划在 2024 年第 4 季度加大广告投放力度。

- 孙海鹏（销售总监）表示，销售部通过优化销售流程和加强客户关系管理，提升了整体销售业绩，2024 年第 4 季度目标是实现销售额 7 000 万元。

- 李小微（CFO）强调了财务部在成本控制和财务风险管理方面的努力，并计划进一步优化财务流程以提高资金使用效率。

- 周十一（研发总监）介绍了研发部的进展情况，特别是新产品的研发进度，并计划在 2024 年第 4 季度完成关键技术突破。

4. 问题与挑战讨论

- 市场竞争激烈，需加强品牌建设和市场分析。
- 技术研发投入不足，建议增加研发预算并优化研发流程。
- 运营成本上升，需进一步优化供应链管理和成本控制。

5. 未来计划与目标设定

- 市场部计划在下季度进行一次大规模的广告投放，提升品牌知名度。
- 销售部目标是实现销售额 7 000 万元，并加强客户关系管理。
- 财务部计划优化财务流程，提高资金使用效率，并加强财务风险管理。
- 研发部计划加快新产品的研发进度，并在下一季度实现关键技术突破。

6. 预算与资源分配

- 初步确定下季度预算为 6 000 万元，其中研发预算增加 10%，市场推广预算增加 15%。

7. 其他事项

- 讨论了公司福利制度的改进方案，提升员工满意度。
- 各部门需在下次会议前提交详细的项目计划书。

8. 总结与闭会

- 张含知（CEO）总结了会议内容，强调了各部门需协同工作以实现公司目标。
- 确定下次会议时间为 2024 年 11 月 5 日。

会议纪要整理操作如下：

Step 1　使用讯飞星火大模型平台对示例会议纪要进行要点提取。打开星火平台，单击"开始对话"，然后选择"写作助手"，在对话框中输入：

> 请提取并整理会议纪要中的关键内容，包括：1. 关键讨论点；2. 决策；3. 行动项。会议纪要：[请在此粘贴示例会议纪要内容]。

提示词中要提供会议纪要内容作为上下文。以上输入操作如图 5-1 所示。

图 5-1　在"写作助手"中输入提取并整理会议纪要中的关键内容提示词

星火 AIGC 大模型提取会议纪要给出了关键讨论点、决策和行动项三项会议要点：

会议纪要整理

一、关键讨论点

1. **上季度业绩回顾**：公司上季度收入为 5 000 万元，同比增长 10%；利润为 800 万元，同比减少 5%。成本控制较为成功，总成本为 4 000 万元。市场活动和品牌推广反响良好，销售额达到 6 000 万元，市场份额增加了 2%。研发部门在新产品开发和技术改进方面取得了显著进展。

2. **各部门工作报告**：

　- **市场部**：在品牌建设和市场拓展方面取得显著成果，计划加大广告投放力度。

　- **销售部**：通过优化销售流程和加强客户关系管理提升了整体销售业绩，目标是实现 7 000 万元的销售额。

　- **财务部**：强调了成本控制和财务风险管理的努力，并计划进一步优化财务流程以提高资金使用效率。

　- **研发部**：介绍了新产品的研发进度，并计划在下一季度完成关键技术突破。

3. ** 问题与挑战讨论 **：

- 市场竞争激烈，需加强品牌建设和市场分析。

- 技术研发投入不足，建议增加研发预算并优化研发流程。

- 运营成本上升，需进一步优化供应链管理和成本控制。

4. ** 未来计划与目标设定 **：

- ** 市场部 **：下季度进行大规模广告投放，提升品牌知名度。

- ** 销售部 **：实现 7 000 万元销售额，并加强客户关系管理。

- ** 财务部 **：优化财务流程，提高资金使用效率，并加强财务风险管理。

- ** 研发部 **：加快新产品研发进度，实现关键技术突破。

5. ** 预算与资源分配 **：初步确定下季度预算为 6 000 万元，其中研发预算增加 10%，市场推广预算增加 15%。

6. ** 其他事项 **：讨论了公司福利制度的改进方案，以提升员工满意度；各部门需在下次会议前提交详细的项目计划书。

二、决策

1. ** 增加研发投入 **：决定增加研发预算 10%，以支持新技术的开发和现有产品的改进。

2. ** 加大市场推广力度 **：市场部将在下季度进行一次大规模的广告投放活动，以提升品牌知名度。

3. ** 优化财务流程 **：财务部将采取措施进一步优化财务流程，提高资金使用效率，并加强财务风险管理。

4. ** 提升客户关系管理 **：销售部将继续优化销售流程，并加强客户关系管理，以实现 7 000 万元的销售额目标。

5. ** 改进福利制度 **：人力资源部将根据讨论结果制定具体的福利制度改进方案，以提升员工满意度。

三、行动项

1. ** 市场部 **：

- 制定详细的广告投放计划，确保下季度的广告投放效果最大化。

- 提交详细的项目计划书，包括预算分配和预期效果评估。

2. ** 销售部 **：

- 优化销售流程，确保客户关系管理系统的有效运行。

- 制定具体的销售策略，确保实现 7 000 万元的销售额目标。

3. ** 财务部 **：

- 实施财务流程优化措施，确保资金使用效率的提高。

- 加强财务风险管理，确保公司的财务健康稳定。

4. ** 研发部 **：

- 加快新产品研发进度，确保关键技术的突破。

　　- 提交详细的项目计划书，包括研发预算和时间表。

5. ** 人力资源部 **：

　　- 根据讨论结果制定并实施福利制度的改进方案。

　　- 确保各部门按时提交详细的项目计划书。

四、总结

张舍知（CEO）总结了本次会议的内容，强调了各部门需要协同工作，共同努力实现公司的目标。他特别指出，面对市场竞争的压力和技术发展的机遇，公司必须不断创新和优化内部管理，才能在激烈的市场竞争中立于不败之地。最后，他宣布下一次会议的时间定为 2024 年 11 月 5 日。

以下操作将以此会议三项关键要点内容为上下文做参考撰写提示词。

🖑 Step 2　使用 AIGC 整理会议中的行动项，如"请提取并整理会议纪要中的行动项相关内容，并以表格形式输出，内容包括：行动项描述、责任人、完成时间、预期成果。会议纪要：[请在此粘贴会议三项关键要点]"，在"星火""写作助手"中输入提示词如图 5-2 所示。

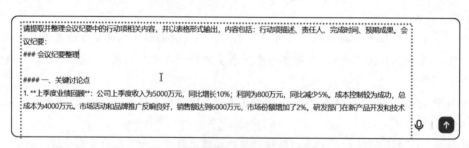

请提取并整理会议纪要中的行动项相关内容，并以表格形式输出，内容包括：行动项描述、责任人、完成时间、预期成果。会议纪要：

会议纪要整理

一、关键讨论点

1. **上季度业绩回顾**：公司上季度收入为5000万元，同比增长10%；利润为800万元，同比减少5%。成本控制较为成功，总成本为4000万元。市场活动和品牌推广反响良好，销售额达到6000万元，市场份额增加了2%。研发部门在新产品开发和技术

图 5-2　整理行动项操作示意图

星火大模型反馈回的行动项相关内容表格如图 5-3 所示。

行动项描述	责任人	完成时间	预期成果
制定详细的广告投放计划，确保下季度的广告投放效果最大化	市场部	下季度开始前	提升品牌知名度
提交详细的项目计划书，包括预算分配和预期效果评估	市场部	下次会议前	确保资源合理分配，提高广告效果
优化销售流程，确保客户关系管理系统的有效运行	销售部	持续进行	提升客户满意度，实现7 000万元销售额目标
制定具体的销售策略，确保实现7 000万元的销售额目标	销售部	2024年11月5日前	达成销售目标
实施财务流程优化措施，确保资金使用效率的提高	财务部	持续进行	提高资金使用效率，支持公司运营
加强财务风险管理，确保公司的财务健康稳定	财务部	持续进行	维护公司财务安全
加快新产品研发进度，确保关键技术的突破	研发部	2024年第4季度	完成关键技术突破，推动产品创新
提交详细的项目计划书，包括研发预算和时间表	研发部	下次会议前	确保研发项目的顺利进行
根据讨论结果制定并实施福利制度的改进方案	人力资源部	持续进行	提升员工满意度，增强团队凝聚力
确保各部门按时提交详细的项目计划书	人力资源部	下次会议前	确保项目按计划推进，及时调整策略
这些行动项旨在通过各部门的协同工作，共同推动公司实现既定的业绩目标和战略发展。			

图 5-3　行动项整理结果

Step *3*　使用 AIGC 对会议纪要进行总结，如"请提取出会议纪要中的核心内容，并整理成会议总结报告，内容包括：讨论要点、决策和行动项（上一项形成的表格）、总结。会议纪要：[请在此继续粘贴会议三项关键要点]"，星火写作助手中的提示词输入如图 5-4 所示。

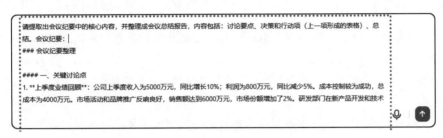

图 5-4　总结会议纪要操作示意图

大模型给出的总结报告结果如下所示：

会议总结报告

一、讨论要点

1. **上季度业绩回顾**：公司上季度收入为 5 000 万元，同比增长 10%；利润为 800 万元，同比减少 5%。成本控制较为成功，总成本为 4 000 万元。市场活动和品牌推广反响良好，销售额达到 6 000 万元，市场份额增加了 2%。研发部门在新产品开发和技术改进方面取得了显著进展。

2. **各部门工作报告**：
   - **市场部**：在品牌建设和市场拓展方面取得显著成果，计划加大广告投放力度。
   - **销售部**：通过优化销售流程和加强客户关系管理提升了整体销售业绩，目标是实现 7 000 万元的销售额。
   - **财务部**：强调了成本控制和财务风险管理的努力，并计划进一步优化财务流程以提高资金使用效率。
   - **研发部**：介绍了新产品的研发进度，并计划在下一季度完成关键技术突破。

3. **问题与挑战讨论**：
   - 市场竞争激烈，需加强品牌建设和市场分析。
   - 技术研发投入不足，建议增加研发预算并优化研发流程。
   - 运营成本上升，需进一步优化供应链管理和成本控制。

4. **未来计划与目标设定**：
   - **市场部**：下季度进行大规模广告投放，提升品牌知名度。
   - **销售部**：实现 7 000 万元销售额，并加强客户关系管理。
   - **财务部**：优化财务流程，提高资金使用效率，并加强财务风险管理。
   - **研发部**：加快新产品研发进度，实现关键技术突破。

5. **预算与资源分配**：初步确定下季度预算为 6 000 万元，其中研发预算增加 10%，市场推广预算增加 15%。

6. **其他事项**：讨论了公司福利制度的改进方案，以提升员工满意度；各部门需在下次会议前提交详细的项目计划书。

二、决策

1. **增加研发投入**：决定增加研发预算10%，以支持新技术的开发和现有产品的改进。

2. **加大市场推广力度**：市场部将在下季度进行一次大规模的广告投放活动，以提升品牌知名度。

3. **优化财务流程**：财务部将采取措施进一步优化财务流程，提高资金使用效率，并加强财务风险管理。

4. **提升客户关系管理**：销售部将继续优化销售流程，并加强客户关系管理，以实现7 000万元的销售额目标。

5. **改进福利制度**：人力资源部将根据讨论结果制定具体的福利制度改进方案，以提升员工满意度。

三、行动项

行动项描述	责任人	完成时间	预期成果
制订详细的广告投放计划，确保下季度的广告投放效果最大化	市场部	下季度开始前	提升品牌知名度
提交详细的项目计划书，包括预算分配和预期效果评估	市场部	下次会议前	确保资源合理分配，提高广告效果
优化销售流程，确保客户关系管理系统的有效运行	销售部	持续进行	提升客户满意度，实现7 000万元销售额目标
制订具体的销售策略，确保实现7 000万元的销售额目标	销售部	2024年11月5日前	达成销售目标
实施财务流程优化措施，确保资金使用效率的提高	财务部	持续进行	提高资金使用效率，支持公司运营
加强财务风险管理，确保公司的财务健康稳定	财务部	持续进行	维护公司财务安全
加快新产品研发进度，确保关键技术的突破	研发部	2024年第4季度	完成关键技术突破，推动产品创新
提交详细的项目计划书，包括研发预算和时间表	研发部	下次会议前	确保研发项目的顺利进行
根据讨论结果制定并实施福利制度的改进方案	人力资源部	持续进行	提升员工满意度，增强团队凝聚力
确保各部门按时提交详细的项目计划书	人力资源部	下次会议前	确保项目按计划推进，及时调整策略

四、总结

张含知（CEO）总结了本次会议的内容，强调了各部门需要协同工作，共同努力实现公司的目标。他特别指出，面对市场竞争的压力和技术发展的机遇，公司必须不断创新和优化内部管理，才能在激烈的市场竞争中立于不败之地。最后，他宣布下一次会议的时间定为2024年11月5日。

至此，会议纪要的第一份结果就出现了，即"会议总结报告"。详细了列出了会议的讨论要点、决策、表格形式的行动项和会议总结。下面就是制作公司季度审查会议报告的PPT。

5.2.2　制作会议PPT

制作会议PPT上机操作如下：

🖰 **Step 1**　继续使用星火大模型生成公司季度审查会议报告的PPT大纲，如"请将以上内容生成一份公司季度审查会议报告的大纲，内容包括：收入分析、成本控制、利润增长、未来规划。要求：用markdown格式输出大纲，至少提供到二级大纲"，操作如图5-5所示。

> 请将以上内容生成一份公司季度审查会议报告的大纲,内容包括:收入分析、成本控制、利润增长、未来规划。要求:用 markdown 格式输出大纲,至少提供到二级大纲
>
>

图 5-5　生成 PPT 大纲操作示意图

大纲生成的结果(markdown 格式)如下:

公司季度审查会议报告大纲

一、收入分析
1. **上季度总收入**:5 000 万元,同比增长 10%。
2. **市场活动和品牌推广效果**:销售额达到 6 000 万元,市场份额增加了 2%。
3. **部门贡献**:
 - **市场部**:在品牌建设和市场拓展方面取得显著成果。
 - **销售部**:通过优化销售流程和加强客户关系管理提升了整体销售业绩。

二、成本控制
1. **总成本**:4 000 万元。
2. **各部门的成本控制措施**:
 - **财务部**:强调了成本控制和财务风险管理的努力。
 - **研发部**:通过技术改进和新产品开发降低了运营成本。

三、利润增长
1. **上季度利润**:800 万元,同比减少 5%。
2. **影响利润的因素**:
 - 市场竞争加剧导致利润率下降。
 - 研发投入不足,限制了新产品的推出速度。

四、未来规划
1. **增加研发投入**:决定增加研发预算 10%,以支持新技术的开发和现有产品的改进。
2. **加大市场推广力度**:市场部将在下季度进行一次大规模的广告投放活动,以提升品牌知名度。
3. **优化财务流程**:财务部将采取措施进一步优化财务流程,提高资金使用效率,并加强财务风险管理。
4. **提升客户关系管理**:销售部将继续优化销售流程,并加强客户关系管理,以实现 7 000 万元的销售额目标。
5. **改进福利制度**:人力资源部将根据讨论结果制定具体的福利制度改进方案,以提升员工满意度。

　　其中，"###"表示三级标题，"**"包括部分是强调部分的内容，还有阿拉伯数字的有序编号和无序编号"-"等。

　　🖐 Step 2　在星火大项目中选择"PPT 生成"，如图 5-6 所示。

　　🖐 Step 3　将写作助手中生成的公司季度审查会议报告的大纲复制粘贴到 PPT 生成的编辑框中，并选择一个 PPT 模板，如图 5-7 所示。

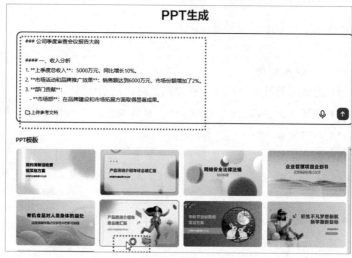

图 5-6　进入 AI 生成 PPT

图 5-7　会议大纲输入和 PPT 模板选择

　　🖐 Step 4　在提示词框中按【Enter】键或单击向上箭头开始生成，讯飞星火便会给出初创的 PPT 大纲，可以对初创大纲进行再编辑，也可以直接单击"一键生成 PPT"按钮，如图 5-8 所示。

图 5-8　初创 PPT 大纲

生成的 PPT 效果如图 5-9 所示。

图 5-9　PPT 效果

5.3　拓展任务：AIGC 辅助制作财务报告 PPT

任务描述：作为一家咨询公司的新员工，你负责准备公司年度财务报告。你的任务是利用 AIGC 工具生成一份结构清晰的 PPT 大纲，内容包括收入分析、成本控制、利润增长和未来规划，同时根据大纲内容生成一份完整的 PPT 文件并能下载到本地。

搜集更多的 PPT 人工智能生成平台，找到一款能试用的平台完成上述任务。

小　　结

本项目详细介绍了 AIGC 辅助文档处理的相关知识点和任务，包括自动生成 PPT 的 AIGC 工具、Markdown 格式常用语法等。通过实际操作，学习者可以了解并掌握会议纪要整理和会议 PPT 制作的具体流程。最后，通过拓展任务，学习者可以尝试使用 AIGC 独立完成 PPT 的制作，将所学知识应用于实际工作中，提升文档处理的效率和质量。

课 后 习 题

1. 单选题

（1）下列（　　）不属于 AIGC 在会议文档处理中的功能。

　　A. 智能要点提取　　　　　　　　　　　　　　B. 自动化行动项管理

　　C. 智能模板推荐　　　　　　　　　　　　　D. 综合总结报告

（2）以下（　　　）PPT 生成工具能够基于一句话快速生成完整的 PPT。

　　A. Slidebean　　　　　　B. 美图 AI PPT　　　　C. Tome　　　　D. Gamma App

（3）在 AIGC 辅助文档处理任务中，使用 AIGC 平台生成 PPT 报告的第一步是（　　　）。

　　A. 查找并选择合适的 PPT 模板

　　B. 提取会议纪要的关键内容并编排为 Markdown 格式

　　C. 生成 PPT 文件并进行内容调整

　　D. 导入 PPT 大纲并选择模板生成 PPT

2. 多选题

（1）AIGC 在 PPT 制作过程中能提供的辅助功能包括（　　　）。

　　A. 智能大纲构建　　　　　　　　　　　　　B. 优化布局设计

　　C. 会议记录自动整理　　　　　　　　　　　D. 精准模板推荐

（2）使用 AIGC 辅助文档处理任务中，以下（　　　）是本项目中会议纪要提取的"关键讨论点"。

　　A. 会议开场与欢迎词　　　　　　　　　　　B. 上季度业绩回顾

　　C. 市场竞争与品牌建设　　　　　　　　　　D. 未来计划与目标

3. 简答题

（1）简述 AIGC 辅助文档处理在提升办公效率方面的主要作用。

（2）简述 AIGC 辅助文档处理任务的两个主要阶段及其目的。

项目 6
AIGC 辅助语言学习

  AIGC 辅助语言学习主要是指结合人工智能技术和语言学习方法，为学习者提供更加个性化和高效的学习体验。这是一个较为宽泛的概念，但在这里我们仅仅是局限在机器翻译的领域。本次 AIGC 辅助语言学习的核心任务在于充分利用 AIGC 技术，实现语言学习的全面优化。通过 AIGC，学习者不仅能高效完成翻译工作，提升沟通效率；还能享受智能拼写校对与表达优化服务，确保语言使用的准确与地道。此外，AIGC 还能辅助词汇学习，通过智能推荐与扩展，帮助学习者快速扩充词汇量，全面提升语言能力。

情境引入

  想象一下，你正在撰写并提交一篇英文文章，但面对一些复杂的语法结构和不确定的单词用法，你感到有些力不从心。你努力回想课堂上学过的知识，但那些规则似乎总是模棱两可，让你无法确定自己的表达是否准确。

  这时，你是否渴望有一位专业的英文老师，能够即时为你指出文章中的错误，并提供准确的修改建议呢？幸运的是，现在有了 AIGC 技术，你的这个愿望可以实现了！

  AIGC，这位神奇的英文纠错小能手，能够迅速而准确地检查你的英文文章，找出其中的语法错误和拼写问题。它不仅能够定位到具体的错误位置，还能给出专业的修改意见，帮助你提升文章的质量。

  不仅如此，AIGC 还能根据你的学习需求，提供个性化的词汇扩展训练和表达优化建议。它能够帮助你巩固已学的知识，同时拓展新的词汇和表达方式，让你的英文水平得到全面的提升。所以，别再为那些模棱两可的英文错误而烦恼了！让 AIGC 成为你的英文学习伙伴，一起开启一段全新的学习旅程吧！

学习目标与素养目标

1. 学习目标

（1）了解 AIGC 辅助语言学习的基本概念，包括自然语言处理、机器学习、神经机器翻译等关键技术。

（2）知道 AIGC 在语言学习中提供的全方位支持，如对话练习、语法检查、翻译服务、修辞改进等。

（3）了解 AIGC 对话练习的原理，包括语音识别、自然语言理解和生成等技术。

（4）理解智能语法检查的工作机制，即如何通过自然语言处理和机器学习算法识别并纠正语法错误。

（5）理解 AIGC 翻译的技术进展，包括神经机器翻译模型的工作原理及其在提高翻译质量方面的作用。

（6）掌握使用 AIGC 语言助手进行高效翻译的方法，包括选择适当的翻译工具、输入文本、获取翻译结果并进行必要的修正。

（7）掌握使用 AIGC 语言助手进行拼写校对和表达改进的技巧，能够利用 AIGC 工具提供的建议优化文本表达。

（8）掌握运用 AIGC 语言助手辅助词汇学习的方法，包括利用 AIGC 工具提供的词汇记忆练习、词汇扩展建议等资源扩充词汇量。

2. 素养目标

（1）技术素养：培养对 AIGC 技术在语言学习领域应用的敏锐洞察力，能够识别并应用最新的 AIGC 工具提升语言学习效率。

（2）信息素养：提升在数字化学习环境中，利用 AIGC 技术解决实际问题的能力，如利用 AIGC 工具进行语法检查、翻译等。

（3）自主学习能力：培养利用 AIGC 工具进行自主学习的习惯，能够主动探索 AIGC 在语言学习中的新应用和新方法；学会根据自己的学习需求，选择合适的 AIGC 工具和资源，制定个性化的学习计划。

（4）跨文化交流能力：通过 AIGC 辅助的翻译和跨文化交流功能，提升对不同文化的理解和尊重，增强跨文化交流的能力；能够利用 AIGC 工具提供的便捷平台，与不同文化背景的人进行交流和合作，拓宽国际视野。

6.1　AIGC 辅助语言学习简介

完成 AIGC 辅助语言学习的任务需要了解和掌握与此相关的一些基本知识。

6.1.1　AIGC 全方位智能辅助语言学习

AIGC 通过自然语言处理、机器学习、神经机器翻译等技术，在语言学习中提供对话练习、语法检查、翻译服务、修辞改进等全方位支持，助力学习者全面提升语言能力。

1. AIGC对话练习的原理

AIGC 对话练习基于自然语言处理和机器学习技术。自然语言处理赋予 AIGC 理解和生成自然语言的能力，而机器学习使 AIGC 能从大量对话数据中学习人类对话逻辑。通过上下文感知模型，AIGC 能够理解对话内容，生成相关回应，从而为学习者营造沉浸式语言环境，帮助其在实战中强化语法、词汇和表达技巧。

2. 智能语法检查的工作机制

语法检查功能依赖先进算法和规则库，能够识别主谓一致、时态、标点等各类语法错误。其原理不仅限于规则匹配，还结合了机器学习，能识别上下文中的复杂语法错误。高级语法检查工具利用深度学习进一步提高检测精度和建议质量，为学习者提供从识别到改进的一站式学习体验。

3. AIGC翻译的技术进展

AIGC 翻译基于神经机器翻译（NMT）技术，不再依赖传统的规则，而是通过深度学习模型（如 Transformer）来理解并翻译语言。通过大量语料库训练，NMT 模型学会源语言的深层结构，并自动生成流畅的目标语言翻译。这种方法极大提升了翻译准确性和流畅度，使 AI 翻译系统能够应对复杂的翻译任务。

4. 智能修辞优化工具

修辞优化工具综合了 NLP、文本挖掘和机器学习技术，能够理解文本及其上下文，根据目标语气和文本类型优化表达。它不仅建议更具表现力的词汇，还能对句子和段落进行重构，使文本更符合学习者的阅读偏好和审美需求，为提升文本吸引力提供有力支持。

6.1.2 AIGC 辅助语言学习应用范围

AIGC 在语言学习中的应用场景广泛，通过提供文本和音频等形式的资源、精准反馈、个性化建议、实时互动等功能，助力学习者随时随地学习，纠正发音、语法问题，保持学习动力。具体而言，AIGC 辅助语言学习的应用范围包括：

1. 语音识别与口语练习

AIGC 语音识别技术模拟真实对话场景，帮助学习者提升口语能力。学习者通过与 AIGC 对话，练习表达并获得即时反馈，有效改善口语技巧。

2. 智能翻译与跨文化交流

AIGC 翻译软件提供实时翻译和跨文化交流平台，帮助学习者理解外语材料，并加深对目标语言文化的理解。

3. 语法纠错与写作练习

AIGC 语法纠错系统结合自然语言处理和机器学习算法，自动识别和纠正语法错误，帮助学习者在写作中提高语法准确性和表达流畅度。

4. 个性化推荐与学习路径规划

AIGC 根据学习者的目标和兴趣，提供个性化资源推荐和学习路径规划，使学习过程更具方向性和高效性。

5. 远程在线教育与自主学习

AIGC 打破地域限制，支持远程在线教育。学习者可在任何有网络的地方学习，并与 AIGC 互动，灵活安排学习进度。

AIGC 辅助语言学习的广泛应用不仅丰富了学习资源，还提供精准反馈和个性化支持。未来，AIGC 在语言学习中的潜力将进一步拓展，为学习者带来更全面的学习体验。

6.2 AIGC 辅助语言学习操作任务

6.2.1 英语作文修改任务

本次任务聚焦于利用先进的 AIGC 技术来强化语言学习体验。具体而言，将借助 AIGC 辅助语言学习工具，开展一系列活动，包括对话模拟、语法审查、词汇拓展练习、文章翻译及表达优化。作为一位致力于英语学习的参与者，你将承担以下任务：首先，仔细审阅一篇以"课程概述"为主题的英语作文；其次，利用 AIGC 工具对文章进行语法和拼写检查，确保准确无误；接着，针对文中出现的生词进行记忆练习，以此丰富你的词汇量；然后，运用 AI 技术对文章的语言表达进行进一步的优化和提升；最后，完成优化后文本的翻译工作，展现你的语言运用能力。本次任务旨在实现以下目标：

（1）掌握 AIGC 语言助手的翻译功能：能够熟练运用 AIGC 进行高效、准确的翻译工作。

（2）利用 AIGC 提升语言准确性：通过 AIGC 进行拼写校对和表达改进，提升语言质量。

（3）拓展词汇量：借助 AIGC 辅助词汇学习，不断扩充个人词汇量，增强语言实力。

给出"英语作文示例"内容如下：

Course Overview：

Hotel managment is a mandatory core course for tourism managment majors. It introduces the concept of hotle, its rul of operation, and the basic theroy of hotel managment. Topics in this corse include hotel organizational managment, service quality managment, human resourse management, hotel marketing managment, hotel public relations managment, equipent, saftey, and financial managment.

Throguh lecture, case studies, and practical traning, students will have a comprehensive understanding of modern hotels, be able to apply modern managment to hotel managment, and have a basic understanding of hotel organization, service quality, human resourses, public relations, marketing, equipent saftey, and financial managment, and be equiped with managment skills.

6.2.2　AIGC 英语作文拼写检查与改进

在英语写作中，拼写和语法错误是常见的难点，尤其对于初学者而言，准确地发现和纠正这些问题可能较为费时。下面介绍了如何使用 AIGC 工具，通过步骤化的检查和编辑，为英语作文提供快捷准确的修改建议，帮助学习者提高语言能力并优化表达。

Step 1　请仔细阅读"英语作文示例"，从中找出潜在的语法和拼写错误，将找出的错误和修改意见手动填写到表 6-1 中。

表 6-1　错误检查

序　号	错　误	修 改 意 见
1		
2		
3		
4		
5		
6		

Step 2　从上一步可以发现，作为英语的初学者，很难快速准确地找出英语作文示例中存在的问题。但是使用 AIGC 可以精准快速地定位到作文中的错误，并给出相应的修改意见。如在 AIGC 编辑框中输入：

请帮我检查英语作文中的语法和拼写错误，给出修改意见。英语作文如下：[请在此粘贴英语作文示例]

分别将提示词提交给 Kimi 和文心一言，提示词输入操作如图 6-1 所示。

文心一言大模型给出英文语法和拼写检查的修改意见，如图 6-2 所示。

图 6-1　语法和拼写检查操作示意图

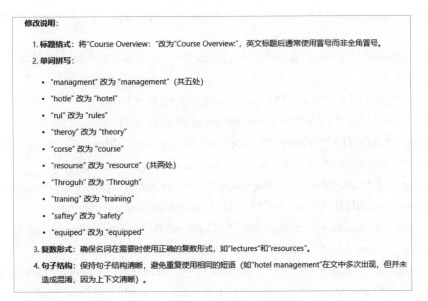

图 6-2　文心一言提出的修改意见

Kimi 给出全英文的文章的更正版本，并对每一处改动进行了解释：

Certainly! Here is a corrected version of your essay with explanations for each change:

Course Overview:

Hotel management is a mandatory core course for tourism management majors. It introduces the concept of hotel, its rules of operation, and the basic theory of hotel management. Topics in this course include hotel organizational management, service quality management, human resource management, hotel marketing management, hotel public relations management, equipment, safety, and financial management.

Through lectures, case studies, and practical training, students will have a comprehensive understanding of modern hotels, be able to apply modern management to hotel management, and have a basic understanding of hotel organization, service quality, human resources, public relations, marketing, equipment safety, and financial management, and be equipped with management skills.

Corrections and Explanations:

1. **"Hotel managment"** should be **"Hotel management"** - Corrected the spelling of "management".

2. **"managment"** should be **"management"** - Corrected the spelling of "management" throughout the text.

3. **"hotle"** should be **"hotel"** - Corrected the spelling of "hotel".

4. **"rul"** should be **"rules"** - Corrected the spelling of "rules".

5. **"theroy"** should be **"theory"** - Corrected the spelling of "theory".

6. **"corse"** should be **"course"** - Corrected the spelling of "course".

7. **"managment"** should be **"management"** - Corrected the spelling of "management".

8. **"traning"** should be **"training"** - Corrected the spelling of "training".

9. **"equipent"** should be **"equipment"** - Corrected the spelling of "equipment".

10. **"saftey"** should be **"safety"** - Corrected the spelling of "safety".

11. **"managment"** should be **"management"** - Corrected the spelling of "management".

12. **"equiped"** should be **"equipped"** - Corrected the spelling of "equipped".

13. **"Throguh"** should be **"Through"** - Corrected the spelling of "Through".

14. **"trough"** should be **"through"** - Corrected the spelling of "through" (though "Throguh" was likely a typo for "Through", "trough" is also incorrect and should be "through").

These corrections will improve the clarity and professionalism of your essay.

两个大模型都给出了修改后的英文小作文新版本。请自行比较两个大模型的修改意见和修改后的小作文。

🖐Step 3　大模型给出了拼写和语法错误，如果需要精准地定位到作文中的错误，可在 AIGC 编辑框中输入：

请将原作文的错误，在原作文中用下划线和粗体标识出来。

Kimi 给出的结果如图 6-3 所示。我们会发现 Kimi 将错误的地方用粗体标识出来，但下划线没有出现。

同样的提问，文心一言的回答如图 6-4 所示。显然，文心一言在显示界面的表达上稍逊一筹。

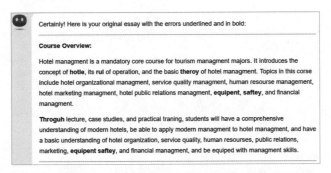

图 6-3　Kimi 语法和拼写检查操作示意图

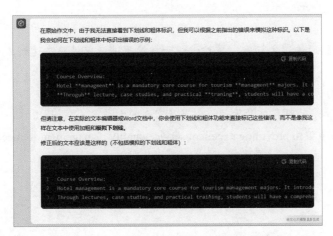

图 6-4　文心一言语法和拼写检查操作示意图

Step 4　阅读修改错误后的作文，发现在 "Course Overview" 中，大多数单词都是相对常见和易于理解的，但对一些非专业学习者来说有几个单词或短语可能会显得稍微生疏，尤其是那些对酒店管理和旅游业不太熟悉的人。这时可以使用 AIGC 进行词汇练习。如在 AIGC 对话框中输入提示词：

> 请给出如下短语和单词的详细解释，包含单词、短语的解释（中文释义）、例句（中文翻译）、近义词和反义词（中文释义）等。短语和单词如下：
>
> organizational management
>
> service quality management
>
> comprehensive understanding
>
> apply modern management practices

文心一言和 Kimi 给出的答案会有些差别，但解释都会很详细。下面分别是文心一言和是 Kimi 回答的有关单词与短语的解释。

文心一言复制文本结果如下：

1. 组织管理（organizational management）

解释（中文释义）：

组织管理是指对组织内部的结构、流程、人员等进行规划、指导和控制的过程，以确保组织能够实现其目标和使命。

例句（中文翻译）：

有效的组织管理是公司成功的关键。

Effective organizational management is the key to a company's success.

近义词：

组织架构管理

组织运营管理

反义词：

无组织（指缺乏管理和规划的状态）

2. 服务质量管理（service quality management）

解释（中文释义）：

服务质量管理是指通过制定标准、监控过程和持续改进来确保服务达到或超过客户期望的一系列活动。

例句（中文翻译）：

酒店致力于提供卓越的服务质量管理，以满足客人的需求。

The hotel is committed to providing excellent service quality management to meet guests' needs.

近义词：

服务水平管理

服务标准管理

反义词：

服务质量低下（指服务未达到客户期望的状态）

3. 全面理解（comprehensive understanding）

解释（中文释义）：

全面理解是指对某个主题或概念有深入、广泛和全面的认识和理解。

例句（中文翻译）：

通过深入研究，他对这个问题有了全面理解。

Through in-depth research, he gained a comprehensive understanding of the issue.

近义词：

深刻认识

全面了解

反义词：

片面理解（指仅从某一角度或方面理解，缺乏全面性）

4. 应用现代管理实践（apply modern management practices）

解释（中文释义）：

应用现代管理实践是指将最新的管理理论、方法和工具应用于实际工作中，以提高组织的效率和效果。

例句（中文翻译）：

企业应该积极应用现代管理实践，以提升竞争力。

Enterprises should actively apply modern management practices to enhance their competitiveness.

近义词：

实施现代管理方法

采纳先进管理模式

反义词：

沿用传统管理（指继续使用过时或低效的管理方法）

Kimi 复制文本结果如下：

organizational management

- ** 解释 **: 组织管理是指对组织内部结构、流程、人员、资源等进行规划、组织、领导和控制的过程，以提高组织的效率和效果。

- ** 例句 **: 为了提高工作效率，公司进行了组织管理的改革。

- ** 近义词 **: 企业管理、行政管理、团队管理

- ** 反义词 **: 无直接反义词，但可对比为"非组织管理"或"无组织管理"

service quality management

- ** 解释 **: 服务质量管理是指通过制定标准、监控和评估服务质量，以及不断改进服务流程，以确保或提升服务满足顾客需求和期望的管理活动。

- ** 例句 **: 酒店实施了服务质量管理，以确保客户满意度。

- ** 近义词 **: 客户满意度管理、服务质量控制

- ** 反义词 **: 服务质量下降、客户投诉管理

comprehensive understanding

- ** 解释 **: 全面理解是指对某个主题或领域从多个角度和层面进行的深入、全面的认识和理解。

- ** 例句 **: 他对这个复杂的科学理论有了全面的理解。

- ** 近义词 **: 深入理解、全面掌握、彻底了解

- ** 反义词 **: 片面理解、肤浅认识、一知半解

apply modern management practices

- ** 解释 **: 应用现代管理实践是指将现代管理理念、方法和工具应用于组织的运作中，以提高管理效率和效果。

- ** 例句 **: 该公司通过应用现代管理实践，成功地提高了生产效率。

- ** 近义词 **: 采用现代管理技术、实施先进管理策略

- ** 反义词 **: 坚持传统管理方式、拒绝现代管理方法。

似乎两个大模型都没有理解提示词的内在含义，其中"近义词和反义词（中文释义）"，应该是近义词和反义词的英文及其中文释义，而大模型却仅仅直接给出了近义词和反义词的中文而已。这时最好的办法就是改进提示词让模型理解你的真实意图，要让模型能够完全理解一条语句的内在含义还需要时间。提示词改进请自行操作，此处略。

👆 **Step 5** 使用 AIGC 对纠正错误后的英语作文进行改进，如在对话框中输入提示词：

> 请对以下英语作文进行改进，同时给出改进理由。英语作文如下：[请在此粘贴纠正错误后的英语作文示例]

改进后的版本结果如图 6-5 所示。

改进后的版本：

Course Overview: Hotel management is a required core course for tourism management majors. The course provides an introduction to the concept of hotels, their operational principles, and the fundamental theories behind hotel management. Topics covered include hotel organizational management, service quality management, human resource management, hotel marketing, public relations, equipment and safety management, and financial operations.

By engaging in lectures, case studies, and hands-on training, students will develop a thorough understanding of modern hotel operations. They will be able to implement contemporary management techniques in various hotel management contexts and gain foundational knowledge in areas such as hotel organization, service quality, human resources, public relations, marketing, equipment safety, and financial management. Furthermore, students will acquire essential managerial skills to apply in the hospitality industry.

图 6-5 语言表达改进操作示意图

给出的改进理由文本如下：

> 改进理由：
>
> 1. "Mandatory core course" 改为 "Required core course"：
> • "Required" 是一个更常见的表达，特别是在学术语境中，意思明确为"必修的"，并且比 "mandatory" 语气更自然。
>
> 2. "Introduces the concept of hotels" 改为 "Provides an introduction to the concept of hotels"：
> • "Provides an introduction to" 是一个更流畅的学术表达方式，语气更正式且更自然。
>
> 3. "Rules of operation" 改为 "Operational principles"：
> • "Operational principles" 是一个更正式、专业的表达方式，比 "rules of operation" 更适合用于酒店管理学科的术语。
>
> 4. "The basic theories of hotel management" 改为 "The fundamental theories behind hotel management"：
> • "Fundamental" 具有更强的学术气息，"behind" 表示这些理论是支撑管理操作的基础，提升了表达的清晰度和正式性。
>
> 5. 简化和合并短语，去掉冗余：
> • 例如，将 "hotel marketing management" 简化为 "hotel marketing"，避免不必要的重复表达，因为 "management" 一词已经出现在许多上下文中，重复使用会显得冗余。

• "Equipment and safety management" 改为 "Equipment safety" 可以让表达更加简洁明了，同时避免太多 "management" 重复。

6. "By engaging in" 代替 "Through"：

• "By engaging in" 更加动态和互动化，突出学生的参与感。

7. "Thorough understanding" 代替 "Comprehensive understanding"：

• "Thorough" 比 "Comprehensive" 更加精准，表示一种深度的理解，适合表达学生在课程学习中的深入掌握。

8. "Implement contemporary management techniques" 代替 "Apply modern management practices"：

• "Implement contemporary management techniques" 语言更加正式，并且 "contemporary" 比 "modern" 更符合学术文章的语境。

9. "Foundational knowledge" 代替 "Basic understanding"：

• "Foundational" 强调这种知识是学生以后深入学习的基础，比 "basic" 更正式。

10. "Managerial skills to apply in the hospitality industry" 增加结尾总结性描述：

• 添加了 "hospitality industry"（酒店业）的具体指向，使得课程的学习目标更加明确，增强了作文的结尾总结性。

这样改进后，整体表达更加专业、简洁，同时提升了学术和正式语气。

Step 6　请将 AIGC 改进后的作文翻译成中文。如在对话编辑框中输入提示词：

请将以下英语作文翻译成流畅通顺的中文。英语作文如下：[请在此粘贴改进后的英语作文示例]

AIGC 翻译结果如图 6-6 所示。

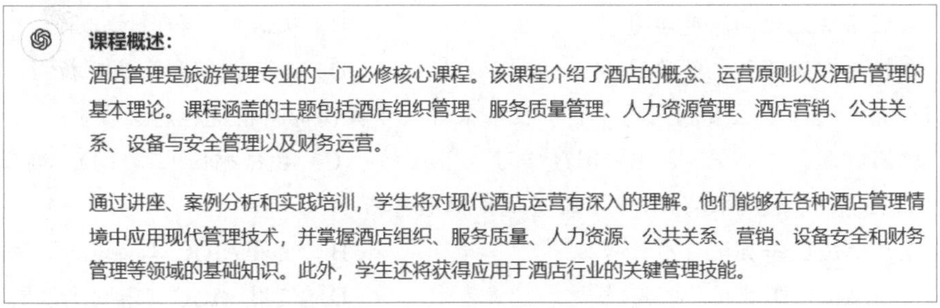

课程概述：
酒店管理是旅游管理专业的一门必修核心课程。该课程介绍了酒店的概念、运营原则以及酒店管理的基本理论。课程涵盖的主题包括酒店组织管理、服务质量管理、人力资源管理、酒店营销、公共关系、设备与安全管理以及财务运营。

通过讲座、案例分析和实践培训，学生将对现代酒店运营有深入的理解。他们能够在各种酒店管理情境中应用现代管理技术，并掌握酒店组织、服务质量、人力资源、公共关系、营销、设备安全和财务管理等领域的基础知识。此外，学生还将获得应用于酒店行业的关键管理技能。

图 6-6　翻译结果

6.3　拓展任务：辅助翻译与语法检查

6.3.1　任务 1：AIGC 辅助翻译应用

任务描述：使用 AIGC 翻译工具，翻译一段中文文本。

模拟输入：我喜欢学习新的语言，它让我感到非常有趣和充实。

任务要求：

（1）使用 AIGC 翻译工具翻译成英文。

（2）分析翻译结果的准确性和流畅性。

6.3.2　任务 2：AIGC 辅助语法检查

任务描述：使用 AIGC 语法检查工具，检查并改正一段英文文本的语法错误。

模拟输入：I recieved the package yesturday, and it was definitely what I ordered.

任务要求：

（1）使用 AIGC 工具检测并标记文本中的拼写和语法错误。

（2）根据 AIGC 提供的改正建议，修改文本并记录改正后的结果。

小　结

本项目深入探讨了 AIGC 辅助语言学习的相关知识点与实践任务。我们详细介绍了 AIGC 在语言学习中的辅助作用，并明确了实践任务的目标。随后，通过具体任务的实现过程，学习者可以亲身体验 AIGC 如何助力语言学习。最后，拓展任务进一步展示了 AIGC 在翻译和语法检查方面的应用，为学习者提供了更多实践机会，帮助学习者在语言学习的道路上更加高效地前行。

课后习题

1. 单选题

（1）AIGC 对话练习基于（　　）技术来理解和生成自然语言，从而帮助学习者进行语言练习。

  A. 自然语言处理和深度学习   B. 机器学习和图像识别

  C. 自然语言处理和机器学习   D. 语音识别和语法分析

（2）智能语法检查工具主要利用（　　）技术来进一步提高检测精度和建议质量。

  A. 机器翻译   B. 深度学习   C. 数据挖掘   D. 编程语言分析

（3）本项目任务中，AI 辅助语言学习的实践目标不包括（　　）。

  A. 使用 AIGC 工具进行对话模拟   B. 使用 AIGC 工具进行拼写和语法检查

  C. 使用 AIGC 工具扩展词汇量   D. 使用 AIGC 工具进行英语作文批改

（4）下列（　　）AIGC 工具功能用于帮助学生纠正拼写和语法错误。

  A. Excel   B. Word   C. 文心一言   D. PowerPoint

2. 多选题

（1）以下（　　）是 AIGC 在语言学习中的应用范围。

  A. 语音识别与口语练习   B. 智能翻译与跨文化交流

  C. 语法纠错与写作练习   D. 音乐生成与演奏优化

（2）AIGC 辅助语言学习的作用包括（　　）。

  A. 提供个性化学习计划   B. 提供实时互动与答疑

  C. 进行文字到语音的翻译   D. 提供文本和音频学习资源

（3）本次 AIGC 辅助语言学习任务的实践过程包含的步骤有（　　　）。

  A．使用 AIGC 工具检查语法和拼写错误 B．使用 AIGC 工具撰写历史论文

  C．词汇记忆练习   D．翻译优化后的文本

3．简答题

（1）解释 AIGC 在语言学习中的智能修辞优化工具如何帮助学习者提升语言表达的吸引力。

（2）请简要描述使用 AIGC 工具辅助语言学习的主要优点。

项目 7

AI"说图解画"与文生音乐

AI"说图解画"是一款基于 AI 技术的在线工具，它通过分析图像的色彩、形状等元素，可深入解读艺术作品，为用户生成文字描述。无论是艺术家、设计师还是普通用户，都能从中获得创作灵感和艺术欣赏能力的提升，为探索图像奥秘开辟了一条新路径。

情境引入

想象一下，你手中握有一张充满神秘与奇幻色彩的深海图片，图片中，一位美丽的女孩与一群深海灵鱼交织在一起，构成了一幅令人叹为观止的画面。然而，这张图片背后隐藏的故事却无人知晓，它像一本未打开的神秘书籍，等待着你去探索和解读。

现在，借助 AI"说图解画"技术，我们有了揭开这张图片神秘面纱的能力。AI"说图解画"不仅能够识别和分析图像中的元素和细节，还能够根据这些元素和细节生成文字描述和故事创作。它就像一位拥有无尽想象力的作家，能够将图像中的信息转化为文字，让我们更加深入地了解和感受图片背后的故事。接下来，我们将挑战这个有难度的任务——读一张图就能进行故事创作。

学习目标与素养目标

1. 学习目标

（1）了解 AI"说图解画"的基本概念及其在多个领域和数据分析场景中的应用潜力。

（2）理解 AI"说图解画"在艺术创作与设计、数字媒体与娱乐、医学影像分析、教育与培训以及商业分析等领域中的具体应用方式和价值。

（3）理解 AI"说图解画"在数据可视化、异常检测与预警、决策支持等数据分析场景中的工作原理和流程。

（4）学会 AI 音乐生成工具进行歌词创作与音乐编排，创作出具有独特风格的个性化音乐作品。

（5）掌握使用文心一言等通用 AIGC 大模型进行 AI"说图解画"数据分析操作的基本步骤和方法，能够独立完成对图像数据的分析和报告撰写。

（6）掌握利用 AI"说图解画"进行故事和文案创作的技巧，能够根据图像生成富有创意和故事性的文字内容。

（7）掌握 AI 音乐生成工具的使用。熟悉 Suno AI 音乐生成平台的基本功能与操作，能够利用该工具根据给定的歌词或主题自动生成符合特定风格和情绪的音乐作品。

2. 素养目标

（1）信息素养：培养学生具备获取、分析和利用 AI"说图解画"相关信息的能力，能够关注行业动态和技术发展，不断提升自己的专业素养。

（2）创新思维：鼓励学生运用 AI"说图解画"技术进行创意表达，培养跨学科融合的创新思维，能够在不同领域和场景中灵活应用 AI 技术解决实际问题。

（3）批判性思维：在分析和解读图像数据时，培养学生具备批判性思维，能够独立思考、质疑和评估 AI 技术的准确性和可靠性，形成自己的判断和见解。

（4）团队协作与沟通能力：在团队合作中，培养学生具备良好的沟通和协作能力，能够与他人共同完成任务，分享经验和知识，共同推动项目进展。

通过本项目的学习，学生将能够全面了解 AI"说图解画"的应用领域和数据分析场景，掌握基本的数据分析和创作技巧，并具备较高的信息素养、创新思维、批判性思维和团队协作能力。

7.1　"说图解画"数据分析

7.1.1　"说图解画"应用领域和数据分析

AI"说图解画"在多个领域和数据分析场景中展现出广泛的应用潜力。以下是对其应用领域和数据分析场景的介绍。

1. 应用领域

（1）艺术创作与设计。AI 能够根据用户的输入或需求，生成具有独特风格和审美价值的艺术作品，完成个性化 AI 绘画作品。另一方面就是设计优化，在建筑、产品等设计领域，AI 可以辅助设计师进行快速迭代和优化，提高设计效率和质量。

（2）数字媒体与娱乐。在游戏开发方面，AI 能够生成游戏角色、道具和场景等图像资源，提高游戏开发的效率和视觉效果。在电影与动漫方面，AI 绘画技术可用于电影和动漫的特效制作、场景渲染等，提升作品的观赏性和表现力。

（3）医学影像分析。AI 能够自动对医学影像进行分割和标记，辅助医生进行疾病诊断和治疗计划制定。AI 技术可实现医学影像的三维可视化，帮助医生更直观地了解患者情况。

（4）教育与培训。AI 可以生成教学图表、动画等，帮助学生更好地理解复杂概念，实现辅助教学任务。在职业技能培训中，AI 可以提供模拟操作、图像识别等训练，提高学员的实践能力。

2. 数据分析场景

数据分析是属于"说图解画"的商业应用范畴，AI 可以通过分析市场数据，生成趋势图表，进行市场趋势分析，帮助企业把握市场动态。AI 可以分析用户行为数据，做用户行为分析，生成用户画像和偏好图表，为产品开发和营销策略制定提供依据。

（1）数据可视化。

① 图表生成：AI 能够根据数据自动生成各种类型的图表，如柱状图、折线图、饼图等，使数据更加直观易懂。

② 动态更新：AI 可以实时或定期更新图表数据，确保信息的时效性和准确性。

（2）异常检测与预警。

① 数据分析：AI可以对大量数据进行实时监测和分析，发现异常数据并触发预警机制。

② 风险预测：AI可以基于历史数据和分析模型，预测潜在的风险和问题，为企业决策提供支持。

（3）决策支持。

① 数据挖掘：AI能够从大量数据中挖掘出有价值的信息和规律，为决策提供依据。

② 方案优化：AI可以根据数据分析结果，提供多种可行的解决方案，并评估其优劣性，帮助决策者做出最佳选择。

AI"说图解画"在艺术创作与设计、数字媒体与娱乐、医学影像分析、教育与培训以及商业分析等领域将会有广泛的应用前景。随着技术的不断发展和完善，AI"说图解画"将在更多领域和场景中发挥重要作用。

7.1.2 "说图解画"数据分析实践

任务描述：利用文心一言大模型进行"说图解画"数据分析操作实践。须上传某公司单季报图片至文心大模型的"说图解画"界面，并参考提问方式，要求AI根据图表数据撰写一篇200字的财经分析文章，分析总营收增长的原因及未来趋势。同时，需结合提问与反馈，对AI的初步解读进行修正和调整，以获得准确结果。

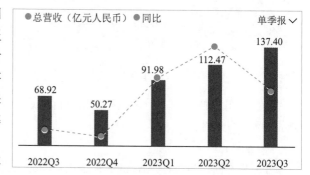

图 7-1　单季报

现有某公司单季报图，如图7-1所示。需要对这张图进行数据分析，形成报告。

具体操作如下步骤：

🖱 Step 1　进入文心一言界面，首次使用可选择"智能体广场"|"说图解画"，以后再使用可在"我的智能体"中选择，如图7-2所示。

图 7-2　选择"说图解画"

进入文心大模型的"说图解画"界面，如图7-3所示。

🖱 Step 2　在"说图解画"的输入编辑框中，单击"图片"，上传"单季报"图片，如图7-4所示。单击蓝色"发送"按钮。

稍等一会AI就把结果生成好了。"说图解画"对"单季报"图片的理解如图7-5所示。

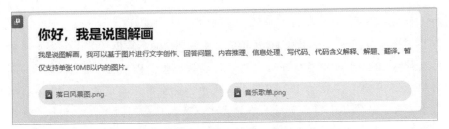

图 7-3　"说图解画"界面

图 7-4　上传"单季报"图片

图 7-5　"说图解画"对"单季报"图片的理解

Step 3　不过这还只是简单的"看图说话",你还可以参考文心一言给出的提问方式,继续追问:

请根据图片中的图表数据,撰写一篇 200 字的财经分析文章,分析总营收增长的原因及未来趋势。

"说图解画"给出的财经分析文章:

财经分析文章：

观察近期公布的财务图表，公司从 2022 年第三季度至 2023 年第三季度的总营收呈现出稳步增长的态势。特别是从 2022 年第四季度开始，总营收显著增长，从 50.27 亿元人民币跃升至 91.98 亿元人民币，再到 2023 年第二季度的 112.47 亿元人民币，直至第三季度的 137.40 亿元人民币。这种增长可能得益于公司产品线的丰富、市场策略的优化以及客户基础的扩大。未来，随着市场的进一步拓展和运营效率的提升，预计公司的总营收将继续保持增长趋势，为投资者带来更多收益。

当前，"说图解画"在处理较为复杂的图像时，其识别能力尚存在一定的局限性。为了获得准确的结果，用户往往需要结合不断的提问与反馈，对 AI 的初步解读进行修正和调整。也期待大模型有更快的发展。

7.2 "说图解画"创作故事

任务描述：利用"说图解画"创作深海灵异奇幻故事，通过"文心一言"生成深海古风女孩图片，要求侧脸美颜、甜美微笑，形象独特而迷人，场景深海，有像龙的鱼。上传图片解读后，设定主角"鱼逸绮"，围绕图片写故事开头，描述女孩与灵鱼形象。不断对话调整，直至获得满意的故事开头。

7.2.1 故事创作的新途径

"说图解画"能够通过分析图像的色彩、形状、纹理等线索，为用户的艺术作品提供文字描述。这一功能使得"说图解画"在创作故事和各种文案方面具有潜在的应用价值。

1. 应用优势

（1）提高创作效率。"说图解画"能够快速分析图像并生成文字描述，为创作者提供灵感和素材，从而缩短创作时间。创作者可以利用生成的文字描述作为起点，进一步展开故事情节或文案内容。

（2）丰富创作内容。"说图解画"能够识别图像中的细节和元素，为创作者提供丰富的创作素材。这些素材可以用于构建更加生动、具体的故事情节或文案内容。

（3）降低创作门槛。对于缺乏创作经验或灵感的人来说，"说图解画"提供了一个便捷的创作途径。通过分析图像并生成文字描述，他们可以更容易地进入创作状态，并创作出具有一定水平的故事或文案。

2. 应用场景

（1）儿童故事创作。创作者可以利用"说图解画"分析儿童喜爱的卡通或绘本图像，并生成相应的文字描述。在此基础上，创作者可以进一步构思故事情节，创作出适合儿童阅读的有趣故事。

（2）广告文案撰写。广告主可以利用"说图解画"分析产品图片或广告场景图像，并生成吸引人的文字描述。这些描述可以作为广告文案的一部分，用于吸引消费者的注意力并促进销售。

（3）社交媒体内容创作。社交媒体用户可以利用"说图解画"分析自己的照片或网络上的热门图片，并生成有趣的文字描述。这些描述成为抖音、小红书等文案，可以作为社交媒体内容的一部分，用于吸引粉丝的关注和互动。

7.2.2 创作故事案例

既然是"说图解画"就需要先有图。那么，我们就地取材，直接从 AI 生成一个图做"说图解画"的基础。

● 视 频

创作故事案例

Step 1　进入"文心一言"|"说图解画"操作界面，提示词：

帮我画深海里的古风女孩，侧脸美颜，甜美微笑。

生成图片如图 7-6 所示。

图 7-6　生成深海女孩图

我感到这张图还是缺乏故事性，虽然很漂亮，但没有掺杂更多的细节。为此，再提要求：

帮我画深海里的古风女孩，侧脸美颜，甜美微笑，独特而迷人。

再次生成图，我们一般会发现不够有深海特色，也不够独特。再次调整提示词如下：

帮我画深海里的古风女孩，侧脸美颜，甜美微笑，独特而迷人，注意场景是在深海蓝的海里，有海洋元素，身边有一条像龙的鱼，同时体现女孩独特而迷人的人物形象。

或者

帮我画深海里的古风女孩，身边有一条身披彩衣的像精灵的鱼，女孩侧脸美颜，甜美微笑，独特而迷人，注意场景是在深海蓝的海里，有海洋元素。

文心一言提供 5 次重写生成图片的机会，比较之后选择一张比较合适的图片，如图 7-7 所示。

Step 2　将其下载下来，生成一个图片文件。在"说图解画"中上传图片，如图 7-8 所示。

AI 对这张图的解读，基本符合要求。但我觉得，这条像龙的鱼才是故事的重点。于是，继续对话如下：

重新解读图片信息，图中的女子与背后的鱼类生物，实则同源——她原本是一条充满灵性的灵鱼，而身后跟随的灵鱼，象征着她曾经的深海形态。历经漫长的岁月与不懈的努力，她逐渐蜕变，拥有了人类的形态，而那份源自深海的灵性依旧在她身上熠熠生辉。

图 7-7　更多细节的深海女孩

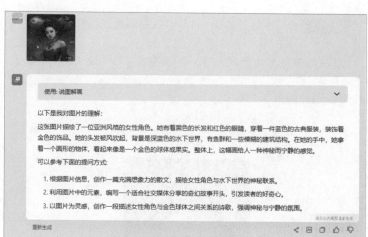

图 7-8　上传"更多细节的深海女孩"的图片

"说图解画"回答：

　　这张图片展现了一位神秘而优雅的女性角色，她似乎与深海世界有着不解之缘。她的黑色长发如海藻般飘逸，红色的眼眸中闪烁着智慧与深邃。她身穿一袭蓝色古典服饰，金色饰品点缀其间，既彰显了她的高贵身份，又透露出一丝神秘气息。

　　最为引人注目的是，她身后的鱼群并非寻常之物，而是她曾经的原身——灵鱼。这些灵鱼在她身后游动，仿佛在诉说着她千年的修行历程。它们与女性角色之间似乎存在着某种神秘的联系，共同构成了这幅充满奇幻色彩的画面。

　　女性角色手中的金色球体更是引人注目，它可能代表着她修行的成果，或者是一种神秘的力量。这个球体与她手上的姿态相结合，仿佛在向我们展示她所掌握的某种神秘技能或力量。

　　背景中的深海世界则进一步强调了她的灵鱼身份和修行背景。深蓝色的水下世界充满了未知与神秘，鱼群在其中自由游动，古老的建筑结构若隐若现，为这幅画面增添了一抹奇幻色彩。

　　综上所述，这张图片通过细腻的笔触和丰富的元素，向我们展示了一位经过千年修行、化为人形的灵鱼女性的神秘形象。她的身份、她的力量、她与深海世界的联系，都成为这幅画面最为引人入胜的焦点。

继续写提示词：

　　请根据上面的描述，给我写一个深海灵异、奇幻故事的开头，主角叫"鱼逸绮"，只围绕图片场景来写，可扩展，注意，图片中的形象是美丽的女孩和深海灵鱼。

"说图解画"回答，给出一个深海灵异、奇幻故事的开头：

　　在遥远的深海之下，隐藏着一个被世人遗忘的古老王国。那里，海水呈现出深邃的蓝色，仿佛能吞噬一切光明，却又孕育着无尽的神秘与奇幻。在这个王国中，流传着一个关于深海灵鱼与人类之间不解之缘的传说。

故事的主角名叫鱼逸绮，她并非普通的人类女子，而是由一条经过千年修行、拥有灵性的深海灵鱼所化。鱼逸绮拥有着黑色的长发，如同深海的暗流般顺滑；她的眼睛则是深邃的红色，闪烁着智慧与神秘的光芒。她身着一袭蓝色的古典服饰，上面镶嵌着金色的饰品，既体现了她作为深海灵鱼的尊贵身份，又流露出一种超脱世俗的美丽。

一天，鱼逸绮手持一枚金色的球体，那是她修行千年的结晶，蕴含着无尽的灵力与智慧。她平静而专注地游弋在深海之中，身后跟随着一群同样拥有灵性的小鱼，它们是她曾经的同类，也是她最忠实的伙伴。

在这深海的深处，隐藏着许多古老的建筑结构，它们见证了这片海域的沧桑变迁。鱼逸绮游弋至一处古老的宫殿前，宫殿的墙壁上刻满了神秘的符文，仿佛诉说着一段被遗忘的历史。她手中的金色球体突然发出耀眼的光芒，与宫殿上的符文产生了共鸣，一扇通往另一个世界的门缓缓打开。

鱼逸绮深吸一口气，勇敢地踏入了那扇神秘的门。她知道，这扇门背后隐藏着无尽的秘密与挑战，但她也相信，凭借着自己千年的修行与智慧，她一定能够揭开这段深海历史的真相，并为自己和同类们赢得一个更加光明的未来。

于是，一场关于深海灵异与奇幻的冒险故事就此展开，鱼逸绮将在这片未知的深海世界中，书写属于自己的传奇篇章……

对于这样一个故事开头，你感到如何？如果不满意，可继续与大模型对话，直至合适为止。

7.3　文生音乐

有了故事文稿，是不是还要配上一段歌曲，那么，我们就编排一曲应景的歌曲吧。

7.3.1　文生音频 AI 在线平台

目前有多种音乐 AI 可以帮助创作高质量的歌曲，以下是一些工具的介绍。

AIVA（artificial intelligence virtual artist），擅长古典、电影配乐和流行音乐，可生成情绪丰富的旋律，适合有经验的音乐创作者。

Amper Music，易用，通过选择情感、乐器和音乐风格快速生成音乐，适合初学者和内容创作者。

Boomy，快速生成流行音乐，提供自动混音和音效，适合普通用户和社交媒体创作者。

OpenAI's MuseNet 和 Jukedeck（已被 TikTok 收购），MuseNet 擅长跨风格混搭，Jukedeck 提供视频配乐，适合需要独特背景音乐的短视频和 YouTube 创作者。

国内有网易天音、腾讯音乐娱乐公司推出的 TME Studio 等一众 AI 平台。

这里特别介绍的是 Stability AI 的 Stable Audio，这是一款高级音乐生成工具，它使用在超过 800 000 个音频文件的庞大数据集上训练的扩散模型（diffusion model），涵盖音乐和音效。这使它能够根据详细的文本提示创建高度可定制的音频剪辑。用户可以生成长达 90 s 的声音，在免费套餐中，用户可以生成长达 20 s 的声音。该工具专为寻求高质量、结构化循环和音效的音乐创作者而设计，这些循环和音效是根据确切的规格（如 BPM、乐器焦点甚至音轨结构）量身定制的，有助于避免其他 AI 生成器中常见的随机性。

另外一款就是 Suno AI，这是一款专为所有级别用户设计的音乐生成 AI 工具，提供易于使用的界面和可定制的选项，用于创建完整的歌曲，包括歌词、人声和乐器编曲。Suno AI 之所以在众多 AI 音乐生成工具中脱颖而出，关键在于其独特的能力——能够制作出具有高度人类声音特性的音乐。这一特性使得 Suno AI 所生成的音乐在音质和表现力上更加接近真实的人类演唱，从而大大提升了音乐的听感和感染力。Suno 还提供"扩展"功能，让用户通过添加连续的 60 s 片段来构建更长的作品，使其适用于多种类型。

Suno 无疑促进了音乐创作的平民化，为新人降低门槛，并为专业人士开辟合作的可能性。然而，与其他 AI 音乐工具一样，版权问题仍然是一个重要的考虑因素，尤其是对于日常的商业用途。Suno AI 目前有中文网站可以使用。

Suno AI 登录之后界面如图 7-9 所示。

登录后每天平台会赠送 50 个积分，可以作曲 10 首，但每次都会生成两首歌曲，实际每天只有 5 次免费试用机会。选择左侧菜单中的"搜索"搜索歌曲试听，如图 7-10 所示。你自己创作的歌曲也可以发布到该网站。

图 7-9　Suno AI 的开始界面

图 7-10　歌曲搜索界面

视频

使用自己的歌词创作歌曲

7.3.2　使用自己的歌词创作歌曲

Suno 生成音乐分为两种：第一种全自动生成，也就是自己描述主题和音乐风格由 SunoAI 全部承包自动生成歌曲；第二种用自己的歌词，然后描述关键点和音乐风格生成歌曲。目前两种方式生成的歌曲都支持下载，并且下载是免费的。

先来练习第二种方式，拥有自己歌词，然后，让 Suno 生成歌曲。操作如下：

Step 1　为"深海奇幻故事"创作一首歌词。使用 GPT、文心一言、Kimi 等预先生成自己的歌词。比如使用"文心一言"，提示词如下：

> 帮我写一首歌词，按下列给出的信息内容和意境完成。信息内容如下：<< 将上一节"说图解画"创作的深海奇幻故事的开头复制在此 >>

输入提示词，如图 7-11 所示。

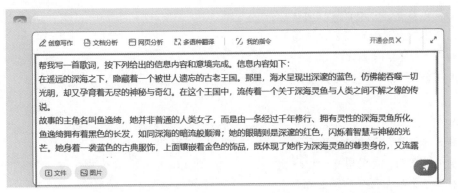

图 7-11　输入 "说图解画" 创作的深海灵异、奇幻故事的开头

文心一言给出的歌词如下：

【深海绮梦】
（Verse 1）
在遥远深海之下，藏着遗忘的王国，
深蓝海水深邃无边，吞噬光明却孕奇迹。
古老传说轻轻回响，灵鱼与人类缘未尽，
鱼逸绮名响彻心间，千年修行化人形。

（Pre-Chorus）
黑发如暗流涌动，深红眼眸智慧藏，
蓝裳金饰映波光，尊贵超脱尘世旁。
手持金球光微闪，千年灵力凝其中，
灵鱼伙伴紧相随，共游深海梦未央。

（Chorus）
深海宫殿古韵长，符文刻壁诉过往，
金球光芒映符文，神秘之门缓缓张。
鱼逸绮心无畏惧，踏入未知勇气扬，
深海秘密待揭晓，光明未来她愿闯。

（Verse 2）
古老建筑见证岁月，沧桑变迁藏深海，
鱼逸绮前宫殿停驻，金光闪耀符文应。
门后世界何模样，未知挑战正等候，
千年修为智慧伴，誓揭深海历史幽。

（Bridge）

深海绮梦正启航，奇幻冒险心向往，

鱼逸绮影水中舞，传奇篇章待书写。

灵鱼与人类情长，不解之缘永流传，

在这片深蓝之中，她将光芒万丈放。

（Chorus）

深海秘密深似海，鱼逸绮志比天高，

金球引领前路明，智慧勇气心中烧。

门后世界虽未知，信念如炬照前方，

为自己也为同类，光明未来誓要创。

（Outro）

于是深海传佳话，鱼逸绮名永镌刻，

奇幻冒险未完待续，深海绮梦正炽热。

在这遥远的深海下，古老王国再焕彩，

鱼逸绮与她的传说，永远闪耀在心海。

在歌曲结构中，以下是每个部分的含义：

➤ [Verse 1]（主歌 1）：通常是歌曲的开头部分，用来讲述故事的背景或表达情感的核心内容。它为听众带来歌曲的主题和氛围。

➤ [Chorus]（副歌）：歌曲中最具有吸引力的部分，也是最容易被记住的。副歌反复出现，传达歌曲的中心思想或情感。通常旋律和歌词都很上口，表达歌曲最强烈的情感。

➤ [Verse 2]（主歌 2）：与主歌 1 类似，但内容有所延展，通常进一步描述主题或加入新情节，以丰富歌曲的叙事。

➤ [Bridge]（桥段）：这是一个过渡段，通常出现在副歌之后。桥段提供了与前面旋律不同的变化，让歌曲听起来更有层次感。它通常表达新的情绪或观点，使歌曲更丰富。

➤ [Outro]（结尾）：是歌曲的收尾部分，为全曲做一个总结或情绪的延续。它可能是副歌的变奏，也可能是简短的结束句，让歌曲在情感上得到升华或归于平静。

这些部分组合在一起，营造出层次分明的情感起伏，使歌曲更加动听和有故事性。

🖑 Step 2　登录 SunoAI 平台，选择 Suno 的 "创造" 开始创作。界面如图 7-12 所示。

介绍一下该界面的几个主要按钮和选择，"习惯" 按钮默认打开（颜色变亮），采用第二种方式使用自己创作的歌词生成歌曲；当 "习惯" 按钮关闭（颜色变暗），则采用第一种方式 Suno 全自动生成歌曲；"v3.5" 是大模型的版本号；"上传音频" 按钮可以上传自己的声音和文件；"仪器" 按钮打开表示纯音乐，只生成歌曲，没有歌词和演唱，反之，则一并生成歌曲、歌词和演唱；将自己创作的歌词复制到 "歌词" 下；在 "音乐风格" 输入与歌词搭配，自己喜欢的音乐风格，其下方有诸多音乐风格提示，也可以自己输入；"标题" 中输入歌曲标题。设置完毕点击界面下方 "创造" 开始生产音乐。

图 7-12　SunoAI "Create" 界面并输入自己已经创作的歌词

单击"创造"按钮，一次就生成两首各 3 min 左右的歌曲，如图 7-13 所示，可以试听比较。

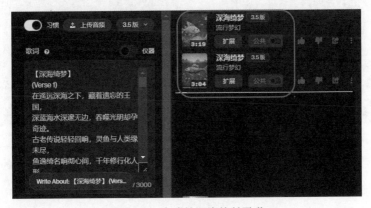

图 7-13　生成的深海旖梦歌曲

Step 3 下载。单击歌曲对应的"|"或右击该歌曲，都可以下载歌曲的音频文件和视频文件。如图 7-14 所示。

Step 4 复制歌曲网址，在网页中打开歌曲演唱。单击复制歌曲链接标志，如图 7-15 所示。

图 7-14　歌曲下载

图 7-15　复制歌曲地址

Step 5 打开网页，歌曲展示如图 7-16 所示。注意该歌曲存放在"图书馆"下。

图 7-16　打开歌曲网页

　　一旦拥有了恰当的歌曲和故事的开篇，你便可以借助剪影等视频编辑软件中的人工智能功能来创作个性化的视频，这里不再赘述。

7.3.3　Suno 自动生成歌词和歌曲

任务描述：我的朋友 "张三" 要过生日，想写一首歌送给他，那么就让 Suno 代劳吧。操作过程如下：

Step 1　在 Suno AI 的 "标签" 创造中关闭 "习惯" 按钮，如图 7-17 所示。在 "歌曲描述" 下输入："创作一首快乐的歌曲"，然后，展开 "需要想法" 输入自己的想法。

图 7-17　输入歌词描述

视 频

Suno自动生成歌词和歌曲

Step 2　展开 "需要想法" 之后有多个场景可以选择，包括人、特殊场合、情绪、活动、问候等，我们选择 "人"，如图 7-18 所示。

Step 3　按照提示输入自己的想法，如图 7-19 所示，单击 "创造" 按钮。

图 7-18　在想法中选择 "人"

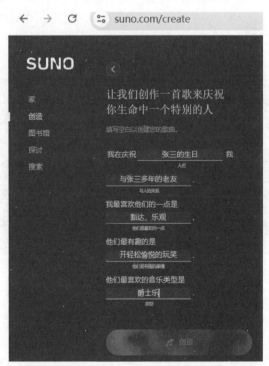

图 7-19　输入关于 "张三" 的情况说明

⏺Step **4**　形成两首"张三的生日快乐"歌曲，包括曲和词，以及演唱，如图 7-20 所示。

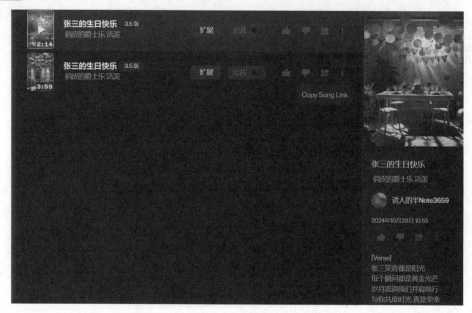

图 7-20　形成两首"张三的生日快乐"歌曲

7.3.4　形成个人声线的歌曲

在 Suno 的"创造"标签下单击"上传音频"按钮，如图 7-21 所示。

选择"Audio"录制自己的声音，如图 7-22 所示。

图 7-21　选择"Upload Audio"

图 7-22　选择"Audio"

单击录音图标，如图 7-23 所示，录制 6 ~ 60 s。

录制不能超过 60 s，否则会拒绝接收，录制完成，可以试听，单击"√"按钮确定，如图 7-24 所示。

单击"Upload ifile"上传文件，如图 7-25 所示。大约等待 1 min 即可。

图 7-23　单击录音图标

图 7-24　确定录音

输入声音文件的标题,单击"Continue",形成自己的声音文件,如图 7-26 所示。

图 7-25　上传录音

图 7-26　形成自己的声音文件

在"我自己的声音"文件处,单击"扩展"按钮扩展功能,如图 7-27 所示。

图 7-27　单击"扩展"按钮

此时，在左边栏中的标题下就有了标注为"延伸自""我自己的声音"的扩展功能，如图 7-28 所示。

图 7-28　扩展"我自己的声音"

在扩展功能的基础上，于"歌词"处输入如下歌词（该歌词是通过文心一言先期生成的）：

《祝贺张三的生日》

[Verse 1]
今天又是你的生日，
时光转瞬但我们依旧不变的默契，
还记得那些年少轻狂的往昔，
你总是微笑，满怀大气。

[Chorus]
张三，生日快乐，
你用豁达去解开生活的谜，
那开朗的笑容，点亮每一颗心，
今天为你举杯，笑声不息！

[Verse 2]
多少风雨，我们并肩走过，
你的乐观总是让我勇敢放手去搏，
时光老去，但你依然是我心中的火，
愿每一年生日，你都能活出洒脱。

[Bridge]
多少岁月无所谓，
你总是笑看一切，
对未来满怀希望，
让人羡慕，放心飞。

[Chorus]
张三，生日快乐，
你用豁达去解开生活的谜，

那开朗的笑容，点亮每一颗心，

今天为你举杯，笑声不息！

[Outro]

张三，愿你如你所愿，

笑着过好每一天，

生日快乐，我的老友，

愿岁月永远待你温柔。

祝张三生日快乐！

在音乐风格处输入"爵士蓝调"，在标题处输入"祝贺张三的生日"，如图 7-29 所示，注意，这时在界面的下方有"延伸自：我自己的声音"。单击界面下方的"Extent"按钮生成自己声线的歌曲。

图 7-29　输入歌词和音乐风格

形成自己声线的歌曲，如图 7-30 所示。

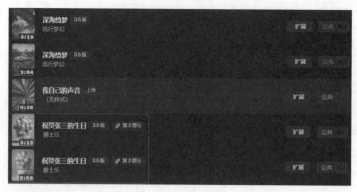

图 7-30　形成自己声线的歌曲

小　结

　　本项目深入探讨了 AI "说图解画" 在数据分析应用、创作故事及文案方面的广泛应用。通过详细阐述 "说图解画" 在不同领域和数据分析场景中的实际应用，以及具体案例分析，揭示了 AI 技术在图像解释、生成与分析方面的功能。同时，本项目还展示了 AI "说图解画" 在创作故事和文案方面的独特魅力，通过具体案例，学生可以感受到 AI 技术在提升故事叙述和文案质量方面的巨大潜力。最后，为 AI "说图解画" 创作的故事还配上一首合适的歌曲。总之，AI "说图解画" 和文生音乐正逐步改变着我们的生活和工作方式，为我们带来了更多的便利和创新。

课 后 习 题

1. 单选题

（1）以下（　　）属于 AI "说图解画" 在数据分析中的工作内容。

  A. 生成医学影像三维可视化   B. 制作动画电影场景

  C. 图表生成和数据可视化   D. 撰写文学作品

（2）在商业分析领域，AI "说图解画" 技术主要应用于（　　）。

  A. 辅助医生进行诊断   B. 提供市场趋势分析

  C. 制作个性化绘画作品   D. 生成教学图表和动画

（3）"说图解画" 功能在创作故事和文案时的应用优势之一是（　　）。

  A. 增强图像细节   B. 降低创作门槛

  C. 提高图像分辨率   D. 增加用户黏性

2. 多选题

（1）以下（　　）是 AI "说图解画" 在医学影像分析中的应用。

  A. 医学影像三维可视化   B. 辅助医生进行疾病诊断

  C. 提供市场分析趋势图   D. 自动生成教学动画

（2）AI "说图解画" 技术可以帮助学生培养（　　）。

  A. 信息素养   B. 创新思维

C. 团队协作与沟通能力   D. 生物实验操作技能

（3）"说图解画" 在创作故事方面的优势有（   ）。

  A. 增强图像清晰度

  B. 提供丰富的创作素材

  C. 减少创作所需的时间

  D. 帮助用户生成文字描述，提高创作灵感

（4）以下 AI 音乐生成工具中（   ）适合初学者使用。

  A. AIVA   B. Amper Music

  C. Boomy   D. Stable Audio

（5）在 Suno AI 平台上，用户可以通过（   ）方式创作音乐。

  A. 直接在网站上创作

  B. Microsoft Copilot 等平台创作

  C. 使用自己的歌词和关键词描述

  D. 全自动生成，无须用户输入歌词

3. 简答题

（1）简述 AI "说图解画" 在教育与培训领域的具体应用方式及其价值。

（2）在深海奇幻故事的创作过程中，如何运用 "说图解画" 功能来构建角色和情节？请简要说明。

（3）简述 Suno AI 文生音乐自动生成歌词和歌曲的操作步骤。

项目 8
AI 文生图

使用 AI 工具根据文本创作图像，即文生图技术，是一种利用人工智能技术将文本描述转化为图像的创新方法。该技术通过分析文本中的关键词、语境及风格等要素，运用深度学习算法和神经网络模型，自动生成与文本描述相匹配的图像。用户可以通过输入描述性的文字，如场景、颜色、物体等，来引导 AI 生成符合要求的图像。文生图技术不仅为艺术创作提供了全新的可能性，还在广告、设计、游戏等领域展现出广泛的应用前景，极大地丰富了视觉内容的创作方式。

情境引入

设想一下，有一天，你正满怀创作激情，想要将一幅美丽的画面从脑海带到纸上——一片广阔的海滩上，初升的红日将天空染得如火如荼，海鸥在空中盘旋，而海豚则时不时跃出水面。然而，画笔一落下，你却发现自己手上的线条和脑海中的画面差距甚远。这时你自嘲地笑了笑，想起自己"不会画画"的事实。

但今天，不用再为画技而困扰，因为 AI 绘图工具将成为你最强的助手！在接下来的创意探索中，你将使用 AI 绘图平台 LiblibAI 和腾讯元宝的创意绘图功能，将脑中的瑰丽想象一步步带到眼前。这些工具不仅会根据你的简单描述生成图像，还会随着指令的调整展现出截然不同的画面风格。无论你想要大自然的和谐、赛博朋克的奇幻，还是古风的雅致，AI 都能帮你轻松实现。

学习目标与素养目标

1. 学习目标

（1）了解图像类 AI 工具的基本概念和常见类型，包括 Stable DiffusionWebUI 等 AI 绘画工具。

（2）了解 AI 绘图模型的基本架构，包括 CLIP 模型、Diffusion 模型和 VAE 模型等组成部分。

（3）理解 AI 绘图模型的工作流程，包括文本处理、初始化噪声、扩散过程、输出图像、结果评估等步骤。

（4）理解五大类模型（主模型、噪声调度器、文本向量化、超网络、LORA 模型）在 AI 绘画中的作用和相互关系。

（5）掌握使用 LiblibAI 等 AI 绘图工具进行图像生成的基本操作，包括模型选择、参数设置和图像生成等。

（6）能够根据给定的绘图提示词，利用 AI 绘图工具创作出符合要求的简易图像。

2. 素养目标

（1）技术应用能力：能够熟练操作 LiblibAI 等图像类 AI 工具，利用所学知识进行图像生成和编辑；能够根据实际需求，选择合适的 AI 绘图模型和参数，生成高质量的图像。

（2）创新思维能力：能够发挥创意，结合 AI 绘图技术，创作出具有个性和创意的图像作品；能够通过尝试不同的提示词和参数设置，探索 AI 绘图的多样性和可能性。

（3）信息整合能力：能够通过网络等途径搜集 AI 绘图的相关信息，对不同 AI 绘图平台的优缺点进行综合归纳；能够将所学知识应用于实际创作中，解决图像生成和编辑中的具体问题。

（4）批判性思维的培养：能够评估 AI 生成图像的质量，识别并理解图像中的不足之处，提出改进意见；能够对比分析不同 AI 绘图工具的特点和性能，选择最适合自己需求的工具进行创作。

8.1　图像类 AI 基础知识

8.1.1　图像类 AI 工具介绍

虽然综合型 AI 工具也常常会包含处理图像的功能，但它们的应用范围更广，可以处理文本、音频等多种内容。相比之下，专门用于图像的 AI 工具，具有更高的精确度和专业性，具备 AI 绘画的稳定性、背景移除、画质增强等能力，更加专注于图像处理。

1. AI绘画工具

1）Stable Diffusion

Stable Diffusion 是一个模型，目前其 UI 界面有两种支持方式：一是 ComfyUI，另一种是 WebUI。从操作界面与易用性方面看，ComfyUI 采用流程节点的交互逻辑，用户需要通过拖放不同的模块或节点来定义数据处理和生成流程，对于新手来说，可能需要一段时间来适应这种节点式操作和复杂的工作流；WebUI 则提供了清晰、易于理解的用户界面，操作直观且易于上手，集成了大量开发好的工具，无须额外寻找，直接可用。

ComfyUI 更适合对 AI 绘画有一定了解并希望实现高度个性化创作的用户，在艺术创作、图像生成研究、游戏与动画设计等领域有广泛应用。一般本地部署 SD 大都采用 ComfyUI。WebUI 则是刚开始接触 AI 绘画的新手的理想选择，提供了一个简单而完整的工作流程，用户可以快速上手并开始创作。在线绘图平台一般采用 WebUI。

2）Midjourney

Midjourney（MJ）是一款绘画能力强劲、图片细节丰富且操作简便的工具，其优势在于能输出高质量图像，非常适合追求极致画质的用户，但相对较高的价格可能不符合所有用户的预算。Midjourney 主要吸引着对图像质量和绘画细节有高要求的用户群体，同时也适合那些希望以简单方式获得专业级画质作品的创作者和设计师。

2. AI创作平台

1）哩布哩布（LibLibAI）

哩布哩布（LibLibAI）是国内优秀的 AI 模型创作平台之一，它提供大量免费的 AI 创作模型，涵盖图像、文字、音频等多种形式。用户不仅可以通过其 Web UI 界面轻松选择模型并输入提示词生成图片，还能训练个性化的 AI 绘画大模型和 Lora 模型，并公开发布以获取收益。

2）吐司 AI 平台

吐司 AI 平台集 AI 绘画与模型分享于一体，功能强大。它支持文生图与图生图，提供多种风格模型选择，满足用户个性化创作需求。特色在于丰富的工具集，如正负向提示词、高清修复等，提升绘画效果。平台鼓励用户分享作品与模型。每天赠送积分且该积分支持 LoRA 训练，支持多设备，无须额外配置。吐司 AI 以高效便捷的创作体验和不断更新的模型库，成为艺术与设计爱好者的重要平台。尽管本教材绘图是以 LiblibAI 平台为依托完成，但在学习过程中也可以转到吐司 AI 平台练习，特别是 LoRA 模型训练部分。

3）秒画

秒画是商汤科技推出的 AI 绘画创作平台，依托自研的 Artist 大模型，支持文字生成图像和图像生成图像两种创意方式，并设有灵感广场和模型广场供用户参考学习，其简单易用的特点让用户能够随时随地创作出高质量的画作。

3. 在线画图网站eSheep

eSheep 是国内知名的 AIGC 在线画图网站，它集成了 Stable diffusion、ComfyUI、Midjourney 三大主流工具，提供海量模型支持在线 AI 画图。用户可以在此上传作品进行交流学习，适合各类绘图爱好者和创作者。此外，eSheep 还提供云端绘图模式，包括基础模式、专业模式和工作流模式，以满足不同水平用户的需求。

4. 背景去除工具PixianAI

PixianAI 是一款基于 AI 的在线抠图工具，专门用于自动且准确地去除图片背景，生成透明背景图片，适用于设计、创作、自媒体等多种场景。它支持单张或批量图片处理，且在不满意自动抠图结果时，用户还可以进行手动调整，展现出极高的灵活性。

5. 其他常用工具

除了上述工具外，还有众多 AI 绘画和图像处理工具值得一试，如无界 AI、触站 AI、美图秀秀 AI 工具 WHEE、Vega AI 等。这些工具各具特色，用户可根据自身需求和兴趣进行选择体验。

8.1.2　一般 AI 绘图模型总体架构

模型架构指的是构建机器学习 / 深度学习模型时，所采用的数学结构和算法框架。它定义了模型如何组织、学习和处理数据，以及模型如何进行预测或分类。模型架构的选择对模型的性能、效率和适用性有重要影响。AI 绘图模型有其独特的架构。

一般的 AI 绘图模型架构主要由三个模型组成：CLIP 模型、Diffusion 模型和 VAE 模型，如图 8-1 所示。输入文本提示词"一只狗在公园奔跑的图片"，经过 CLIP 模型对文本和图像编码、Diffusion 模型的图片生成计算和 VAE 模型的解码，最终输出一张图片。

（1）CLIP 模型，在这里使用它的文本编码器，把文字转换成向量作为输入，以找到图像特征。

CLIP（contrastive language-image pre-training，对比语言 - 图像预训练）模型在文生图中的作用主要体现在为图像和文本提供联合表示，并辅助生成与文本描述相匹配的图像。

通过图像编码器和文本编码器，CLIP 能将图像和文本映射到同一特征空间，实现跨模态比较。在文生图中，CLIP 作为辅助工具，评估生成图像与文本描述的匹配度，通过计算特征向量相似度来优化生成过程。

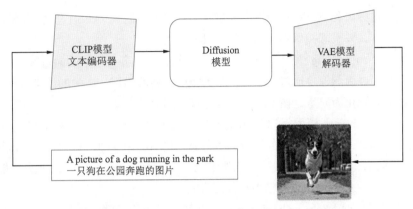

图 8-1　AI 绘图模型架构

需要说明的是，Transformer 架构作为 CLIP 模型的核心组件之一，为模型提供了强大的特征提取和序列建模能力。

（2）Diffusion 模型，即扩散模型。用来生成图片，因为它的训练过程是在图片压缩降维后的潜在空间进行的，所以扩散模型的输入输出都是潜在空间的图像特征，而不是图像原来的像素。扩散模型在生成图片时是逆扩散，可以理解为把一大堆高斯噪声"变回"图片（潜在空间）的过程。

Diffusion Model 是当今文本生成图像领域的核心方法，当前最知名也最受欢迎的文本生成图像模型如 Stable Diffusion、Disco-Diffusion、MidJourney、DALL-E2 等，均基于扩散模型。扩散模型主要由正向扩散和逆向扩散两个过程组成：正向扩散过程，主要是将一张图片变成随机噪声；逆向扩散过程，将一张随机噪声的图片还原为一张完整的图片。

（3）VAE（variational auto-encoder，变分自动编码器）模型是把潜在空间里的图片解码变成真正的图片。由一个编码器和一个解码器构成：编码器负责对图片进行编码，即将图片映射到一个潜在的向量空间，在 VAE 中，向量空间被假设符合正态分布；解码器负责生成图片，即从潜在空间采样，并据此生成相应的图片。在这里使用它的解码器，把潜在空间的图像特征还原成图片。

8.1.3　复杂 AI 绘图五大类模型

在更复杂的生成模型架构中，文本到图像生成还涉及五大类模型，分别是主模型、噪声调度器、文本向量化、超网络和 LORA 模型。这些模型各自承担着不同的任务，共同协作以完成从文本描述到图像生成的整个过程。

（1）主模型：是整个生成过程的核心，通常是 Diffusion 模型的变体，用于实现主要的图像生成过程。在 AI 绘画领域，有许多知名的主模型，如 DeepDream、DALL-E、Pix2Pix 等。这些模型各有特色，有的擅长将普通照片转换成艺术风格的图像，有的则能将自然语言描述转化为逼真的图像。这是一个典型的训练模型。它通常通过大量的图像数据来训练，学习如何根据输入（可能是噪声、文本或其他条件）生成高质量的图像。

（2）噪声调度器（VAE 模型）：VAE（变分自编码器）模型在这里作为噪声调度器，用于在图像生成过程中引入和控制噪声，是图像生成精细化过程中不可或缺的部分。通过编码和解码过程，VAE 能够在潜在空间中有效地表示和操作噪声，从而影响生成的图像的质量和多样性。在 Stable Diffusion 等 AI 绘画框架中，VAE 模型对图像进行编码和解码，先将其映射到低维潜在空间，添加或去除噪声后，再解码回图像空间。这种流程节省计算资源，便于噪声信号的控制。VAE 通过编码 - 解码结构学习数据潜在表示，生成新样本，并管理初始噪声图像供主模型使用。

（3）文本向量化（embedding 模型）：将输入的文本转化为机器可理解的向量表示，类似于 CLIP 模型的功能。这个向量可以为图像生成过程提供清晰的指引，能够捕捉文本中的语义信息，并用于指导图像的生成。通过将文本转化为向量，模型能够更好地理解用户的意图和需求。

（4）超网络（hypernetwork 模型）：超网络模型在 AI 绘画中用于生成其他网络的参数或权重。它可以被视为一种元学习模型，能够根据任务的需求动态地调整和优化其他模型的参数，从而提高图像生成的性能和灵活性。然而，与 LORA 模型等微调技术相比，Hypernetwork 的使用效果可能有所不及，超网络模型已经逐渐式微，大有被 LORA 模型替代的可能。

（5）LORA 模型：LORA（low-rank adaptation，低秩适配）用于精细调整图像生成过程，尤其适用于需要特定风格或个性化的图像生成场景。LORA 可以在不改变主模型的情况下进行微调，从而生成与用户输入更贴合的图像。模型是图像生成中的一种轻量级调整方法，它通过对预训练模型进行低秩分解和适配，实现定制化调整而不影响模型大部分参数。与 Hypernetwork 类似，LORA 通过调整主模型的交叉注意力模块来改变其行为，但独特之处在于直接修改权重。作为轻量级微调技术，LORA 虽无须从头训练，但仍需学习低秩调整权重以适应新任务。因此，LORA 可视为一种有限训练的模型。其优点包括文件体积小、易于集成到现有模型，并能产生精细准确的调整效果，在 AI 绘画领域具有广泛应用潜力。

这些模型在 AI 绘画技术中发挥着至关重要的作用，它们共同协作以完成从文本到图像的生成任务，并为用户提供高质量的图像生成体验。

8.1.4 AI 绘图模型的应用领域

AI 绘图的应用领域包括生成一般图像、图像修复和增强、放大图像幅度提高图像的细节和清晰度等。

（1）图像生成：AI 绘画在当下已经成为家喻户晓的辅助工具，不管是设计师、画师等设计行业从业者，还是园艺师、美甲师等对美术绘画有相关需求的工作，如今只要稍微了解 AI 绘画的操作知识，就可以很轻松地产出一大批质量精美，富有创意的图片，这极大地节省了在美术设计上花费的时间成本。如图 8-2 所示。在艺术创作、电影特效和游戏开发等领域具有潜在的应用。

图 8-2 AI 绘图工具创作出的图像

（2）图像修复和增强：AI 绘图模型可以将损坏或模糊的图像恢复成清晰的图像，如图 8-3 所示。AI 图像修复与增强在图像恢复、医学图像处理、摄影后期处理等领域有重要作用。

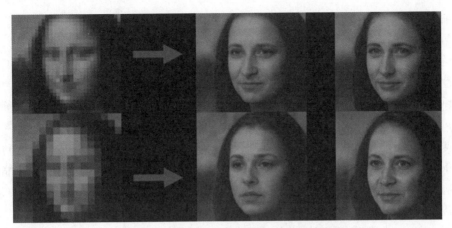

图 8-3　AI 绘图工具将模糊的图像变清晰

（3）图像超分辨率：模型将图像从低分辨率变成高分辨率图像，提高图像的细节和清晰度，如图 8-4 所示。这在图像重建、视频处理、监控图像增强等领域有应用潜力。

尺寸：512×512像素　　　　　　　尺寸：1 024×1 024像素

图 8-4　AI 绘图工具将图像放大后且不失真

8.2　AI 绘图操作一般参数介绍

在 AI 绘图中，操作参数如采样方法、采样迭代步数、提示词写法、CFG 值以及图片尺寸设置等，都是影响图像生成效果的关键要素。

8.2.1　采样器（采样方法）

事实上，虽然 SD 绘制图像的参数有很多，但关键因素主要包括三大板块：模型、关键词和采样器。模型指用于生成图像的深度学习模型，如 Stable Diffusion 本身，或者如 LiblibAI 中的 CHECKPOINT 下的模型；关键词通常指用于引导生成过程的文本提示或标签，它们告诉模型要生成什么样的图像；采样器则是用于从模型的潜在空间中采样以生成具体图像的方法或算法。采样器通过其采样策略来影响模型输出图像的细节、平滑度、多样性等方面。

在 AI 绘画中,采样器(又称采样方法)的作用是根据给定的输入(如噪声、文本描述等)和模型参数,逐步生成最终的图像,采样器的性能和选择直接影响图像的生成速度、质量和多样性。不同的采样器因其算法特性和设计目标的不同,会展现出各异的采样效果和采样速度。Euler a、DPM++ 2M Karras 和 DDIM 是三种常用的采样器,它们各自具有独特的特点和适用场景。以下是对这三种采样器的详细阐述:

1. Euler a

采样效果:Euler a 是一种自适应采样器,其运算速度非常快,适用于快速成图和 tag 利用率较高的场景。与 Euler 相比,Euler a 会产生更多变化的图像。然而,随着采样步数的增加,它可能会逐渐脱离提示词的影响。

采样速度:Euler a 的采样速度非常快,能够在较短的步骤内完成基本画面的生成。

适用场景:Euler a 非常适合需要快速出图且对质量要求不高,或者希望探索更多随机性和变化性的场景。

2. DPM++ 2M Karras

采样效果:DPM++ 2M Karras 是 DPM++ 系列采样器中的一个变体,它结合了 Karras 的优化方法,提升了图像的生成效率和质量。随着采样次数的增加,人物及背景的细节都会得到相应的增强,色彩表现也较为出色。这使得 DPM++ 2M Karras 成为许多人在进行 AI 绘画时的首选。

采样速度:DPM++ 2M Karras 在采样速度和图像质量之间取得了良好的平衡。虽然它的速度可能不如 Euler a 那样快,但它在保证质量的同时,也提供了相对较快的采样速度。

适用场景:DPM++ 2M Karras 适用于对图像质量有较高要求,同时希望保持一定采样速度的场景。它非常适合用于生成复杂、细节丰富的图像。

3. DDIM

采样效果:DDIM 是一种使用确定性逆向过程生成图像的采样器。它严格遵循提示词,能够生成高质量且一致性的图像。随着采样步数的增加,DDIM 的图像质量会逐渐稳定并达到最佳效果。

采样速度:DDIM 的采样速度相对较快,能够在较少的步骤内完成基本画面的生成。同时,它也能够保持较高的图像质量。

适用场景:DDIM 非常适合用于需要高质量、一致性图像生成的场景。它也适用于宽画幅和高 steps 表现的场景,以及负面环境光线与水汽 tag 不够时发挥随意、效果好和写实不佳的场景。

总之,Euler a、DPM++ 2M Karras 和 DDIM 这三种采样器在 AI 绘画中各具特色。Euler a 以其快速的采样速度和随机性变化受到青睐;DPM++ 2M Karras 则在保证质量的同时提供了相对较快的采样速度;而 DDIM 则以其高质量和一致性的图像生成效果脱颖而出。在实际应用中,可以根据具体需求和场景选择合适的采样器以获得最佳的图像生成效果。

8.2.2　采样迭代步数

采样迭代步数表示 AI 学习绘制该图像的次数,在 AI 绘画中这也是一个重要的参数,它直接影响图像生成的质量、速度以及多样性,一般取值 20 ~ 40,以 4 的倍数递增为宜。以下是对采样迭代步数作用的详细阐述:

1. 图像生成质量

质量提升:随着采样迭代步数的增加,AI 模型有更多的机会来调整和细化生成的图像。这通常意味着图像中的细节会更加丰富，边缘会更加平滑，整体质量会得到提升。

稳定收敛：在足够多的迭代步数下，AI 模型往往能够更稳定地收敛到高质量的图像解。这减少了图像中的噪声和伪影，提高了图像的逼真度和视觉吸引力。

2. 生成速度

速度影响：采样迭代步数的增加会直接导致生成速度的降低。每一步迭代都需要模型进行计算和处理，因此更多的迭代步数意味着更多的计算资源和时间消耗。

平衡选择：在实际应用中，需要在图像质量和生成速度之间做出平衡选择。如果追求极致的图像质量，可能需要接受较长的生成时间；而如果希望快速获得结果，可能需要牺牲一定的图像质量。

3. 图像多样性

多样性变化：采样迭代步数对图像多样性也有一定影响。在较少的迭代步数下，模型可能更容易陷入局部最优解，导致生成的图像缺乏多样性。而增加迭代步数可以给予模型更多的探索空间，从而生成更多样化的图像。

随机性引入：在采样过程中，随机性的引入也可以增加图像的多样性。然而，随着迭代步数的增加，随机性的影响可能会逐渐减弱，因为模型在迭代过程中会逐渐收敛到某个特定的图像解。

4. 平衡图像质量和生成速度

选择合适步数：为了平衡图像质量和生成速度，需要选择合适的采样迭代步数。这通常需要根据具体的应用场景、计算资源和时间限制来进行权衡。

优化策略：在实际应用中，还可以采用一些优化策略来进一步提高图像质量和生成速度。例如，可以使用更高效的算法或硬件加速技术来减少计算时间；同时，也可以采用多阶段生成策略，先快速生成一个大致的图像轮廓，然后再通过更多的迭代步数来细化和优化图像细节。

通过选择合适的迭代步数，可以在图像质量、生成速度和多样性之间取得良好的平衡，从而满足实际应用中的需求。

8.2.3　提示词相关性

提示词相关性（classifier-free guidance，CFG），是一个在 AI 绘画中用于控制模型输出的图像与文本之间匹配程度的重要参数。以下是对 CFG 值的详细解释：

1. CFG 值的作用

CFG 值决定了 AI 绘画的"创造力"和"听话程度"。具体而言，它控制了模型在生成图像时，对提示词的忠实程度。通过调整 CFG 值，用户可以影响图像与给定文本描述之间的相似度。

2. CFG 值的调整范围与效果

调整范围：CFG 值通常可以在 0 到某个上限（如 30）之间进行调整。不同的 AI 绘画平台和模型可能具有不同的上限值。

效果变化包括：

（1）当 CFG 值较低时，模型具有更大的自由度，生成的图像可能更具创意，但也可能与文本描述存在较大的差异，甚至显得模糊。

（2）随着 CFG 值的增加，模型对提示词的忠实度提高，生成的图像与文本描述之间的相似度也会增加。

（3）当 CFG 值过高时，可能会导致生成的图像出现线条粗犷、过度锐化或画面崩坏等问题。

　3．CFG 值的实际应用与建议

在实际应用中，用户需要根据自己的需求和期望的图像效果来选择合适的 CFG 值。以下是一些建议：

（1）创意探索：如果希望生成更具创意的图像，可以尝试使用较低的 CFG 值。

（2）精确匹配：如果希望生成的图像与文本描述高度匹配，可以使用较高的 CFG 值。但需要注意避免过高的 CFG 值导致图像质量下降。

（3）平衡选择：为了平衡创意和匹配度，可以在一个适中的 CFG 值范围内进行尝试和调整。通常，CFG 值在 5 到 15 之间是一个比较常规和保险的数值范围。

　4．注意事项

（1）模型差异：不同的 AI 绘画模型和平台可能对 CFG 值的响应不同。因此，在使用新的模型或平台时，建议进行一些测试以了解其对 CFG 值的敏感性。

（2）迭代步数：当 CFG 值设置较高导致图像出现崩坏等问题时，可以尝试增加采样迭代步数来改善图像质量。但需要注意，增加迭代步数也会相应地延长生成时间。

总之，CFG 值是一个在 AI 绘画中用于控制图像与文本之间匹配程度的重要参数。通过合理调整 CFG 值，用户可以生成符合自己需求和期望的图像效果。

8.2.4　设置图片尺寸

设置图片的大小和比例均会对图片的内容产生影响。在设置图片尺寸时，需要综合考虑视觉效果、内容呈现和使用场景等多个因素。通过合理调整图片的大小和比例，可以使其更好地传达信息、引导观众视线并提升整体的美感。同时，也需要注意保持图片内容的完整性和可读性，避免因尺寸调整而导致的信息丢失或误解。

8.3　绘图提示词的两种写法

在 AI 绘画领域，提示词的写法对于生成的图像质量和风格具有重要影响。CLIP 写法和 DeepBooru 写法是两种常见的提示词写法，它们各自具有独特的特点和适用场景。

8.3.1　CLIP 写法

CLIP（contrastive language–image pre-training）写法是一种"自然语言提示词"风格，采用连贯句式以增强模型理解的自然性。CLIP 是一种多模态视觉和文字学习的方法，通过对比学习的方式，让模型学会将图像和与之相关的文本进行匹配。在 AI 绘画中，CLIP 写法通常强调简洁、明确且富有描述性的提示词，以便模型能够准确理解并生成符合要求的图像。CLIP 写法的特点包括：

（1）简洁明了：提示词通常较短，直接描述图像的主要特征或风格。

（2）具体描述：使用具体、形象的词汇来描述图像中的元素、颜色、纹理等。

（3）情感表达：可以通过词汇来表达特定的情感或氛围，如"温馨""神秘"等。

例如，使用 CLIP 写法来描述一个森林场景，可以写为："茂密的森林，阳光透过树叶洒下斑驳的光影，绿色植被繁茂，溪水潺潺。"或者"一位身穿红色连衣裙、头发上插着鲜花、头戴红色头巾的女人站在森林里"。

8.3.2　DeepBooru 写法

在 AI 绘画中，经常使用 DeepBooru 写法。DeepBooru 是一种词组式的标签文字，是关键词组提示词，通常强调标签和关键词的组合使用，以便模型能够更准确地捕捉到用户想要生成的图像风格和内容。DeepBooru 写法的特点包括：

（1）标签组合：使用多个标签来组合描述图像的特征和风格，如"动漫""女性""长发""古风"等。

（2）详细分类：对于某些特定的图像风格或内容，可以使用更详细的分类标签来描述，以便模型能够更准确地生成。

（3）情感与场景：除了标签外，还可以添加一些描述情感或场景的词汇来丰富提示词的内容。

例如，使用 DeepBooru 写法来描述一个古风女性角色，可以写："1 女孩，花，植物，独奏，头巾，裙子，自然，叶子，森林，草，白色花朵，树，观赏者，灌木，户外，模糊"。

但像"动漫女性角色，长发飘逸，古风服饰，背景为山水画卷，表情温柔，"则并不完全符合 DeepBooru 的标签格式。DeepBooru 写法要求的标签通常为较短的单词或短语，多个标签用逗号分隔，且标签内容尽可能简洁明确，避免使用像"长发飘逸"或"表情温柔"这样带有主观描述的词汇。DeepBooru 标签倾向于词汇简单、直观，如"long_hair"而非"长发飘逸"，"smiling"代替"表情温柔"等。

在 DeepBooru 的标签系统中，表述会更接近于以下格式：

角色类型：1girl、female、solo（1 个女孩、女性、独舞）。

发型和发色：long_hair、black_hair（长发、黑发）。

服装类型：traditional_clothes（传统服装）、hanfu（汉服）。

场景和背景：mountain、scenery、watercolor_background（山、风景、水彩背景）。

表情：smiling、gentle_expression（微笑、温和的表情）。

其他细节：flower、outdoors、nature（花、户外、自然）。

根据这些标准，原句"动漫女性角色，长发飘逸，古风服饰，背景为山水画卷，表情温柔"在 DeepBooru 标签体系下可以改写为：

1girl, long_hair, black_hair, traditional_clothes, hanfu, mountain, watercolor_background, smiling, gentle_expression

中文释义：1 女孩，长发，黑发，传统服饰，汉服，山，水彩背景，微笑，温柔表情。

这种方式更符合 DeepBooru 的要求，可以更好地帮助模型识别关键特征，从而生成符合预期的古风女性角色。

注意：DeepBooru 写法各标签之间要有逗号分隔，最后一个标签也要用逗号结束。

CLIP 写法适合整体描述，而 DeepBooru 更适合标签式特征指定。多数绘图模型兼容两种风格，用户可根据需求灵活选择。大部分 AI 绘图模型对这两种写法兼容性强，用户可以尝试不同风格组合，通常不会影响生成效果。

8.4　认识 LiblibAI 文生图基本操作界面

学习 LiblibAI 文生图基本操作界面，包括选择 CHECKPOINT 和 VAE 模型、设置提示词和负向提示词、调整采样方法、迭代步数、图片宽高和数量等参数，以及使用 ADetailer 插件进行图像优化。通过实践，掌握利用 LiblibAI 生成满意图像的方法。

8.4.1　选择使用的文生图大模型

我们已经了解了一些文生图的综合类 AI 工具。但目前，四大顶流 AI 绘图模型当属 Midjourney、Adobe、SD 和 DALLE 等，其四家的产品包括：Midjourney V6、Adobe Firefly 3、Stable Diffusion 3、Dalle 3 等。其在细节质量、审美（构图色彩等）、语义理解等维度上都更胜一筹。但国内文生图工具也如雨后春笋一般，涌现出一批佼佼者。

本教材 AI 绘图结合腾讯元宝、文心一言、GPT 等通用 AIGC 的文生图功能，但主要依托哩布哩布（LibLibAI）进行讲解与实践。该网站注册即可使用，目前每天有 300 免费积分可以使用，一般生成一张图片消耗 1 ～ 8 积分不等。

进行上机操作时，不必局限于教材中所指定的 AI 工具，每位同学都可以根据个人偏好和使用习惯，自由选择不同的 AI 平台进行操作。

8.4.2　LiblibAI 模型选择

首先认识一下在线生图会用到的大致板块信息，在搜索引擎中搜索 LiblibAI，进入站内首页，在左侧栏中可以看到在线工作流与高级版生图的按键，这些是 AI 绘画的进阶操作，可以创作出更加惊艳的图片。现在，从基本生图开始，打开 LiblibAI，如图 8-5 所示。单击"在线生图"即可进入最基础的 Web UI 操作界面。

图 8-5　LiblibAI 站内首页

进入生图界面后，可以把复杂的页面做一个分类，就会发现整体被分为信息输入区以及参数编辑区，这两个区域是初学者快速上手 AI 绘画的必经之路，如图 8-6 所示。

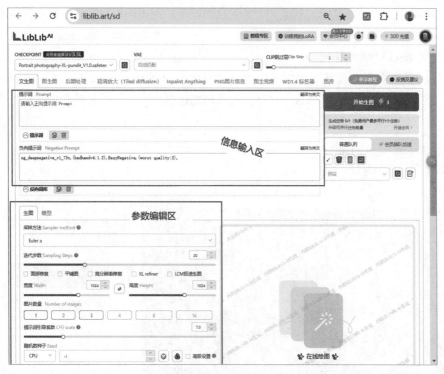

图 8-6　生图界面

在信息输入区的第一行，可以看到"CHECKPOINT"大模型和"VAE"模型两个下拉框。

CHECKPOINT 大模型在 AI 绘图中的作用是提供已训练好的模型参数和状态，用于图像生成、风格转换等任务，是 AI 绘图系统的核心组件。

CHECKPOINT 大模型就像是一个服装店，在这里可以选择不同的样式与风格的模型来"装扮"你的图片，从而让 AI 生成你想要的效果。单击模型的下拉图标，这里有适合每一位初学者使用的模型，如图 8-7 所示。

图 8-7　选择 CHECKPOINT 模型

除了默认模型之外，如果要增加其他人训练完成的模型，则返回 LiblibAI 的首页，有不同风格的超过 10W+ 模型供选择。任选一个自己喜欢的图像，比如选中"梦境绘师 (Dreamscape Artist)"（可以搜索找到），打开之后，如图 8-8 所示。单击"加入模型库"按钮，然后单击"立即生图"按钮（或者单击"在线生图"按钮），在生图界面里就可以加载大模型"梦境绘师 (Dreamscape Artist)_v1.4.safetensors"，如图 8-9 所示。这样，你就可以认真挑选一些自己喜欢的图像模型，扩充自己的模型库。当然，也有很多图片不允许将自己的模型加入模型库。

图 8-8　从不同风格的图片中选择"梦境绘师"

图 8-9　新加入模型库的模型

在 CHECKPOINT 模型的右边就是 VAE 模型的选择，因为是入门级课程，我们不在这里赘述，一般 Lib 已经自动为你匹配好合适的 VAE 模型。

模型选择的下方是一排标有文生图、图生图等决定 AI 生成方式的区域，在这个区域的下方接着就是"提示词 Prompt"和"负向提示词 Negative Prompt"两个对话框编辑区，右边还有一个"开始生图"按钮，参见图 8-6。提示词这部分将在下一个项目的"AI 绘图提示词编写"中详述。

8.4.3　参数设置

在信息输入区的下一个板块就是参数编辑区，如图 8-10 所示。他的主要作用就是针对生图过程中的细节部分进行调整，包括生成方式、迭代次数、图片的宽高等。

图 8-10　参数编辑区

1. 采样方法

选择采样方法（或采样方式）就是选择采样器，它决定了 AI 用什么方式来创作图片，可以把它简单理解为"画画时不同型号的画笔"。但是在经过很多测试后，可能得到的结果就是：不管用哪种采样方法生出来的图看起来都差不多，只有个别采样方法有点区别！比如，CHECKPOINT 选择"majicMIX realistic 麦橘写实 _v7"，提示词为"一只小猫"，负向提示词默认"ng_deepnegative_v1_75t,(badhandv4:1.2),EasyNegative,(worst quality:2),"；随机种子固定一个值，比如：6666；其他参数默认。而采用方法分别设置为 Euler a、DPM2、DPM2 a、DPM++ 2S a、DPM++ 2M、DPM++ 2M Karras、DPM++ 3M SDE Karras，生图结果如图 8-11 所示。

在这里给大家推荐了几个好评率最高的采样方式，这也是根据众多社区作者的建议来进行的选择：DPM++2M Karras、DPM++3M SED Karras 和 DPM++2M。

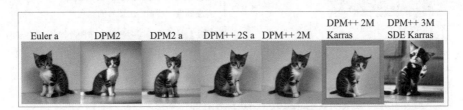

图 8-11　采用不同方法生成的图像比较

2. 迭代步数

在采样方式的下方就是迭代步数，这是指在生图过程中需要进行几次图片绘制的过程，往往步数越高，图片细节越多，然而迭代步数过高，则可能图片细节并不会有太多增加，甚至会出现花费了很多时间，图片质量却没有很大提升的情况。比如，CHECKPOINT 选择 "AWPainting_v1.5.safetensors"，提示词为 "一只小猫"，随机种子固定一个值，比如：9999。其他参数默认。而迭代步数分别设置为 5、10、15、20、30、40、70，生图结果如图 8-12 所示。只有迭代步数小于 10，生图差别较大，其他步数都接近。所以一般建议迭代步数设置在 20 ~ 40 步即可。

图 8-12　迭代步数逐步增加后图像生成结果比较

3. 图片宽度和高度及图片数量

顺着界面往下就是宽度和高度，在这里可以自由地设置图片的宽高大小，一般选择 512 ~ 1 024 像素，但一般不能超过 1 024 像素，超过 1 024 像素耗时将会显著增大。需要大图应通过图像放大功能实现。

在宽度和高度的下面就是图片数量，在这里你可以决定同时生成多少张图片。

4. 提示词引导系数

提示词引导系数即提示词的相关性，表示生成最后图像的结果与最开始给出的提示词的内容的接近程度，默认为 7，一般选择 6 ~ 10，每隔 0.5 递增即可。提示词引导系数的大小与提示词的相关性呈正相关，数值越大相关性越强。

关于提示词的书写方式放在下一章集中介绍。

总结一下，在这节课里我们了解了 LiblibAI 基本操作界面的构成与操作进程，如图 8-13 所示。介绍了模型的使用方法与场景，然后我们又学习了参数编辑区部分参数的作用，掌握这些，你已经了解了 AI 绘图的界面组成情况了。

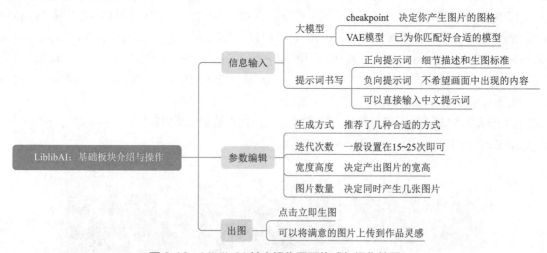

图 8-13　LiblibAI 基本操作界面构成与操作简图

8.4.4　LiblibAI 简单生成图像

在浏览器中输入 LiblibAI 网站地址，在首页单击 "在线生图" 按钮。进入 LiblibAI 生图主界面，如图 8-14 所示。

1. 大模型与提示词相关参数设置如下.

CHECKPOINT（大模型）：majicMIX realistic 麦橘写实 _v7.safetensors。

VAE（VAE 模型）：vae-ft-mse-840000-ema-pruned.safetensors。

CLIP 跳过层 Clip Skip：2（默认值，一般保持不变）。

提示词（正向提示词）：

> 一个 6 岁的小男孩，光头

负向提示词（默认）：

> ng_deepnegative_v1_75t,(badhandv4:1.2),EasyNegative,(worst quality:2),

其中，EasyNegative（易阴性），这是一个整合了大量负面提示词的 embedding 文件，它可以帮助用户在 AI 绘图时避免生成不符合要求的图像内容。通过将 EasyNegative 加入负面提示词中，用户可以省略大量负面提示词的直接输入，从而提高绘图效率。因此，当通用负面提示词比较多，不便于输入时，亦可在负面提示词中直接使用文本向量化中的 "EasyNegative" 替代，从而简化负面提示词的书写。但是，虽然 EasyNegative 文件整合了大量负面提示词，但用户仍然可以根据需要添加其他特定的负面提示词，以进一步细化绘图要求。

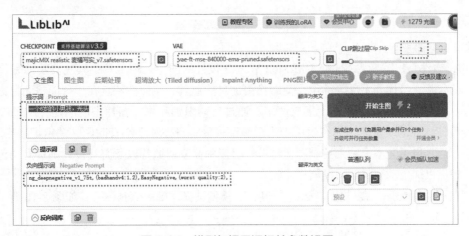

图 8-14　模型与提示词相关参数设置

2. 其他参数设置

如图 8-15 所示，其他相关参数设置如下：

采样方法（sample method）：Euler a。

迭代步数（sampling Steps）：30。

宽度（width）：768。

高度（height）：512。

图片数量（numer of images）：2。

提示词相关性引导系数（CFG scale）：7（默认值），该数值越小绘图随意性越高，越大图像相似性越强。

LiblibAI简单
生成图像

随机数种子（seed）：-1（默认值）。

随机数种子值为（-1）可以生成随机图像，但这样的图像是不可重复的。每次运行程序时，由于随机数生成器的状态不同，生成的图像也会有所不同。因此，如果需要生成可重复的图像，用户需要指定一个具体的不是（-1）的随机数种子值。即使使用同样的种子数值，如果调整其他参数（如迭代步数、尺寸等）也会生成与前图相似但有所不同的图像。这种变异调整在艺术创作和图像编辑中非常有用。

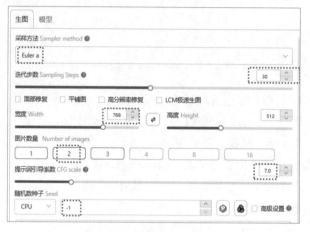

图 8-15　其他参数设置

3. ADetailer插件

ADetailer 插件是一款专为 Stable Diffusion WebUI 设计的图像处理工具，其主要功能是修复和增强生成图片中的人脸、身体和手部等部位，使图像更加自然逼真。该插件特点在于智能检测目标部位、高效修复问题、灵活配置参数以及易于集成使用。通过自动识别和修复图片中的问题，ADetailer 插件能够显著提升整体画面的质量。当你在生图中出现脸部模糊，身体和手部有问题，一定记得启动该插件。其应用场景广泛，包括艺术家精细控制图像细节、摄影师修复旧照片以及游戏设计师提升角色形象质量等，为用户提供更加生动细腻的图像创作体验。

选中"启用 ADetailer"复选框，表示"开启"。模型选择"face_yolov8n"，如图 8-16 所示。

图 8-16　启用 ADetailer

其他参数暂不设置，基本的参数这里都设置完了，我们就可以生成图片了。单击页面中的"开始生图"按钮，就可以生成图片了，如图 8-17 所示。

图 8-17 "开始生图"按钮

我们看一下生成图片的效果。上面的参数中我们将图片数量设置为 2，工具就会给我们生成 2 张图片，如图 8-18 所示。

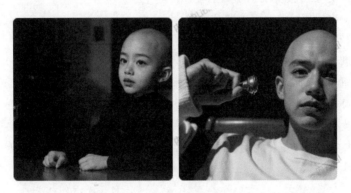

图 8-18 提示词"一个 6 岁的小男孩，光头"生成的图像

一次生成的两张图像，第一张基本满足提示词的要求，而第二张显然就不是一个 6 岁的孩子！选一张自己比较满意的下载即可，注意，生图框下方有"下载"提示。

4. 拓展操作

如果通过提示词已经完成文生图，只需要对已生成图像做一些微调，就可以复制一个已生成图像的种子值，单击随机数种子右侧"高级设置"前的绿色图标，重用上一次的种子数，将其填入随机数种子文本框内。然后，选中"高级设置"复选框，确定变异强度为 0.3，如图 8-19 所示。变异强度越大，随机性越强，新图与原图的差别就越大。差异随机种子可以为（-1）或其他值。

图 8-19 差异随机种子设置

小　结

本项目系统介绍了 AI 绘图的基础知识,包括 AI 绘图模型的总体架构、工作流程以及应用领域。随后,详细阐述了 AI 绘图操作所需的知识准备,如五大类模型、采样器、采样迭代步数、提示词的两种写法、提示词相关性(CFG 值)和图片尺寸设置等。此外,本项目还介绍了 LiblibAI 与生图基本操作界面,包括选择文生图大模型、LiblibAI 模型选择、参数简介及简单生成图像的方法。

课 后 习 题

1. 单选题

(1)下列 AI 工具具有免费且支持用户下载部署模型的特点的是(　　　)。

　　A. Midjourney　　　　　　B. 秒画　　　　　　C. Stable Diffusion　　D. PixianAI

(2)CLIP 模型在 AI 绘图模型架构中的主要作用是(　　　)。

　　A. 将低分辨率图像转换为高分辨率图像

　　B. 为文本和图像提供联合表示,辅助生成符合文本描述的图像

　　C. 进行图像的去背景处理

　　D. 作为解码器将潜在空间中的图像特征转化为图片

(3)下列(　　　)模型负责生成图像,是 AI 绘图的核心模型。

　　A. 噪声调度器　　　　　　B. 超网络　　　　　　C. 主模型　　　　　　D. LORA 模型

(4)在 AI 绘图中,如果希望模型更加忠实地生成符合描述的图像,应提高(　　)参数的数值。

　　A. 图像尺寸　　　　　　　　　　　　　　　B. 文本向量化

　　C. 采样迭代步数　　　　　　　　　　　　　D. 提示词相关性(CFG 值)

(5)LiblibAI 的基础操作界面分为(　　　)两个主要区域。

　　A. 信息输入区和绘图选择区　　　　　　　　B. 信息输入区和参数编辑区

　　C. 模型选择区和参数编辑区　　　　　　　　D. 提示词编辑区和负向提示词编辑区

(6)ADetailer 插件的主要作用是(　　　)。

　　A. 提高采样效率　　　　　　　　　　　　　B. 提供图像宽高设置

　　C. 识别人脸和身体并进行修复　　　　　　　D. 增加图像的种子随机性

(7)以下(　　　)不是 AI 绘图平台的优点。

　　A. 创作速度快　　　　　　　　　　　　　　B. 生成高质量的图像

　　C. 所有图像都是原创的　　　　　　　　　　D. 易于使用

2. 多选题

(1)下列关于 AI 绘图的描述正确的是(　　　)。

　　A. 可以自动去除图片背景　　　　　　　　　B. 仅用于静态图片生成,不适用于视频

　　C. 能实现图像的修复和增强　　　　　　　　D. 可通过扩散模型生成图像

(2)扩散模型的核心步骤包括(　　　)。

　　A. 初始化噪声　　　　B. 正向扩散　　　　C. 逆向扩散　　　　D. 编码解码

（3）以下可以用于微调 AI 绘画主模型的权重的是（　　）。

    A.　LORA 模型   B.　噪声调度器（VAE 模型）

    C.　超网络（hypernetwork 模型）   D.　文本向量化（embedding 模型）

（4）在选择采样器时，不同采样器各具特点。下列关于采样器的描述中，正确的是（　　）。

    A.　Euler a 速度快且适合快速成图

    B.　DPM++ 2M Karras 适合细节要求较高的图像生成

    C.　DDIM 采样器生成一致性图像的效果较好

    D.　DPM++ 2M Karras 速度比 Euler a 快

（5）以下（　　）属于 LiblibAI 的基本参数设置选项。

    A.　提示词相关性引导系数   B.　图片宽高和数量

    C.　模型选择   D.　图像种子生成方式

（6）关于 LiblibAI 中提示词的作用，以下说法正确的是（　　）。

    A.　提示词用于设定 AI 生成图像的主题或内容

    B.　负向提示词可以通过"EasyNegative"减少不符合要求的图像

    C.　提示词引导系数越低，AI 生成图像的自由度越高

    D.　提示词在信息输入区进行设置，不会影响最终生成结果

3. 简答题

（1）简述 AI 绘图模型的工作流程中"扩散过程"的实现步骤及其作用。

（2）简述 CFG 值在 AI 绘图中的作用及其对图像效果的影响。

（3）请简述在 LiblibAI 中选择 CHECKPOINT 模型的步骤和作用。

4. 提示词改写

    正向提示词："A bustling cyberpunk city at night with neon lights reflecting off skyscrapers and high-tech advertisements lining the streets."（中文：夜晚繁华的赛博朋克城市，霓虹灯映照在摩天大楼上，街道两旁排列着高科技广告。），将其改写成 DeepBooru 写法。

项目 9
AI 绘图

在当今数字创意领域，利用提示词来描绘图像已成为大多数 AI 生图工具最为流行的创作手段。这些精心构思的提示词，如同魔法咒语一般，能够引导 AI 系统生成丰富多样的视觉作品，因此被众多 AI 创作者称为"咒语"。鉴于其在创作过程中的重要性，我们特别在本项目中深入探讨提示词的运用方法与技巧，帮助创作者们更好地掌握这一创新工具，激发无限创意，成就更多 AI 艺术作品。

情境引入

在一个充满创意与竞争的现代市场环境中，包装设计不再仅仅是产品外观的装饰，它更是品牌故事的讲述者，消费者情感的连接者。然而，如何在这个瞬息万变的时代中，快速且精准地捕捉到消费者的喜好，创造出既符合市场需求又具独特魅力的包装设计，成为众多企业和设计师面临的巨大挑战。

想象一下，一位包装设计客户，正面临着马年春节即将来临的紧迫任务——设计一款令人眼前一亮的马年春节礼品包装礼盒。他希望在礼盒上能够巧妙地融入马年春节的经典元素，如马的形象、红色和金色的装饰，同时又要保持设计的独特性，使其能够在众多产品中脱颖而出。然而，传统的设计流程往往耗时费力，从灵感构思到草图绘制，再到最终的设计定稿，每一个环节都需要设计师投入大量的时间和精力。

正当这位客户陷入困境时，他突然发现 AI 绘图正从一开始时的既新奇又略带些不真实，逐步变得可以商业化落地了。这项技术结合了先进的人工智能算法和稳定的图像生成模型（如 stable diffusion），通过多轮对话的方式，与用户进行深入交流，理解用户的设计需求，一步步地组织一组精确的提示词。这些提示词随后被输入图像生成模型中，自动生成符合用户需求的设计图片。

学习目标与素养目标

1. 学习目标

（1）了解腾讯元宝和 LiblibAI 等 AI 绘图平台的基本功能和使用场景。

（2）熟悉 Stable Diffusion（SD）等大模型在文生图任务中的应用原理。

（3）理解腾讯元宝创意绘图提示词的使用技巧，包括如何构建有效的对话模板和进行多轮对话测试。

（4）理解 LiblibAI 中正向和反向提示词的作用，以及提示词权重对生成图像的影响。

（5）理解如何使用下划线关联两个词成为短语，以优化图像生成效果。

（6）掌握如何根据设计需求，利用腾讯元宝平台生成精确的提示词，并输入 SD 等大模型中执行文生图任务。

（7）掌握在 LiblibAI 平台上，通过调整提示词权重、使用下划线关联短语等方法，优化图像生成结果。

（8）掌握将绘图提示词改写成适合不同 AI 绘图平台不同写法（如 DeepBooru），以拓展图像生成的应用范围。

2. 素养目标

（1）培养学生的创新思维，鼓励他们在设计过程中勇于尝试新的提示词组合和图像生成方法，以创造出独特且符合需求的作品。

（2）提升学生的问题解决能力，使他们能够面对图像生成过程中的挑战，如提示词不准确、图像效果不理想等，通过调整和优化提示词来解决问题。

（3）在进行多轮对话测试和图像生成实践时，培养学生的团队协作能力，使他们能够与 AI 平台进行有效的沟通，共同完成任务。

（4）增强学生的技术素养，使他们能够熟练掌握 AI 绘图平台的使用技巧，理解图像生成的基本原理，并能够灵活运用所学知识解决实际问题。

9.1　腾讯元宝创意绘图提示词

腾讯元宝绘图以高精度的图像生成能力和智能互动功能为核心优势。用户只需简要描述构思，元宝便能快速高效地生成精美图像，满足从专业设计师到绘画爱好者的多样化创意需求。同时，腾讯元宝还注重与用户的深度互动，通过智能反馈机制，细致倾听用户的需求并提供个性化响应，成为用户创作和生活中的可靠助理，全面提升用户的创意表达和体验感。

9.1.1　通用 AI 生成图提示词的一般应用

本次任务，搜集 AI 绘图平台信息，归纳优缺点。使用腾讯元宝、文心一言等 AIGC 工具，根据给定提示词创作简易图像，如红日、海鸥、海豚、成语意境、机器人、流体凳等多样主题。发挥创意，实践并优化 AI 绘图技术。

除了 LiblibAI 绘图之外，其他 AIGC 工具也可以实现绘图。该任务要求首先利用网络途径搜集 AI 绘图的相关信息，并对不同 AI 绘图平台的优缺点进行综合归纳；其次，需发挥创意，借助 AI 绘图技术创作一幅简易图像。任务建议和要求如下：

（1）建议分别使用腾讯元宝的创意绘图、文心一言完成 AI 绘图。

（2）绘图提示词，即绘图的画面要求如下：

①绘图要求（提示词）：海面上升起一轮红日，红霞朵朵，天空中海鸥自由飞翔，碧波中海豚欢快地跃出水面；

使用腾讯元宝的创意绘画。进入腾讯元宝首页，在"发现"|"智能体"中选择"创意绘画"，如图 9-1 所示。

图 9-1   在腾讯元宝选择"创意绘画"

在腾讯元宝的创意绘画的提示词对话编辑框输入：

> 海面上升起一轮红日，红霞朵朵，天空中海鸥自由飞翔，碧波中海豚欢快地跃出水面。

结果示例如图 9-2 所示。

图 9-2   红日、红霞、海鸥、海豚依次绘图结果

拓展：查看图 9-2，我们会发现没有"海豚"飞起。改变海豚和海鸥在文中出现的次序，让权重发生变化。输入：

> 海面上升起一轮红日，红霞朵朵，碧波中海豚欢快地跃出水面，天空中海鸥自由飞翔。

重新生成图像，应该会有海豚跃出水面，海鸥会变小的结果，图示略，自行试验。提示词在 AIGC 大模型中的词序（在提示词中的位置）会影响其被重视的程度，具体来说，词序越靠前的提示词权重越大，反之则越小。关于提示词权重的更详细表达方式，将在后续相关章节中介绍。

② 根据成语"海阔凭鱼跃，天高任鸟飞"生成图像。

使用腾讯元宝的创意绘图结果，如图 9-3 所示。

图 9-3　"海阔凭鱼跃，天高任鸟飞"生成图像

其他提示词：

【画机器人】潮流音乐动感吉他，赛博朋克可爱机器人，炫彩渐变。

【画流体凳】蓝粉色渐变流体凳，3D 渲染海洋，流淌的艺术，写实风格。

【画在故宫的猫】超广角飘雪故宫，故宫猫，可爱，细节真实。

【画可爱狗狗】画桃粉色毛茸茸的可爱狗狗，艺术构图，前景模糊的视觉效果。

【画一碗腊八粥】画寒冷飘雪腊八节，一碗热气腾腾腊八粥。

【画柿子】画大寒节气，雪地里的柿子，阳光照耀，特写镜头。

【一秒生成动漫女生头像】画一个女生的动漫头像，一个棕色长发的女生，穿着灰色的卫衣，带着一个红色的鸭舌帽，抱着一只白色的小猫，背景是在教室里。

【装修预览】我家阳台想装修，请给我画一张阳台的装修效果图，要求有落地窗。

【画油画】画一幅油画：一位年轻的女性正在家里弹钢琴，她家的窗外是美丽的花园。

【Q 版化学老师】帮我画一张化学老师的图片，Q 版，漫画风格。

【中国风】画一幅画：在大树下喝啤酒的熊猫，水墨风格，中国风，印象主义，写意，薄涂。

【二次元优雅头像】帮我画高级自信短发优雅女生头像，二次元。

【线稿风】请为我画一幅沙滩边的少年，线稿风，极致细节，高清 8K，精细刻画。

【动漫风】请为我画一幅沙滩边的少年，动漫风，唯美，柔和，二次元，厚涂，极致细节，高清 8K，精细刻画。

【创意图】帮我画鸡蛋灌饼 # 创意图。

【古风头像】帮我画古风美少女头像，黑发，面容白皙精致，发饰精美。

【创意画】帮我画一个对牛弹琴创意图。

【宫崎骏风格头像】画一幅二次元风景画，宫崎骏风格，给我当头像。

【赛博朋克头像】画一幅画：在电脑前听音乐的动漫风男孩，赛博朋克未来风格，身穿连帽衫，戴金丝眼镜，全景构图，高清。

【飒爽职业头像】画一个皮克斯风格的黑发美女在工作。

【清纯唯美少女头像】你是一名专业的原画师，请画一幅坐在咖啡厅的少女给我当头像。

【创意纸牌画】帮我画一幅：创意扑克牌，上面印着戴王冠的猫。

【唯美建筑画】画一幅画：长曝光，绝美，风景，街拍，洛可可风，剧场光效。

【精美工艺画】画一幅画：黄金材质的凤凰，细节丰富，怀旧漫画风。

【山水画】画一幅山水画，大概的意境是：夜里，戈壁滩，胡杨林，茫茫白雪，庆祝的人群点着篝火。

9.1.2　腾讯元宝绘图提示词的使用技巧

使用腾讯元宝绘图提示词时，掌握以下技巧能让创作更加得心应手。

首先，描述对象特征是关键。在输入提示词时，应详尽描绘对象的颜色、形状、纹理等特性，比如"一个身着汉服、梳着丸子头的小女孩，正慵懒地坐在椅子上，背靠窗户，眼神中带着几分未醒的朦胧，整体风格治愈，背景简洁无复杂元素"（CLIP 写法），这样的描述能生成独具风格的插画。

其次，选择合适的模型和风格同样重要。根据所需的艺术作品类型，精心挑选模型和风格。例如，"采用通用 v1.4 模型，保持精细度默认 30 不变，尺寸设定为 3：4"，即可打造出具有中式特色的插画。

再者，利用腾讯元宝提供的多种 AI 工具进行创意拓展也是一大亮点。如百变 AI 头像和创意贴贴贴等工具，用户可以根据实际需求选择，进一步丰富创作内容。

通过熟练运用这些技巧，用户能够更精准地运用腾讯元宝进行绘图创作，实现多样化的艺术表达，让作品更加出彩。

9.1.3　绘图提示词对话模板示例

AI 绘图提示词的一般模板格式，可以总结为：

画一幅画（前缀，必要）：主体描述词（必要）+ 细节描述词（非必要）+ 风格描述词（非必要）。

请注意，提示词不要使用很长的句子，尽量将单个描述词作为"一句"，用逗号隔开。

提示词示例 1：

> 绘制画作（前缀，必要）：
>
> 主体描述词（必要）：山川，流水
>
> 细节描述词（非必要）：巍峨山峰，潺潺小溪，云雾缭绕，绿树成荫
>
> 风格描述词（非必要）：水墨风格，意境深远

提示词示例 2：

> 画一幅画：可爱的女孩，站在金黄色的月亮下，手拿月饼，旁边有兔子，桂花树，精致细节，武侠风，可爱，萌，3D 渲染，极致细节，电影特效，光线追踪，粒子特效，质感细腻，唯美二次元

腾讯元宝绘图结果如图 9-4 所示。

图 9-4　腾讯元宝绘图结果

9.1.4　腾讯元宝的多轮对话测试

本次任务将测试腾讯元宝的多轮对话功能，通过模拟客户与 AI 设计师的互动，为春节礼品包装礼盒生成并优化设计提示词，最终输出满意的个性化图片。

我们为一位包装设计客户进行了腾讯元宝的绘图演示，但客户希望借助腾讯元宝的多轮对话功能，实现类似智能客服的互动体验。通过这种方式，系统能与用户深入交流，生成精准的提示词，并将其输入 SD（stable diffusion）等大模型，完成图像生成。这一流程旨在为客户提供更智能化、个性化的包装设计服务。以下为与腾讯元宝的交互过程。打开腾讯元宝网站，在"元宝"下，输入提示词：

> 客户：我希望你能扮演一个 AI 设计师，我们会进行对话，我来告诉你我想设计的东西，你来给我输出一组生成图片的提示词，我们可以进行多轮对话。如果我说了一些和设计无关的问题，你可以回答不知道。那么我第一个问题是"我这边需要你帮我做一次图片设计，好吗？"

元宝回答如下：

> 元宝：当然可以帮您做图片设计！请告诉我您想要设计什么风格的图片？以及您希望图片中包含哪些元素或主题？

多轮对话开始交互过程如图 9-5 所示。

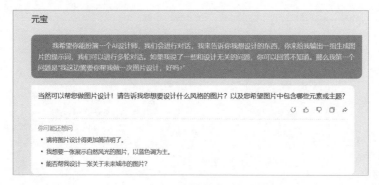

图 9-5　多轮对话开始

我们需要在农历的马年为春节设计一个礼品包装礼盒。在元宝界面，客户输入：

客户：我要做一个马年春节的礼品包装礼盒，上边需要有马到成功字样，有一串鞭炮，主色调是红色的。

元宝反馈图形如图 9-6 所示。

图 9-6　元宝反馈图形

看了上面的图示，没有让人感到满意的。于是，回到"元宝"界面，客户继续输入：

客户：我需要的是一组针对我描述的马年春节礼品包装礼盒的图片生成提示词。

元宝给出相应提示词如下：

产品名称：马年春节礼品包装礼盒

提示词：
1. *红色礼盒*
2. *中国年*
3. *马年*
4. *传统节日*
5. *龙舞*
6. *古建筑*
7. *祥云*
8. *金色的装饰*
9. *春节元素*

10. 水果背景（柿子）

11. 插画风格

12. 高档礼品包装

13. 绳子手提设计

14. 喜庆氛围

15. 文化特色

　　这些提示词可以帮助你生成一张符合你需求的马年春节礼品包装礼盒的图片。希望对你有所帮助！

　　跟着上面的回答，还有"你可能还想问"的提示，如图9-7所示的提示。

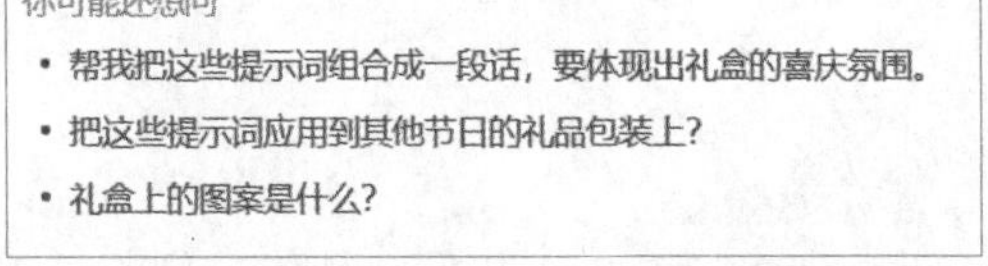

你可能还想问
• 帮我把这些提示词组合成一段话，要体现出礼盒的喜庆氛围。
• 把这些提示词应用到其他节日的礼品包装上？
• 礼盒上的图案是什么？

图 9-7　元宝回答与其他提示

　　选择"帮我把这些提示词组合成一段话，要体现出礼盒的喜庆氛围。"

　　元宝：这款马年春节礼品包装礼盒以鲜艳的红色为主色调，充满了浓厚的喜庆氛围。礼盒设计融合了中国传统元素，如古建筑、祥云和龙舞，展现出独特的文化特色。金色的装饰点缀其中，使整个礼盒显得更加高档典雅。礼盒上还巧妙地融入了马到成功的字样和一串鞭炮的图案，寓意着新的一年里事业有成、好运连连。此外，礼盒采用插画风格，水果背景的柿子元素更添一份吉祥如意。手提部分则巧妙地运用了绳子设计，既实用又美观。这款礼盒无疑是春节期间送给亲朋好友的最佳选择，传递出满满的祝福与喜悦。这组提示词将确保生成的图片中融入马年春节的特色元素，呈现出浓厚的节日氛围和吉祥寓意。希望这能满足你的需求！如有其他要求，请随时告知。

视频
腾讯元宝的多轮对话测试

　　客户：帮我把这段描述再简化一些。

　　元宝：这款红色马年春节礼盒，以金色装饰点缀，融合传统元素与马到成功字样，寓意新年好运。插画风格搭配柿子背景，喜庆且典雅，是理想的节日礼物。

　　选择腾讯元宝的"绘画创意"，输入提示词，并选择风格中的"童话世界风格"、比例为 16∶9，分辨率为"超清"，如图9-8所示。

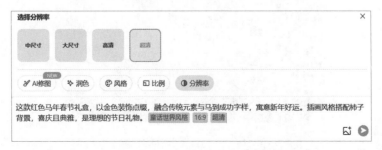

图 9-8　选择"绘画创意"的风格、比例和分辨率

元宝生成图片如图 9-9 所示。

我们发现，缺少了一点绿意，去掉"插画风格搭配柿子背景"改为"周围有青松和翠竹，背景为绿色。点缀白色雪花和金色光点"，重写提示词（风格、比例、分辨率同上不变）：

图 9-9 "童话世界风格"春节礼品礼盒

客户：这款红色马年春节礼盒，礼盒上要有马的形象，以金色装饰点缀，融合传统元素与马到成功字样，寓意新年好运。红色礼品盒饰有金色丝带和蝴蝶结，周围有青松和翠竹，背景为绿色。点缀白色雪花和金色光点，整体温馨且具节日氛围。童话世界风格 16 : 9 超清。

再次生成 4 张图供选择，生图结果如图 9-10 所示。

图 9-10 有丝带装饰的礼盒

选择其中的一幅比较满意的图片如图 9-11 所示。

图 9-11　选中其中一幅图片

9.2　LiblibAI 提示词

在之前的学习中我们了解到，LiblibAI（哩布哩布 AI）是一个基于 Stable Diffusion 的 AI 绘画模型资源平台，提供了 Stable Diffusion WebUI 的图像生成可视化界面。LiblibAI 的提示词编写遵循 Stable Diffusion 的基本规则和要求。那么，究竟什么是 Stable Diffusion 呢？

9.2.1　Stable Diffusion

Stable Diffusion（稳定扩散，SD）是一种先进的生成扩散模型，能够创建高质量的图像，是目前主流的 AI 图像生成模型之一。

1. 定义与起源

Stable Diffusion 起源于对图像生成技术的不断探索和创新，由慕尼黑大学的 CompVis 研究团体开发。该模型通过学习大量的图像数据，能够根据用户提供的提示词生成逼真或富有创意的图像。Stable Diffusion 于 2022 年发布，并迅速成为 AI 绘画领域的热门工具。

Stable Diffusion 实际上是 Diffusion 模型的一种改进版本，其核心目的在于解决 Diffusion 模型在图像生成过程中的速度问题。Stable Diffusion 原先的名称是 Latent Diffusion Model（简称 LDM），这一命名直观地揭示了其扩散过程发生在隐空间（latent space）中的特性。在隐空间中进行扩散，实质上是对原始图片数据进行了一种压缩处理，这种压缩操作显著提升了 Stable Diffusion 相较于传统 Diffusion 模型的运算速度，从而使其在图像生成任务中更加高效。

2. 工作原理

Stable Diffusion 的工作原理主要基于 LDM 实现的文本到图像（text-to-image）生成模型。其工作过程包括初始化、扩散过程和反向扩散三个主要阶段：

（1）初始化：Stable Diffusion 的起始点是一个随机噪声，这个噪声通过一系列的变换，逐渐接近并最终生成我们想要的图像。这个初始化的随机噪声可以理解为图像的一种潜在表示（latent representation）。

（2）扩散过程：在扩散过程中，模型会将噪声逐渐向原始数据集的中心值靠近。这个过程中，模型会学习到数据的分布特性，以及如何将噪声变换为符合这种分布的数据。

（3）反向扩散：与扩散过程相反，反向扩散过程则是将噪声逐渐变换为我们想要的图像。这个过程中，模型会根据学习到的数据分布特性，对噪声进行逐步的变换和调整，最终生成符合我们需求的图像。

值得注意的是，Stable Diffusion 中的扩散过程与反向扩散过程都是通过参数化的马尔可夫链（Markov chain）来实现的。这使得 Stable Diffusion 具有极高的灵活性和可定制性，可以根据不同的需求进行调整和优化。

3. 特点

Stable Diffusion 模型具有以下几个显著特点：

（1）高质量图像生成：通过逐步揭示图像中的细节和纹理，Stable Diffusion 可以生成逼真的图像，包括自然景观、人脸、艺术作品等。

（2）高度稳定性：Stable Diffusion 通过引入一个新的稳定性系数来控制模型的稳定性，从而避免了 Latent Diffusion 中出现的不稳定性问题。

（3）高效性：Stable Diffusion 通过使用更小的 batch size（即批次大小，是指在训练深度学习模型时，每次输入模型中的样本数量）和更少的步骤来训练模型，从而提高了训练速度。虽然生成样本的速度可能会变慢，但整体效率仍然较高。

（4）多样性：Stable Diffusion 生成的样本具有高质量和多样性等特点，能够满足不同用户的需求。

Stable Diffusion 作为一种基于扩散过程的图像生成模型，在图像生成质量和应用灵活性方面具有显著优势。随着技术的不断发展和改进，Stable Diffusion 有望在更多领域取得突破和应用。

9.2.2　LiblibAI 常用的正向和反向提示词

LiblibAI 是专用的在线绘图 AI 工具，有了这样的在线工具，我们就可以避免在本地安装 Stable Diffusion 和 ControlNet 插件，也可以使用 AI 绘图。LiblibAI 提示词包括正向和反向两部分。

1. Stable Diffusion 提示词书写格式

SD 书写格式如图 9-12 所示。包括人物特征、场景特征、环境光照、画面视角，还有画质和画风。

（1）人物特征。如果在 SD 生成人物，第一部分必须交代清楚人物特征，以及服饰穿搭、发型发色、五官特征、面部表情、肢体动作等。一个人物要写得越详细生成的图才更接近我们需要的。比如：一个提示词是"男生打篮球"，另一个提示词是"中分发型，穿着背带裤，打篮球"，前一个提示词我们可能都不能确定是一个人还是一群人打篮球，是大学生，还是小孩子打篮球；后一个表述，当三个关键词写完，我们马上就意识到是一个人打篮球。AI 亦如此，它也需要关键的风格特征，才能生成合适的图像。

图 9-12　SD 提示词书写格式

（2）场景特征。在什么环境下打篮球。是室内篮球场,还是室外篮球场。篮筐是什么颜色,如果是室内,那么聚光灯是什么颜色,是木地板,还是橡胶地板,这些局部特征要准确地描写清楚。

（3）环境光照。白天黑夜,春夏秋冬,天气情况,天空中是什么云（乌云、卷云、积卷云、万里无云）。

（4）画面视角。打篮球是背对镜头,还是正对镜头,抑或 3/4 的身体角度等;还有俯视镜头、仰视镜头、微缩镜头等。

最后,还有画质提示词和画风提示词。画质一般有"高画质、高分辨率、低分辨率、海报"等关键词可选择;画风是具体某一个艺术家的风格,一般有"插画、水墨画、二次元、写实系、3D 渲染、毕加索风格"等关键词可选择。

提示词之间必须是英文的逗号 + 空格,比如 :1 girl, best。（逗号后有空格,LiblibAI 可以在生图前于逗号后自动增加空格）

如果一幅图生成得不准确,一半以上的原因是提示词的关键词不清晰、不准确造成的。

2. 正反向提示词

SD 提供正反向两个提示词输入,正向提示词旨在引导模型向一个积极、肯定或期望的方向生成内容。这些提示词通常包含明确的指示或请求,以激发模型生成符合特定要求或目标的输出。反向提示词则用于引导模型考虑与正向提示词相反或相对的情况。这些提示词有助于揭示潜在的问题、挑战或负面因素,从而提供更全面的分析或建议。

（1）正向提示词:引导模型在生成图像的过程中创作出用户希望在图像中看到的具体内容。通用的正向提示词见表 9-1。

表 9-1　通用正向提示词

提示词（中文）	提示词（英文）	描　　　述
杰作	masterpiece	期望生成的作品具有极高的艺术价值、独有性和精湛的工艺
高清、超高清、4K/8K 分辨率	HDR, UHD, 4K, 8K	提升画面的质量
最佳质量	best quality	最佳质量
高细节度	highly detailed	画出更多细节
工作室照明	studio lighting	演播室灯光,为图像添加漂亮的纹理
清晰聚焦绘画	sharp focus	聚焦清晰

续表

提示词（中文）	提示词（英文）	描　述
专业	professional	改善图像的色彩对比和细节
鲜艳的色彩	vivid colors	添加鲜艳的色彩，为图像增添活力
博克	bokeh	虚化模糊背景，突出主题
高分辨率扫描	high resolution scan	为图像赋予年代感
草图	sketch	素描
绘画	painting	绘画

正向提示词例子：

沙丘，没有人，云，天空，户外，风景，粉红色的天空，多云的天空，田野，山，粉红色的花，粉红色的主题杰作，最好的质量，8k，高分辨率，高品质

（2）负向提示词：使用负面提示词可以明确指出生成图像时应避免或者排除的内容。通用的负面提示词见表 9-2。

表 9-2　通用负面提示词

提示词（中文）	提示词（英文）	描　述
低画质	lowquality	避免生成低质量图像
模糊	blurry	图像模糊不清
nsfw	nsfw	排除不适合的敏感内容
坏的解剖结构	bad anatomy	生物结构错误
变异的手和手指	mutated hands and fingers	变异的手和手指
额外 / 缺失肢体	extra/missing limb	多余 / 缺少肢体
画得不好的脸	poorly drawn face	脸部画得不好
焦点不集中	Out of focus	脱离焦点
无背景	no background	排除复杂或不希望的背景
颗粒状	grainy	避免有颗粒感的图像
复制品	duplicate	防止生成重复的图案或元素

通用反向提示词：

NSFW, (worst quality:2), (low quality:2), (normal quality:2), normal quality, ((monochrome)), skin spots, skin blemishes, age spot, (ugly:1.331), (duplicate:1.331), (morbid:1.21), (mutilated:1.21), mutated hands, (poorly drawn hands:1.5), blurry, (bad anatomy:1.21), (bad proportions:1.331), extra limbs, (disfigured:1.331), (missing arms:1.331), (extra legs:1.331), (fused fingers:1.61051), (too many fingers:1.61051), (unclear eyes:1.331), lowers, bad hands, missing fingers, extra digit,bad hands, missing fingers, (((extra arms and legs))),

中文翻译：

NSFW，（质量最差:2），（质量低:2):1.331）、下蹲、手部受伤、手指缺失、手指过多、手部受损、手指缺失（（（额外的手臂和腿）））

反向提示词中的 NSFW 是"Not Safe For Work"的缩写，意思是"不适合在工作场合查看"。在反向提示词中使用 NSFW，可引导 AI 或相关系统避免生成或展示一些不适宜的信息。反向提示词中还有权重的表达，将在下一节详解。

对于反向提示词，可以通过"负向提示词"右侧的橘色按钮保存，然后，通过预设选择保存的反向提示词，以供反复使用，如图 9-13 所示。正向提示词没有保存功能。

图 9-13　保存负向提示词

3. 绘图提示词内容分析

总结上述说明，提示词内容可以大致分为两大类，分别是细节描述和生图标准。

细节描述主要是对整体画面内容进行书写，主要分为：人物主体特征，如服饰、发色、五官、面部、动作等；场景特点，如室内环境、室外环境、整体场景的描述、内部细节的描述等；场景的设定，如白天、夜晚、天气、光线方向等，同时也可以在前面加入一些形容词，如 beautiful、happy，让整个画面的描述带有一定的感情色彩。

而生图标准主要是指对于有关图片质量产出的标准进行提示词书写。主要为画质，例如 8K、高分辨率、清晰等提示词，以及画风，例如动漫、彩绘、写实、抽象等决定画面风格的提示词。

9.2.3　提示词权重设置

提示词权重是指生成图像时每个提示词对结果影响的程度或重要性。提示词之间应使用英文逗号分隔，换行书写时每行末尾也需加逗号。每个提示词的默认权重为 1，即影响程度均等，且位置越靠前，权重越高。通常建议所有提示词的总量不超过 75 个英文单词，以确保生成效果最佳。

1. 权重设置规则

设置权重可以影响提示词在生成图像过程中的重要性或影响力。在权重设置方面，我们可以使用不同的符号来调整提示词的权重，具体规则如下：

（1）小括号 ()：将提示词的权重提高到 1.1 倍。例如，(word) 的权重为 1.1，而 (((word))) 的权重则为 1.331（即 1.1 的三次方），依此类推。

（2）中括号 []：将提示词的权重降低到原来的 0.9。例如，[word] 的权重为 0.9，而 [[[word]]] 的权重则为 0.729（即 0.9 的三次方），按照此规律递减。

（3）大括号 {}：将提示词的权重提高原来的 1.05 倍。例如，{word} 的权重为 1.05，而 {{{word}}} 的权重则为 1.15725（即 1.05 的三次方），依此类推。

此外，小括号还可以直接设置具体的权重值。例如，(word1:1.5) 表示将 word1 的权重设置为 1.5，(word2:0.3) 则表示将 word2 的权重设置为 0.3，这种方式可以更精确地控制不同提示词在生成内容中的影响程度。

2. 权重操作示例

⌖ Step 1　登录 LiblibAI 平台，进入文生图界面，任选一个主模型，比如 CHECKPOINT 选择"麦橘写实"，其他参数默认，提示词输入："超高分辨率，8K，漫画风，相机取景框，一个男子，奔跑，黑色头发，橙色太阳，蓝色天空，"，反向提示词默认，如图 9-14 所示。

于是，生成图片如图 9-15 所示。

图 9-14   输入提示词生成一个男子跑步的图片

一般流程：先把要描述的画面写下生成一次，根据生成结果边试边改掉不满意或遗漏的描述，要强调的概念用（×××：1.×）语法形式来提升权重，其中 ××× 是你要强调的词，1.× 代表要提升的比例，权重取值范围 0.4 ~ 1.6，权重太小容易被忽视，太大容易拟合图像出错。

Step 2   增加跳跃，并且加强其权重，同时适当增加分辨率和取景的权重，修改后的提示词："(超高分辨率)，8K，漫画风，((相机取景框))，一个男子，(跳跃中 :1.5)，奔跑，黑色头发，橙色太阳，蓝色天空"。

于是图像变为图 9-16 所示。

图 9-15   奔跑的男子

图 9-16   跳跃权重为 1.5

Step 3   跳跃的幅度太大了，似乎还有点变形了。将跳跃权重改为 0.8 之后，生图如图 9-17 所示。

Step 4   提示词之间是可以换行的，我们可以利用这一特性让提示词看起来更清楚，但换行时不能忘记在单词后加逗号。提示词分行输入：

高质量，杰作，
花园，红花，
（蓝色花：1.4)、黄色花，

在 LiblibAI 分行输入提示词如图 9-18 所示。

图 9-17　跳跃权重为 0.8

图 9-18　分行输入提示词

生成的图像几乎见不到蓝色的花朵，如图 9-19 所示。

👆 Step **5**　将蓝色花的权重改为 1.4，几乎都是蓝色花朵，如图 9-20 所示。

图 9-19　蓝色花权重为 0.4

图 9-20　蓝色花权重为 1.4

9.2.4　使用下划线关联两个词成为短语

在 AI 绘图中，特别是在使用像 Stable Diffusion 这样的文本到图像生成模型时，提示词（或称为 prompt）的撰写对于生成图像的质量和风格至关重要。在提示词中使用特定的格式或符号，如 word1_word2，能让词与词之间更紧密地关联在一起，确实可以对词与词之间的关联产生影响，但具体效果可能因模型、训练数据和实现方式的不同而有所差异。

在 LiblibAI 在线绘图中，想让 AI 生成一个咖啡蛋糕，如果不加下划线它很可能理解不了，会出现单独的咖啡蛋糕，但是加了下划线后它就理解得更好了。分别使用提示词"a plate of coffee cake"（一盘咖啡蛋糕）和"a plate of coffee_cake"生成两幅图像。结果对比如图 9-21 所示，左边图没有关联，蛋糕中没有加任何别的东西；右边图使用了单词关联，将咖啡元素融入蛋糕中（注意，不是旁边那一杯咖啡）。具体操作自行到 LiblibAI 平台实现。

（a）a plate of coffee cake　　　　（b）a plate of coffee_cake

图 9-21　使用下划线关联两个词的结果对比

9.2.5　绘图提示词书写示例

使用规范的提示词书写格式可以让描述简洁明了，更有利于 AI 理解提示词的含义和关系。

1. 创意画作提示词规范书写示例

选择不同的 CHECKPOINT 模型就会生成不同的图像效果。此时在 CHECKPOINT 模型选择一种大模型算法。比如要画一幅高质量、具有大师级水准的插画，接近照片级真实感（特别是 1.1 倍的逼真度增强）。画面中是一位高挑优雅、拥有白色长发和机械化身体的女孩的全身像，她以动态的姿态站立在一个未来科幻的机械化背景中，周围环绕着光环和发光圆盘，脸上映照着光线，同时拥有一对猫耳，整体画面极具视觉冲击力和艺术感。

进入 LiblibAI 主页，编辑提示词。正向提示词内容分析：

画面风格、质量:(masterpiece,best quality),(realistic, photo-realistic:1.1),ultra detailed,illustration,【中文:（杰作，最佳品质），（写实，照片级:1.1），超细节，插图，】

人物细节: 1girl,solo,(full body:1.3),extremely detailed eyes and face,white hair,long hair,Mecha,Mechanical body,dynamic posture,Tall and elegant,(Red | black theme:1.5)【中文: 1 个女孩，单独的，（全身:1.3），极其细致的眼睛和脸，白发，长发，机器人，机器人的身体，动态的姿态，高大优雅，（红 | 黑主题:1.5），】

画面背景：Mechanical,(black background:1.1),[Technological background:0.9],Gorgeous,【中文：机器人，（黑色背景：1.1），[技术背景：0.9]，华丽，】

修饰性元素：halo,behind the luminous disc,light on face,science fiction,environment mapping,cat ear,【中文：光环，发光盘后面，脸上的光，科幻小说，环境测绘，猫耳朵，】

负面提示词默认，或输入"EasyNegative"即可。

提示词输入操作如图 9-22 所示。

图 9-22 创意画作提示词输入

绘图结果如图 9-23 所示。

图 9-23 猫耳朵机械女孩

以这张图为例，十几行长度的提示词虽然看上去繁多，但是我们把它分类拆开，就会发现不同的提示词主要描绘了画面风格、画面质量、人物细节、画面背景和一些修饰性元素。你在生图的过程中，也可以试着仿照他的形式，把细节描述和生图标准的提示词类别以词组化的形式填写进去。

词组化的好处就在于当你想修改画面某处的细节时，不需要重新组织语言。只需要将原来的词组替换为所需词组，画面就会随着词组更改而变化。

提示词的另外一个部分就是负向提示词，它决定着你不希望画面中出现什么内容。如果你实在想不出在负向提示词写点什么，可以试着加入一些常识性的提示词，如低画质、额外的脚、缺少手指等，然后再根据你的图片产出重新将不希望出现的画面加入负向提示词中。

需要注意的是 AI 提示词的书写都是英文，Liblib 已上线的自动翻译功能为我们提供了另一种选择，在文本框中直接输入中文提示词即可自动翻译成英文，从此摆脱编写英文的困扰。

2. 加入自己选择的模型库，在新模型基础上提示词生图示例

在 LiblibAI 首页中搜索"人像光影"模型库，单击"加入模型库"按钮，如图 9-24 所示。

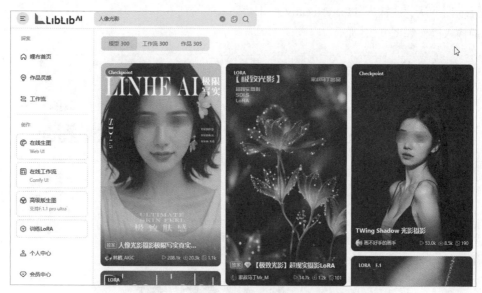

图 9-24　选择一个人像光影模型加入 CHECKPOINT 模型库

然后再单击"立即生图"按钮，可以在生图界面的 CHECKPOINT 大模型下出现"人像光影摄影极限写实真实感大模型 _V2.6.1.safetensors"，如图 9-25 所示。

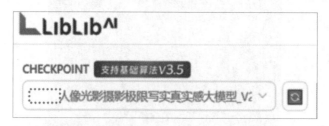

图 9-25　"人像光影"模型已加入模型库

在提示词框中输入这段正向提示词：

1girl, white_skin, glamor, oval face,hime cut, wedding_dress, smile, hair_twirling, looking_at_viewer, in summer,huge cloud,(moody lighting:1.1), available light, rich details, advanced texture, excellent photography,

中文：一个女孩，白色 _ 皮肤，魅力四射，椭圆形脸，姬发式，婚纱礼服，微笑，绕发旋转，望向观众，在夏天，巨大的云，（忧郁的照明：1.1），可用的光照，丰富的细节，先进的纹理，出色的摄影。

负向提示词（如果觉得负面提示词太多，直接使用文本向量化中的"easynegative"替代，当感到生成的图像有问题时，再增加相应负面提示词做一些限制）：

NSFW,bad anatomy,low quality,bad proportions,grayscale,worstquality,bad body,long body,(fat:1.2),long neck,deformed,mutated,malformed limbs,bad hands,mutated hands and fingers,missing limb,malformed hands,poorly drawn hands,mutated hands,extra arms,extra limb,disconnected limbs,ugly,missing fingers,floating limbs,extra legs,bad feet,cross-eyed,too many fingers,fused fingers,easynegative,badhandv4,Bybadartist,bad-hands-5,ng_deepnegative_v1_75t,negative_hand,AS-YoungV2-neg,BadDream,verybadimagenegative_v1.3,FastNegativeV2,BadNegAnatomyV1-neg,

中文（主要部分）：NSFW，解剖结构不好，质量低，比例不好，灰度，质量最差，身体不好，身体长，（脂肪：1.2），脖子长，变形，突变，四肢畸形，手不好，手和手指突变，肢体缺失，手畸形，画得不好的手，突变的手，额外的手臂，额外的肢体，断开的肢体，丑陋，缺失的手指，浮动的肢体，额外的腿，坏脚，斗鸡眼，太多的手指，融合的手指，easy否定。

在LiblibAI提示词编辑区中输入中文，将提示词翻译为英文或直接单击"开始生图"按钮，如图9-26所示。

图9-26 提示词输入

输出绘图结果如图9-27所示。

图9-27 基于人像光影写真CHECKPOINT大模型生成的图像

关于 AI 绘图提示词的书写是一门非常重要的课程，如果你想更细致地理解这些提示词的作用和他们的含义，那就须深入了解各 AI 绘图工具的模型构成原理。

9.3　拓展任务：提示词改写

任务描述：使用 AI 绘图模型生成一张具有"赛博朋克"风格的城市夜景图像。

（1）正向提示词："夜晚繁华的赛博朋克城市，霓虹灯映照在摩天大楼上，街道两旁排列着高科技广告。A bustling cyberpunk city at night with neon lights reflecting off skyscrapers and high-tech advertisements lining the streets。"

（2）模型：自选

（3）图像分辨率：1 024×768 像素，生成高清图像。

（4）采样器：要求采样效果好，采样结果趋于稳定。

（5）迭代步数：根据选择的采样器以及创作需求设置合适的采样迭代步数。

（6）色彩饱和度：高，使图像色彩更加鲜明。

（7）分析生成的图像是否符合预期，并提出改进建议。

（8）实现提示：

① 提示词改写。将正向提示词改写为更加详细、具有描述性和富有想象力的风格（CLIP 写法），以更好地引导 AI 生成图像模型（如 Stable Diffusion、DALL-E 等）创建出符合期望的图像。改写后的正向提示词，目的在于通过更加丰富、细致且富有诗意的语言，来激发 AI 图像生成模型的创造力，从而生成更加生动、具体且符合赛博朋克风格的夜晚城市景象。因此，可以做如下描写：

> 在深邃的夜幕之下，一座赛博朋克风格的都市熠熠生辉，摩天大楼群仿佛穿戴上了霓虹编织的华服，每一道光束都是对未来的颂歌。街道两侧，高科技广告牌如忠诚的守护者，井然有序地排列，用光与影的交响，演绎着这个时代的无限可能与梦幻。这不仅仅是一座城市，它是科技与幻想交织的梦境，每一刻都在闪烁着引人入胜的赛博光辉。

注意：提示词并没有严格、固定的格式或规则，它更多是一种富有想象力和描述性的写作方式。因此，在改写提示词时，可以根据个人喜好和期望的图像效果进行灵活调整。

你会如何改写呢？请写一篇试一试。

② 平台操作。进入 LiblibAI 首页，搜索"Dream Tech XL | 筑梦工业 XL"，选择合适的图像模型，加入模型库，立即生图。如果对生成的图像不满意，还可以选择不同的默认 CHECKPOINT 模型，进行图像对比。

③ 增加图像的画面元素。如果感到生成的图像街道有点空旷，可以增加"A lady stands behind a sports car,"（一位女士站在一辆跑车后面，）提示词试一试。

④ 对于不熟悉提示词书写的同学，还有一个简便的方法供参考，进入 LiblibAI"哩布首页"，搜索自己喜欢的图像，或从"作品灵感"进入，点进某张图就能看见详情页，包括模型作者情况、详细的正向和反向提示词（Prompt）、引用模型、图片尺寸、采样方法、迭代步数、提示词引导系数、作者的说明等。

找到该图像的提示词复制，在此基础上做修改，形成自己需要的提示词。当然，有些图片作者不公布提示词，自然无法借鉴生成。

小　结

本项目深入探讨了 AI 绘图提示词的编写技巧，包括腾讯元宝创意绘图提示词的使用、对话模板示例及多轮对话测试。同时，详细介绍了 LIBLIBAI 提示词的相关知识，如 Stable Diffusion、正向和反向提示词、提示词权重以及使用下划线关联短语等。通过拓展任务，学习者能够掌握如何编写高效、精准的 AI 绘图提示词，提升绘图质量和效率。

课 后 习 题

1. 单选题

（1）在使用腾讯元宝进行绘图时，描述对象特征时应注意（　　　）。

　　A. 描述尽量简洁，不需详细　　　　　　　　B. 描述对象的颜色、形状和纹理等特性

　　C. 只需要描述对象的主题　　　　　　　　　D. 使用复杂的长句描述

（2）LiblibAI 是基于（　　　）模型的在线绘图 AI 工具。

　　A. Diffusion Model　　　　B. GAN　　　　C. Stable Diffusion　　D. VAE

（3）Stable Diffusion 的起始点是（　　　）元素。

　　A. 真实图像　　　　　　　　　　　　　　　B. 随机噪声

　　C. 预先训练的数据集　　　　　　　　　　　D. 用户输入的图像

（4）在将正向提示词改写为 DeepBooru 风格时，主要的目标是（　　　）。

　　A. 降低图像的色彩饱和度　　　　　　　　　B. 使提示词更加简洁

　　C. 使用更加描述性和富有想象力的语言　　　D. 减少细节的描述

（5）Stable Diffusion 模型的原始名称是（　　　）。

　　A. Stable Generative Model　　　　　　　　B. Latent Diffusion Model

　　C. Enhanced Diffusion Model　　　　　　　D. Generative Adversarial Network

2. 多选题

（1）使用腾讯元宝绘图提示词时，可以帮助创作的技巧包括（　　　）。

　　A. 具体描述对象特征　　　　　　　　　　　B. 忽视用户互动

　　C. 选择合适的模型和风格　　　　　　　　　D. 利用多种 AI 工具进行创意拓展

（2）在多轮对话中，客户与腾讯元宝可以进行的互动包括（　　　）。

　　A. 客户描述设计需求　　　　　　　　　　　B. 元宝提供生成提示词

　　C. 元宝解答与设计无关的问题　　　　　　　D. 客户可以请求修改描述

（3）Stable Diffusion 模型具有的显著特点包括（　　　）。

　　A. 高质量图像生成　　　B. 高效性　　　　C. 高度稳定性　　　D. 低效性

（4）在撰写提示词时，必须明确描述的要素包括（　　　）。

  A．人物特征   B．场景特征   C．个人的喜好   D．环境光照

（5）以下在生成赛博朋克风格的城市夜景图像时需要考虑的要素包括（　　　）。

  A．图像分辨率   B．色彩饱和度   C．采样器选择   D．画面元素的数量

（6）Stable Diffusion 模型的主要特点包括（　　　）。

  A．生成高质量图像   B．稳定性高

  C．需要大量计算资源   D．生成样本多样性高

（7）Stable Diffusion 的工作原理主要包括（　　　）。

  A．初始化   B．训练   C．扩散过程   D．反向扩散

3．简答题

（1）简述使用腾讯元宝绘图的提示词模板及其使用技巧。

（2）请简述 Stable Diffusion 的工作原理，包括初始化、扩散过程和反向扩散三个主要阶段，及其生成图像的过程。

项目 10
AI 图像生成图像

AI 绘图中除文生图之外，还有基于 AI 的图像生成技术的图生图方式。图生图是指从一张或一系列图像出发，通过 AI 技术生成新的图像的过程。这包括图像风格迁移、图像增强、图像修复等。其工作原理是：用户上传原始图像，AI 系统通过分析和学习这些图像的特征，然后根据用户设定的参数或提供的文本描述，生成风格化、修复或增强后的新图像。

情境引入

在一个阳光明媚的午后，你正在网上冲浪，无意间发现了一张令人心旷神怡的"夏日海滩"照片。照片中，金色的沙滩细腻柔软，清澈的蓝天仿佛触手可及，明媚的阳光洒在一位女子的身上，她正悠闲地坐在一张椅子上，享受着海风的轻拂和阳光的沐浴。

然而，你的想象力并未止步于此。你开始幻想，如果在这片夏日的海滩上，突然出现了一座巍峨的雪山，那将会是一幅多么震撼人心的画面！而更令人兴奋的是，你还希望将照片中女子所坐的椅子，巧妙地替换成一座用沙子堆成的城堡，让整张照片充满童话般的奇幻色彩。

你深知，这样的场景在现实中难以实现，但在这个 AI 技术飞速发展的时代，一切都充满了可能。于是，你决定利用最新的 AI 图像生成技术，将这个想法变为现实。

学习目标与素养目标

1. 学习目标

（1）了解 LiblibAI 图生图的基本概念及其在图像生成领域的应用。

（2）认识图生图任务的基本流程，包括上传图片、编写提示词、设置参数等步骤。

（3）知道 Inpaint Anything 插件的基本功能及其在图像修复和优化中的作用。

（4）理解图生图任务中正向提示词和负向提示词的作用及其对生成结果的影响。

（5）理解 LoRA 模型的基本原理及其在图像生成中的应用优势。

（6）掌握图生图任务中图像参数设置（如重绘幅度、迭代步数等）对生成结果的影响。

（7）掌握 LiblibAI 图生图功能的实际操作，能够独立完成从上传图片到生成新图片的全过程。

（8）熟练使用 Inpaint Anything 插件进行图像修复和优化，提升图像质量。

（9）掌握 LoRA 模型的使用方法，包括加载预训练模型、调整模型参数等，以生成符合个人需求的图像。

（10）能够根据实际需求，设计合理的提示词和参数设置，生成具有特定风格和特征的图像。

2．素养目标

（1）创新思维：通过学习和实践 LiblibAI 图生图技术，培养学生的创新思维和想象力，鼓励他们在图像生成领域进行探索和尝试，创造出具有独特风格的图像作品。

（2）问题解决能力：通过解决图生图任务中遇到的各种问题（如提示词编写不当、参数设置不合理等），培养学生的问题解决能力和批判性思维，使他们能够独立思考并找到有效的解决方案。

（3）技术应用能力：通过学习和实践 LiblibAI 图生图技术及其相关插件和模型，培养学生的技术应用能力，使他们能够将所学知识应用于实际工作和生活中，解决实际问题。

（4）团队协作与沟通：在拓展任务中，鼓励学生进行团队协作，共同完成任务，培养他们的团队协作精神和沟通能力。同时，通过分享和交流自己的作品和经验，提升学生的自信心和表达能力。

10.1　LiblibAI 图生图

在图生图 AI 中，有一些比较知名的软件，如 Midjourney、Stability.ai 等。我们仍旧使用 LiblibAi。经过前期学习和比较，我们知道相比于国内其他的文生图、图生图工具，它拥有更多的参数可供调节，可以从不同粒度约束图片最终的生成效果。

10.1.1　LiblibAI 图生图概述

从创作功能上，LiblibAI 提供了三种主要的创作功能：在线生图、在线工作流以及 LoRA 训练。其中在线生图比较普适，可以轻松上手。而另外两个功能则更加专业（对 SD/MJ 有一些使用经验会更好），可以实现一定的专业诉求。LiblibAI 在线生图的大分类下，有细化文生图、图生图、图生视频等。LiblibAI 在线生图的大分类下的图生图功能，是一项极具创意和实用性的工具。以下是对该功能的详细介绍：

1．功能概述

图生图功能允许用户上传一张已有的图片，然后基于这张图片生成新的图片。平台会分析上传图片的风格、元素和特征，并在此基础上进行创作，生成与原图相似但又不完全相同的新图片。

2．使用步骤

上传图片：用户需要先在平台上选择并上传一张已有的图片。这张图片可以是任何类型的图像，如风景、人物、动物等。

选择模型：平台提供了多个不同的 AI 模型供用户选择。每个模型都有不同的特点和风格，用户可以根据自己的喜好和需求选择合适的模型。

调整参数：用户还可以根据需要调整一些生成参数，如图片的尺寸、生成数量等。这些参数将影响最终生成图片的质量和风格。

开始生成：设置好所有参数后，用户可以单击"开始生成"按钮，等待平台完成图片的生成。

除了上传图片，其余步骤与文生图都是相同或相似的。

3．功能特点

多样性：图生图功能可以生成多种风格的新图片，满足用户的多样化需求。无论是想保留原图风格并进行微调，还是想要生成与原图风格完全不同的新图片，都可以通过调整参数和选择模型来实现。

高效性：平台采用了先进的 AI 技术，可以在短时间内完成图片的生成。用户无须等待过长时间，即可获得满意的结果。

个性化：用户可以根据自己的喜好和需求进行个性化设置，如选择模型、调整参数等。这使得生成的图片更加符合用户的期望和风格。

4．应用场景

艺术创作：艺术家可以利用图生图技术进行风格迁移，将一幅画转换为另一种风格，或者对老旧照片进行修复和艺术化处理。

视觉特效制作：在电影、游戏和广告等视觉特效制作中，图生图技术可以用于生成逼真的特效元素，如火焰、水流等。

室内设计：设计师可以利用图生图技术快速生成多种设计方案，帮助客户选择最合适的装修风格和布局。

10.1.2　图生图任务

视　频

图生图重绘
蒙版

AI 绘图技术在图生图任务中的核心目标是实现图像的灵活编辑与创意拓展。具体而言，该技术旨在让用户能够仅凭简单的文本描述，就能对图像进行精细的微调，以达到预期的视觉效果。同时，它也支持使用蒙版工具对图像的局部区域进行重绘，从而赋予图像更多的个性化和艺术感。此外，AI 绘图还提供了多种缩放模式，让用户可以根据需要轻松调整图像的大小，确保图像在不同应用场景中都能展现出最佳效果。

任务描述：本次任务的核心在于掌握 AI 图像生成技术，以分析和创作具有特定特征的新图片。具体目标是通过 AI 图像生成方法，深入分析一张"夏日海滩"的原始图片，并在此基础上生成一张全新的图片。这张新图片不仅要保持原始图片的风格和氛围，还需巧妙融入"雪山"这一全新的场景元素，最终达成图 10-1 所示的独特视觉效果。

（a）原始图片　　　　　　　　　　　（b）预期效果

图 10-1　原始图片与预期效果

10.1.3　图生图实践

图生图操作步骤如下：

🖐 **Step** *1*　进入 LiblibAI"在线生图"界面，打开"图生图"功能菜单，操作如图 10-2 所示。向下拖动滚动条，出现"图像参数设置"的功能界面。

图 10-2　进入图生图界面操作示意图

Step 2　单击"生图"|"图生图"下方的"将图像拖到这里上传或点我选择图片"选择文件，从本地选择一张"夏日海滩"的图片，这里使用的图片尺寸为 1 024×736 像素，单击"上传"按钮，此时上传的图片会在界面的左侧显示，其他参数默认即可。操作如图 10-3 所示。

图 10-3　上传图像操作示意图

上传图片其实有两种方式：方式一，将"文生图"功能生成的图像直接导入；方式二，从本地上传图像。方式一在图像生成时可以将新图上传作为再次图生图的参考原图。这里使用方式二。

Step 3　编写提示词，保留原来图像中需要的画面特征，设计新图像中的雪山场景，操作如图 10-4 所示。

在正向提示词中输入"masterpiece, 4K, highly detailed, summer beach, clear blue sky, golden sand, bright sun shine, (winter mountain), snow-covered peak, serene atmosphere,", 表示"杰作, 4K, 高细节度, 夏季海滩, 清澈的蓝天, 金色的沙滩, 明媚的阳光,（冬季雪山）, 白雪覆盖的山峰, 宁静的气氛,"。

在负面提示词中输入"low quality, blurry, bad anatomy", 表示避免出现"低画质, 模糊, 生物结构错乱"。

图 10-4　添加"雪山"的提示词

Step 4 设置参数, 选择 CHECKPOINT 为写实风格的主模型"majicMIX realistic 麦橘写实_v7.safetensors", 如图 10-5 所示。

图 10-5　选择 CHECKPOINT 模型

图像尺寸（宽度和高度）设置为与上传图像一致"1 024×738", 迭代步数设置为 40, 图片数量选择 1, 其他参数默认, 其中缩放方式默认为"拉伸", 操作如图 10-6 所示。

LiblibAI 的缩放模式有三种, 分别是拉伸原图、裁剪原图、填充空白。

（1）拉伸原图：图像会被直接拉伸或压缩, 以适应指定的宽度和高度。拉伸会使图像的比例失真, 可能导致画面内容变形。例如, 一个圆形对象可能会被拉成椭圆。适合不需要保持原图比例且对内容失真要求不高的场景。

（2）裁剪原图：图像会根据指定尺寸进行裁剪, 优先保持图像的原始比例。生成的图像会被放大到目标尺寸的宽或高, 然后裁剪掉超出的部分, 以匹配目标分辨率。裁剪模式适合希望保持图像比例, 同时只展示中心区域的场景, 但会舍弃图像的边缘部分。

（3）填充空白：图像会被等比例缩放, 并在不足的区域填充背景（通常为纯色或透明）以适应目标尺寸。填充模式不会改变图像内容的比例, 图像的完整性得以保留, 只是在目标尺寸的边缘添加背景。适合需要保留图像比例和内容完整性, 同时可以接受边缘有额外填充的场景。

拉伸适合灵活调整大小的场景, 裁剪适合突出图像中心内容的场景, 而填充则适合希望保持原图完整性的场景。

重绘幅度默认值为 0.75，用于控制 AI 创作的自由度，0.5 以下对人物面部微调，0.7 以上大范围重绘。

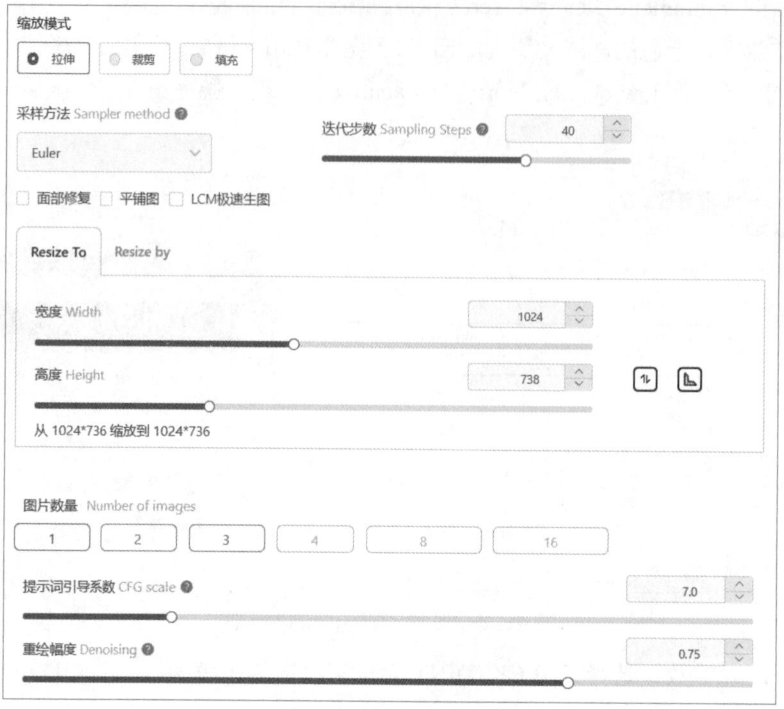

图 10-6　参数设置示意图

$\textcircled{\scriptsize\text{Step}}$ **5** 单击"开始生图"按钮，在原始图的右侧方框中生成新的图片，图片生成后单击"下载"按钮，操作如图 10-7 所示。

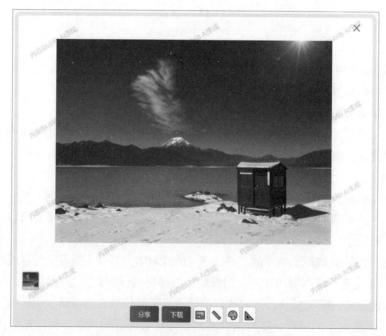

图 10-7　生成及下载图片操作示意图

将原始图片与生成的新图片进行对比，如图 10-8 所示。可以看到虽然生成的新图片将"夏日沙滩"与"雪山"进行了比较完美的融合，但是整个画面的构图几乎与原始图像没有关系（因为我们知道重绘幅度参数超过 0.7，其重绘的自由度就很大），接下来适当调整参数解决该问题。

图 10-8　原始图片与重绘幅度为 0.75 时生成结果对比

👆Step 6　将"图像参数"中的重绘幅度减小到 0.5，操作如图 10-9 所示。再次生成图片，将原始图片与生成的图片进行对比，如图 10-10 所示。

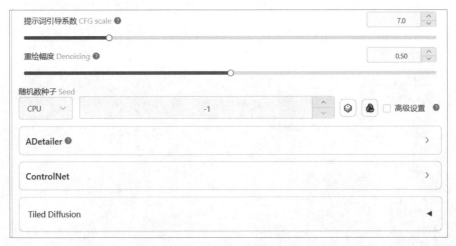

图 10-9　调整重绘幅度示意图

图 10-10　原始图片与重绘幅度为 0.5 时生成结果对比

可以看到降低重绘幅度后，生成的图片不仅很好地将原始图片中的"夏日沙滩"与"雪山"进行了融合，还尽可能地保留了原始图片中的内容，整个画面非常自然合理。

Step 7 将上一步生成的图像下载到本地，在画面中有一部分内容是"椅子"，如图 10-11 所示。如果希望对这部分内容进行修改，可以使用"蒙版"对图片局部重绘。

Step 8 使用 Photoshop 打开原始图片，新建一个图层，单击选中该图层。操作如图 10-12 所示。

图 10-11 修改"椅子"区域　　　　　　图 10-12 新建图层操作示意图

Step 9 使用画笔工具，前景色设置为"黑色"，对图片中的椅子进行涂抹，操作如图 10-13 所示。

图 10-13 涂抹修改区域

Step 10　隐藏背景图层，将制作的蒙版图片导出为 PNG 格式，操作如图 10-14、图 10-15 所示。

图 10-14　隐藏背景图层

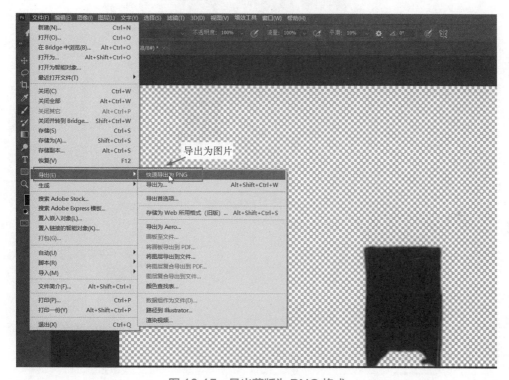

图 10-15　导出蒙版为 PNG 格式

Step 11　返回 AI 图像生成界面，分别选择"图生图"和"重绘蒙版"。分别将 Step6、Step7 中生成和下载的图片上传到图生图，将 Step10 制作的蒙版图片也上传到重绘蒙版。在"重绘蒙版"中单击"将图像拖到这里上传或点我选择图片"提示上传图片。上传后如图 10-16 所示。使用蒙版后，AI 只会对图片中被蒙版遮住的区域进行重新绘制。

修改蒙版模式，重绘区域为"仅蒙版"，其他参数默认，比如蒙版蒙住的内容默认是"原版"，如图 10-17 所示。

Step 12　使用提示词将蒙版遮盖的区域修改成"用沙子堆的城堡"。操作如图 10-18 所示。

正向提示词中输入"masterpiece, 4K, highly detailed, sand castle,"。表示"杰作，4K，高细节度，沙子做的城堡"。

负面提示词中输入"low quality, blurry, bad anatomy,"表示避免出现"低画质，模糊，生物结构错乱"。

图 10-16　上传蒙版图像

图 10-17　修改蒙版模式的重绘区域

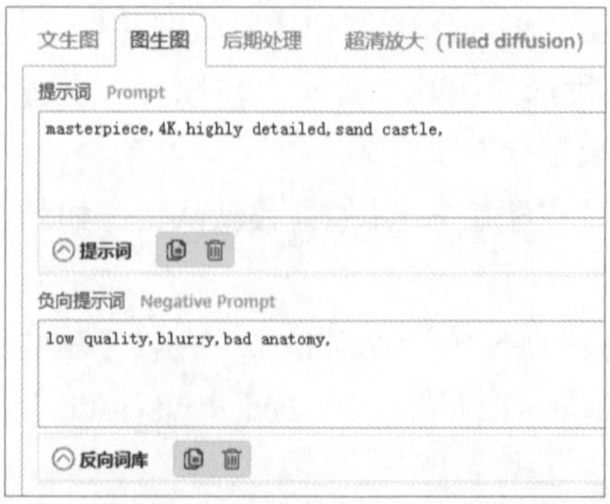

图 10-18　编写提示词示意图

Step 13　仍旧选择写实风格的主模型 "majicMIX realistic 麦橘写实 _v7.safetensors"，图像尺寸设置为与上传图像一致 "1 024×736"，迭代步数设置为 40，其他参数默认。单击 "开始生图" 按钮，结果如图 10-19 所示。AI 在重绘的区域画出了一个用沙子堆的城堡，这个城堡在蒙版蒙住的内容默认是 "原版" 时，其城堡大小与蒙住的区域相同。这样的一个沙子做的城堡有点太过耸立高大了，且其阴影部分似乎也有问题，能不能缩小、改变一些呢？

图 10-19　局部重绘结果图

Step 14　在 "蒙版版式" 参数中，改变蒙版蒙住的内容为 "填充"，可以缩小生成的替换蒙版部分的城堡的大小。生成图像如图 10-20 所示。但是可以明显地看出来重绘的区域有拼接的痕迹。

图 10-20　改变蒙版蒙住的内容为 "填充" 参数设置后生成图

下一步，我们设法将消除拼接的痕迹。将这一步生成的图片下载到本地，使用图生图继续进行优化。

Step 15　重新选择 "生图" | "图生图"，将上一步生成的有拼接痕迹的图上传，如图 10-21 所示。

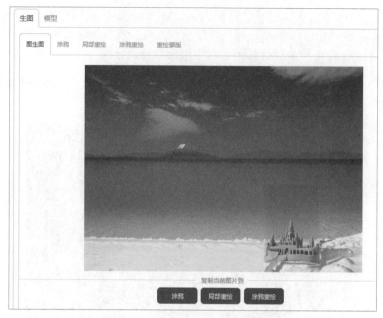

图 10-21　上传有拼接痕迹的图

Step 16　编写提示词，重新描述画面中的内容。操作如图 10-22 所示。

正向提示词中输入 "masterpiece, 4K, highly detailed, summer beach, clear blue sky, golden sand, bright sun shine, (winter mountain), snow-covered peak, serene atmosphere, sand castle,"。表示 "杰作，4K，高细节度，夏季海滩，清澈的蓝天，金色的沙滩，明媚的阳光，冬季雪山，白雪覆盖的山峰，宁静的气氛，沙子做的城堡"。

负面提示词中输入 "low quality, blurry, bad anatomy, splicing" 表示避免出现 "低画质，模糊，生物结构错乱，拼接"。

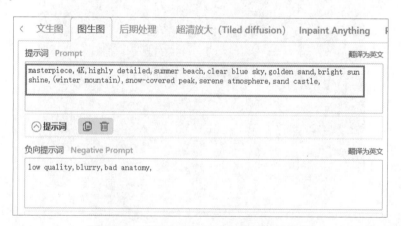

图 10-22　编写提示词优化局部重绘的图片

Step 17　设置参数，写实风格的 CHECKPOINT 主模型不变，图像尺寸设置为与上传图像一致 "1 024×736"，迭代步数设置为 40，重点是重绘幅度设置为 0.5，限制重绘的自由度。其他参数默认，操作如图 10-23 所示。

单击 "开始生图" 按钮，生成优化的消除拼接痕迹的图像，如图 10-24 所示。

图 10-23　重绘幅度设置为 0.5

图 10-24　消除拼接痕迹优化后的图

原始图片与生成结果如图 10-25 所示。

图 10-25　原始图片与最终生成结果

对比原始图片与最终生成的图片可以看到，使用图生图功能，既保留了原始图片中的内容信息，同时还添加了"远处的雪山"，将"椅子"部分的区域修改成了"沙子堆的城堡"，画面整体真实自然。

10.1.4　图生图局部重绘

操作过程如下：

👆Step　在图生图"局部重绘"中上传图片（见图 10-26），让其开眼笑。

使用铅笔将眼部涂黑。如果对操作不满意，可以撤销，如图 10-27 所示。其他参数设置如图 10-28 所示。

视　频

图生图局部
重绘

图 10-26　"局部重绘"中上传图片

图 10-27　眼部涂黑

图 10-28　其他参数设置

在提示词中输入：

Open eyes,

单击"开始生图"按钮，效果如图 10-29 所示。

图 10-29　开眼图示

与原图比较一下，眼睛显然张开了。

10.1.5　使用 Inpaint Anything 插件

事实上，如今的 AIGC 完全可以不使用 PS 也能实现蒙版绘图。那就是 Inpaint Anything 插件。

视频

使用Inpaint
Anything插件

Inpaint Anything 是一个结合了 HQ-SAM（segment anything in high quality）高质量图像分割基础模型、图像修补模型（如 LaMa) 和 AIGC 模型（如 Stable Diffusion) 等视觉基础模型的 AI 图像替换和修补系统。基于此系统，用户可以方便地使用 AI 进行图像替换，处理具有任意长宽比和高清分辨率的图像，且不受图像原始内容限制，并且使用方便。

Inpaint Anything 已经被广泛应用于多个领域。例如，在时尚设计领域，设计师可以利用这款插件快速生成不同风格的服装搭配方案；在广告行业，制作人员可以通过换装换景功能轻松制作出具有吸引力的广告海报；在社交媒体上，普通用户也可以借助这款插件制作出富有创意的个性化头像和壁纸。

示例 1：简单的换装实操。

Step 1　打开 LiblibAI，选择"Inpaint Anything"，如图 10-30 所示。

图 10-30　选择"Inpaint Anything"

Step 2 打开 Inpaint Anything 卷展栏，拖入一张要修改的照片，默认选择 Segment Anything 模型 ID，然后单击下方"运行 Segment Anything"按钮，如图 10-31 所示。

图 10-31 输入一张图

Step 3 经过计算后，便出现了一张颜色块图案，原图上人物的各个部分被用颜色块来进行了分割，可以使用画笔涂抹，选择不同的颜色区域为蒙版部分。使用画笔单击女孩图像的上装区域为蒙版部分，画笔可以改变点的大小，在同一颜色区域单击次数不限，一个即可，如图 10-32 所示。

图 10-32 选择蒙版的区域

Step 4 单击下方的"创建蒙版"按钮，衣服便被创建了蒙板，如图 10-33 所示。亮色（一般是白色）部分即表示蒙版区域，如果此时对蒙版区域不满意还可以继续使用画笔涂抹绘制增加，对于新增加的蒙版区域，要单击"根据草图添加蒙版"按钮完成蒙版的区域增加。

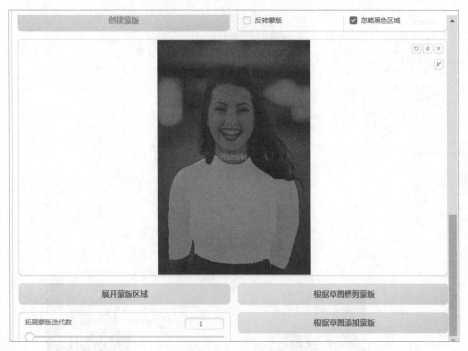

图 10-33　创建蒙版

Step 5　单击"仅蒙版"→"获取蒙版"→"发送到图生图重绘"按钮，就会将原图和刚刚创建的蒙版直接发送到图生图中，如图 10-34 所示。

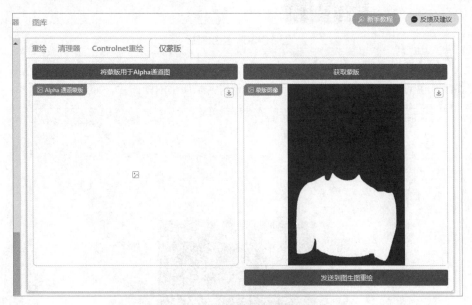

图 10-34　获取蒙版并发送到图生图

Step 6　在图生图中的提示词中输入"蓝色运动装"，如图 10-35 所示。单击右上方的"开始生图"按钮。

重绘蒙版结果如图 10-36 所示。

图 10-35 图生图中提示词输入"蓝色运动装"

图 10-36 重绘蒙版

示例 2：在小木屋前增加一片水域。

[Step] **1** 在 LiblibAI 中选择"Inpaint Anything"，添加小木屋图片，如图 10-37 所示。

图 10-37 添加小木屋图片

Step 2　单击"运行 Segment Anything"按钮后，就会对原图使用不同颜色进行区域分割，如图 10-38 所示。在这里不选任何区域，直接单击"创建蒙版"按钮。

图 10-38　用不同颜色分割原图区域

Step 3　创建蒙版后，在草图中使用画笔涂抹绘制出一片水域的区间，如图 10-39 所示。

图 10-39　在草图中涂抹绘制出一片水域的区间

Step 4　单击"根据草图添加蒙版"按钮之后，经过计算，蒙版部分变亮，如图10-40所示。

图10-40　蒙版部分变亮

Step 5　单击"仅蒙版"→"获取蒙版"→"发送到图生图重绘"按钮。就会将原图和刚刚创建的蒙版直接发送到图生图中，如图10-41所示。

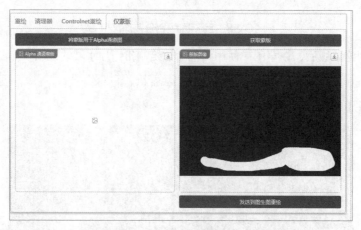

图10-41　获取小木屋前水域的蒙版

在图生图中输入提示词"一片蓝色水域"，单击"开始生图"按钮，结果如图10-42所示。

图10-42　小木屋前增加一片水域后的结果

10.1.6　拓展任务：风格画作

1. 任务描述

使用 AI 绘图模型进行图像风格转换。将一张自然风景图像转换成"凡·高风格"的画作，如图 10-43 所示。并在此基础上生成具有"星空"主题的混合图像。

图 10-43　重绘"凡·高风格"的画作

2. 提示词

凡·高风格（van gogh style）

乌云（starry night）

飞机（plane）

自然风景（natural landscape）

油画质感（oil painting texture）

混合图像（mixed image）

3. 参数建议

（1）原始图像：一张高分辨率的自然风景图像，例如黄山松的图像。请自行获取。

（2）风格：生成的图像风格接近凡·高。

（3）图像分辨率：1 024×768 像素，生成高清画作。

（4）迭代次数：40，提高生成图像的细节。

（5）色彩饱和度：高，使图像色彩更加鲜明。

（6）细节度：高，确保图像细节丰富，清晰可见。

（7）自行调节提示词引导系数 CFG 和重绘幅度的值。

将重绘的图片下载保存，转到 Inpaint Anything 上传重绘图片，如图 10-44 所示。

设置重绘参数，如图 10-45 所示。

生成图如图 10-46 所示。

图 10-44　Inpaint Anything 上传重绘图

图 10-45　设置重绘参数

图 10-46　拓展任务最终结果

10.2　提示词反推

CLIP 反推和 DeepBooru 反推是 Stable Diffusion 中的两个功能，用于生成图像的提示词。

10.2.1　提示词反推的作用

1. CLIP反推

CLIP（contrastive language-image pre-training）是一个模型，它将图像和文本嵌入空间联系起来。

CLIP 反推使用图像生成与之相关的自然语言描述。

在 Stable Diffusion 中,CLIP 反推会根据输入的图像生成一句话的描述,以帮助指导图像生成。例如,给定一张图像,CLIP 反推可以生成类似于"晚上背着包站在建筑物前的女人,背景是城市景观"的描述。

2. DeepBooru反推

DeepBooru 是一个用于标记二次元图片的模型,它能够识别出图片中的各种元素。DeepBooru 反推会在图像中生成多个单独的提示词,这些提示词可以用于进一步调整图像生成的方向。

例如,给定一张二次元风格的图像,DeepBooru 反推可以生成类似于"女孩,模糊的,模糊背景,背景虚化,棕色的眼睛,棕色的头发,分裂,景深"的标签。

总之,CLIP 反推和 DeepBooru 反推在 Stable Diffusion 中用于生成图像的提示词,帮助指导生成过程,使生成的图像更符合预期。

10.2.2　CLIP 反推提示词生图

视频

CLIP反推提示词生图

操作步骤如下:

Step 1　打开 LiblibAI 平台的"图生图",选择 CHECKPOINT 大模型为"majicMIX realistic 麦橘写实 _v7",并上传"花丛中的长发少女穿粉色裙子"图片,如图 10-47 所示。

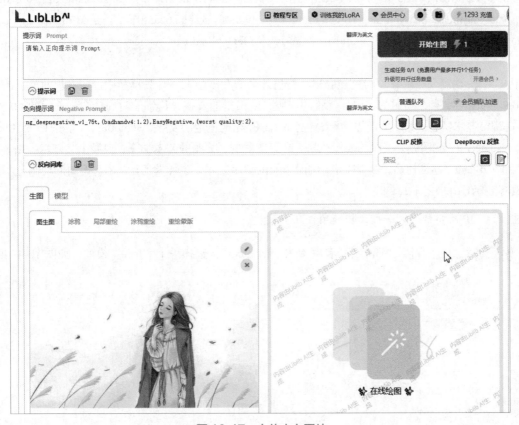

图 10-47　上传少女图片

Step 2　单击"CLIP 反推"按钮,自动生成 CLIP 写法的提示词,如图 10-48 所示。负向提示词默认。

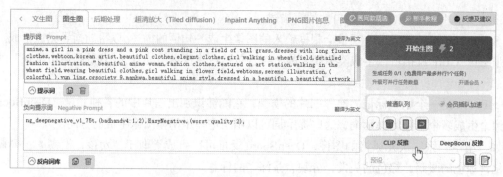

图 10-48　CLIP 反推提示词

CLIP 反推后的提示词文本结果为：

anime,a girl in a pink dress and a pink coat standing in a field of tall grass,dressed with long fluent clothes,webtoon,korean artist,beautiful clothes,elegant clothes,girl walking in wheat field,detailed fashion illustration, beautiful anime woman,fashion clothes,featured on art station,walking in the wheat field,wearing beautiful clothes,girl walking in flower field,webtoons,serene illustration,(colorful),yun ling,cgsociety 9,manhwa,beautiful anime style,dressed in a beautiful,a beautiful artwork illustration,romanticism art style,spring day,heise-lian yan fang,korean mythology,style of guo hua,beautiful gorgeous digital art,wearing a long beige trench coat,beautiful anime art style,style of feng zhu,dream scenery art,

中文释义：动漫，一个穿着粉色连衣裙和粉色外套的女孩站在一片高草丛中，穿着长而流畅的衣服，webtoon，韩国艺术家，美丽的衣服，优雅的衣服，麦田里的女孩，详细的时尚插图，美丽的动漫女人，时尚的衣服，艺术特色，麦田里走的，穿着漂亮的衣服，花地里走的女孩，webtoons，宁静的插图,（多彩），云玲，cgsociety 9，曼哈顿，美丽的动漫风格，穿着美丽的，美丽的艺术插图，浪漫主义艺术风格，春日，heise lian yan fang，韩国神话，郭华风格，美丽华丽的数字艺术，穿着米色长风衣，美丽的动画艺术风格，凤竹风格，梦幻山水艺术，

注意：CLIP 反推提示词一般比较烦琐，且有反复。

👆Step 3　为了保障面部清晰，启用 ADetailer model，选择一个"face"模型，如图 10-49 所示。

图 10-49　启用 ADetailer

Step 4 单击 "开始生图" 按钮，图生图效果如图 10-50 所示。

比较原图和根据 CLIP 反推提示词生成的图像有什么联系，又有多少区别呢。似乎粉色裙子颜色变得更浅了，人物形象更写真了，这与选择的 CHECKPOINT 大模型有关系，可以换一种模型试一试。

图 10-50　CLIP 反推提示词生图结果

Step 5 转到 "文生图"，使用同样的提示词，其他设置相同，则生图如图 10-51 所示。不论是文生图还是图生图，得到的新图都可以下载到本地，也可以发送到图生图做参考图。另外，新生图下面的一段文本，则记录了本次生图的正、反向提示词、使用的大模型和一些主要参数设置。

图 10-51　CLIP 反推提示词 "文生图" 结果

比较一下，使用同样的提示词文生图的结果与图生图的结果区别有多大呢。原来稀疏的枯草变为了金黄的麦田。

10.2.3　DeepBooru 反推提示词生图

操作步骤与反推 CLIP 提示词生图类似。

🖐 **Step 1**　换一种"动漫"CHECKPOINT 模型，单击"DeepBooru 反推"按钮，如图 10-52 所示。生成 DeepBooru 写法的提示词。

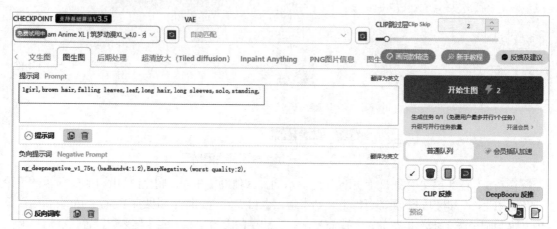

图 10-52　"DeepBooru 反推"按钮

DeepBooru 反推提示词文本如下：

1girl,brown hair,falling leaves,leaf,long hair,long sleeves,solo,standing,

中文释义：1 个女孩，棕色头发，落叶，树叶，长发，长袖，单独的，站立。

🖐 **Step 2**　继续启用 Adetailer，单击"开始生图"按钮，生成效果如图 10-53 所示。

图 10-53　DeepBooru 反推提示词生图结果

改变 CHECKPOINT 模型后，果然生图风格也发生了大的变化，完全是动漫形象。

🖐 **Step 3**　采用相同的提示词，转到"文生图"，生图结果如图 10-54 所示。你会发现，"文生图"后的周边环境与图生图的结果一样，似乎与原始图都有了极大变化。这是因为 DeepBooru 反推提示词对原始图的高高的稀疏的枯草没有描述，而是转化为对树叶的描述。

图 10-54　DeepBooru 反推提示词"文生图"结果

我们发现，CLIP 反推提示词和 DeepBooru 反推提示词，并不能完全符合原图的描述。因此，在实际使用中，还应当对反推提示词进行适当的改进或修正。

10.3　LoRA 模型

LoRA 模型是风格化模型，是在 CHECKPOINT 大模型底座基础上训练的个性化的模型，可以搭建属于个人的数字资产库，包括素材组件库。现在在企业层面更多的 AI 图像落地方案和应用，大都集中在 LoRA 模型，一方面 LoRA 模型是完全可控的；二是其具有私密性；三是 LoRA 模型的质量和效率也是最高的。在 Stable Diffusion 中 LoRA 训练是 AIGC 在企业商业性落地最有说服力的工作项目，也是企业就业的一项技能，甚至是一个就业方向。

10.3.1　LoRA 模型的概念

LoRA（low-rank adaptation of large language models）是一种用于微调大型语言模型的低秩适应技术。它最初应用于 NLP 领域，特别是用于微调 GPT-3 等模型。LoRA 通过仅训练低秩矩阵，然后将这些参数注入原始模型中，从而实现对模型的微调。这种方法不仅减少了计算需求，而且使得训练资源比直接训练原始模型要小得多，因此非常适合在资源有限的环境中使用。

在 Stable Diffusion（SD）模型的应用中，LoRA 被用作一种插件，允许用户在不修改 SD 模型的情况下，利用少量图像数据训练出具有特定画风、IP 或人物特征的模型。这种技术在社区使用和个人开发者中非常受欢迎。例如，可以通过 LoRA 模型改变 SD 模型的生成风格，或者为 SD 模型添加新的人物或 IP。

LoRA 模型的使用涉及安装插件和配置参数。用户需要下载合适的 LoRA 模型和相应的

CHECKPOINT 模型，并将其安装到相应的目录。在 LiblibAI 平台中则可以直接选择"训练我的 LoRA"模块。在使用时，可以将 LoRA 模型与大模型结合使用，通过调整 LoRA 的权重来控制生成图片的结果。LoRA 模型的优点包括训练速度快、计算需求低、训练权重小，因为原始模型被冻结，我们注入新的可训练层，可以将新层的权重保存为一个约 3 MB 大小的文件，这是 UNet（一种基于卷积神经网络的图像分割算法）模型的原始大小的约千分之一。

我们举个更容易懂的例子：CHECKPOINT 大模型就像素颜的人，LoRA 模型就如同进行了化妆、整容或 cosplay，但内在还在大模型的底子。当然，LoRA 模型不仅仅适用于人物，场景、动漫、风格都有相对应的 LoRA。

总的来说，LoRA 模型是一种高效、灵活且适用于多种场景的模型微调技术，它在保持原始模型性能的同时，允许用户根据需要进行定制化调整。

10.3.2　LoRA 模型的使用

本地安装的 Stable Diffusion，LoRA 和大模型一样需要自己去下载安装，常用的 LoRA 模型下载平台包括 LiblibAI、TusiArt、Civitai 等平台。

LiblibAI 在线平台可直接使用 LoRA 模型，具体使用操作如下：

👆Step 1　进入 LiblibAI 首页，搜索"商标 LoRA"，如图 10-55 所示。

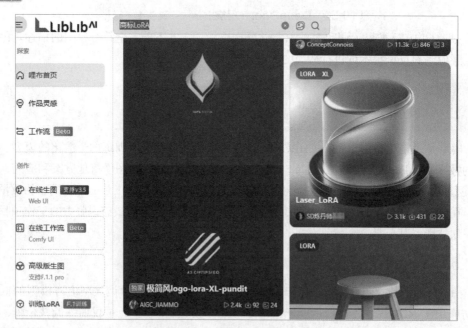

图 10-55　搜索"商标 LoRA"

👆Step 2　自行选择一个 LoRA 模型，比如极简风 LoRA，如图 10-56 所示。
注意查看该模型的说明，其部分说明如下：

极简风 logo-lora-XL-pundit　V1.0
制作极简风格 logo 的 lora 模型，极简风格，logo 图标，搭配我的 Portrait photography-XL-pundit 大模型。

图 10-56　选择"极简风 LoRA"

Step 3　单击"加入模型库"按钮,然后选择一个有提示词和参数的图标(打开后才可以查看),出现该图像 LoRA 模型的提示词与参数说明,如图 10-57 所示。单击"复制全部""画同款"按钮。

图 10-57　展开 LoRA 模型的提示词和参数

正向提示词中文翻译：

> 标志，JJ，没有人，简单的背景，英文文本，黑色背景，独奏，文本焦点，艺术家姓名，水彩画主题，

Step 4 单击"画同款"提示（有的可能是"一键生图"提示）后，进入文生图界面，将该 LoRA 的提示词和参数填充过来，我们修改正向提示词，仅将"标志"改为"电子血压计标志"，"英文文本"改为"中文文本"，"黑色背景"改为"白色背景"，其他内容保存不变。修改后的提示词：

> 电子血压计标志，JJ，没有人，简单的背景，中文文本，白色背景，独奏，文本焦点，艺术家姓名，水彩画主题，

修改提示词如图 10-58 所示。注意查看此时的 CHECKPOINT 模型是 Portrait photography-XL-pundit1.0 模型，这个模型是一个个性化的 LoRA 模型。注意，有些个人模型可能不允许加载。

图 10-58 修改提示词

Step 5 单击"开始生图"按钮，结果如图 10-59 所示。可看出，这个 LoRA 模型对汉字似乎不在行。

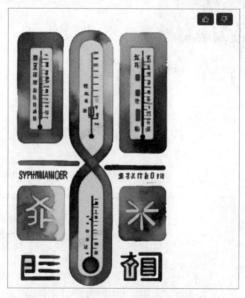

图 10-59 由 LoRA 模型生成的新图

这就是基于其他人或自己已经训练好的 LoRA 模型生成新图的过程。实际上，在之前的练习操作中我们已经不止一次地使用过，这里只是系统性地做一个总结。

10.3.3　训练个人 LoRA 模型

本任务的目标是，搜集整理图片数据，并在 LiblibAI 平台进行 LoRA 模型训练，以生成特定风格的图像。虽然使用成型的 LoRA 很方便，但通常我们在生图时，可能很难找到完全匹配的，此时就需要我们自己动手训练了，以下简单为大家讲解如何训练。

1. 搜集整理图片数据

LORA 训练首先要搜集整理图片数据，这是整个训练过程的基础和关键步骤。以下是搜集整理图片数据的具体步骤和注意事项：

（1）确定训练目的：在开始搜集图片数据之前，首先要明确训练的目的，比如生成特定风格的人物、物体、场景等。明确训练目的有助于更有针对性地选择和收集图片。

（2）挑选图片的注意事项：

① 内容多样性：确保图片内容具有多样性，包括不同的物体、场景、角度、光线、主题和复杂度等。例如，如果是训练人物，需要不同角度、动作和表情的图片。

② 质量要求：选择高质量的图片，避免模糊、失真或低分辨率的图片。

③ 数量要求：根据训练概念的复杂程度决定图片数量。一般来说，30 ~ 50 张图片即可，如果是单一人物或简单画风训练，20 ~ 30 张图片即可。

（3）数据预处理：

① 裁剪：确保所有图片尺寸一致，通常为 5 125 × 12、512 × 768、768 × 768 或 1 024 × 1 024。可以使用图像编辑软件进行裁剪。

② 高清修复：如果图片质量不高，可以进行高清修复，放大并调整尺寸，确保图片清晰。

③ 图片标注：使用 Stable Diffusion Webui 或其他工具进行图片标注，添加合适的标注或提示词，这有助于模型更好地理解和生成指定风格的图像。

通过以上步骤，可以有效地搜集和整理出高质量的图片数据集，为 LORA 模型的训练打下坚实的基础。

2. LiblibAI 平台训练 LoRA

（1）单击左侧"训练 LoRA"按钮，如图 10-60 所示。

（2）进入 LoRA 训练加载界面，选择"人像"模型类别，在模型效果预览提示词中输入"one lady"（一个女士），底层模型使用推荐，其他参数默认，然后，单击"点击上传图片"超链接，加载图片，如图 10-61 所示。

图 10-60　选择训练 LoRA

图 10-61　加载图片界面

（3）裁剪方式、裁剪尺寸、打标算法均默认，单击"裁剪/打标"按钮，系统自动裁剪打标。也可以加载图片后根据自己设定的图片参数要求进行裁剪打标，如图 10-62 所示。

图 10-62　裁剪打标

（4）上述提示词为：one lady，训练效果如图 10-63 所示。

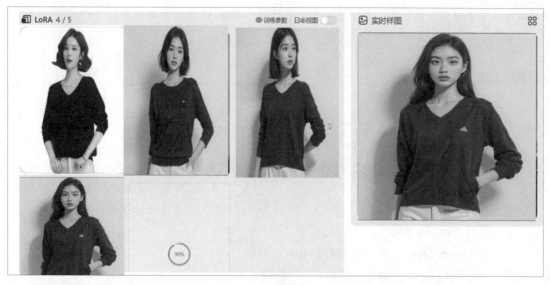

图 10-63　提示词为"one lady"的训练效果

（5）更换提示词（可选）。将提示词换成"1 girl"训练，则效果不同，如图 10-64 所示。

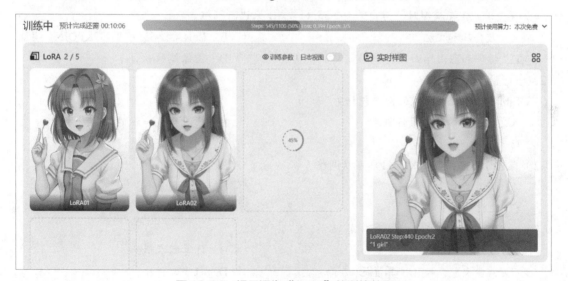

图 10-64　提示词为"1 girl"的训练效果

由于 LiblibAI 在线训练 LoRA 的服务对非会员用户而言排队较为困难，正常进行训练通常需要缴费成为会员，才能创建个性化的模型。鉴于此情况，该操作并不作为本教材学习的强制性要求。

小　结

本项目主要介绍了 LIBLIBAI 图生图的功能与应用。首先概述了 LiblibAI 图生图的基本概念，明确了图生图任务的目标。随后，通过实践环节，详细展示了如何利用 LIBLIBAI 进行图像生成的具体操作。最后，进一步探索了 AI 图像生成图像的更多可能性，包括 Inpaint Anything 插件和 LoRA 模型的使用，为学习者提供了丰富的实践机会，帮助学习者深入理解和掌握 AI 图像生成技术。

课后习题

1. 单选题

（1）LiblibAI 图生图功能的主要创作功能不包括（　　）。

    A. 在线生图　　　　　　　B. 在线工作流　　　　C. 3D 建模　　　　　D. Lora 训练

（2）使用 LiblibAI 的图生图功能，用户在生成新图片时需要选择（　　）。

    A. 仅上传文件　　　　　　　　　　　　　B. 上传文件并选择模型

    C. 只调整参数　　　　　　　　　　　　　D. 不需要选择任何内容

（3）LoRA 模型的全称是（　　）。

    A. Low-Rank Optimization of Large Models

    B. Low-Rank Application for Neural Networks

    C. Low-Rank Architecture for AI Models

    D. Low-Rank Adaptation of Large Language Models

（4）在使用 LoRA 模型时，用户需要下载（　　）来进行训练。

    A. 数据库和文档　　　　　　　　　　　B. LoRA 模型和 CHECKPOINT 模型

    C. 插件和图形界面　　　　　　　　　　　D. 图像编辑软件

2. 多选题

（1）LiblibAI 图生图功能的特点包括（　　）。

    A. 生成多样风格的新图片　　　　　　　B. 只能生成一种风格的图片

    C. 支持个性化设置　　　　　　　　　　　D. 高效生成图片

（2）在进行图生图创作时，用户可以调整（　　）。

    A. 图片尺寸　　　　　　　　　　　　　　B. 生成数量

    C. 上传的图片格式　　　　　　　　　　　D. 重绘幅度

（3）LoRA 模型的优点包括（　　）。

    A. 训练速度快　　　　　　　　　　　　　B. 计算需求低

    C. 需要大量高性能计算资源　　　　　　D. 权重文件小

（4）在 LoRA 模型训练搜集整理图片数据时，应注意（　　）。

    A. 内容的多样性　　　　　B. 图片的质量　　　　C. 图片的数量　　　　D. 图片的颜色

3. 简答题

（1）简要描述 LiblibAI 图生图功能的使用步骤。

（2）简要描述 LoRA 模型的主要功能及其在图像生成中的应用。

项目 11

ControlNet 及其使用

在图像生成技术领域，Midjourney（MJ）、Stable Diffusion（SD）和 DALL-E 3 无疑是备受关注的工具。Midjourney 以卓越的艺术风格和视觉美感见长，适合快速生成高质量的创意图像，而 Stable Diffusion 则以开源和可定制性著称，允许用户对模型进行细调，适合多种专业应用场景。但 Stable Diffusion Model（稳定扩散模型）虽然名字中有稳定的含义，却面临不稳定性的考验，这主要表现在生成图像时的质量波动较大，有时难以精确控制细节或样式，这在处理复杂场景或特定需求时尤其明显。

情境引入

在创意无限的数字艺术领域，我们时常梦想着能够随心所欲地创作出各种生动的图像。然而，即便是像 SD 这样的先进扩散模型，在生成图像时也难免会遇到一些挑战。SD 模型虽然强大，但其随机性却给系列图像创作带来了不小的困扰。

想象一下，你正在为一个漫画系列或一部视觉小说创作角色。你希望这个角色能在不同的场景中展现出一贯的角色形象及不同的面貌，但每次使用 SD 模型生成图像时，得到的角色形象却仿佛是不同的人。这种不一致性不仅破坏了作品的连贯性，也让你在创作过程中倍感沮丧。

为了解决这个问题，SD 引入了 ControlNet 这一强大的工具。ControlNet 能够真正达成模型的稳定性，帮助实现对图像生成过程的更精细控制，确保生成的图像保持风格一致性。同时，还能准确地反映出我们想要的细节和特征。

现在，就让我们一起走进 ControlNet 的世界，探索如何利用这一强大工具来克服 SD 模型的随机性挑战，创作出更加生动、连贯的图像作品吧！

学习目标与素养目标

1. 学习目标

（1）了解 AI 图像生成中 ControlNet 模型的基础知识。

（2）理解 AI 图像生成的工作原理，包括图生图任务的目标和实践步骤，以及 ControlNet 模型的控制类型和预处理器的作用。

（3）掌握如何使用 LiblibAI 启用和使用 ControlNet 进行图像生成。

（4）掌握如何应用 ControlNet 进行姿态约束和线条约束，包括 OpenPose 姿态识别、Canny 线条约束等方法的使用。

（5）掌握如何使用 ControlNet 的其他模型，如 DEPTH、SEG、TILE，进行图像生成和处理。

2．素养目标

（1）培养创新思维：通过学习和实践 AI 图像生成技术，激发学生的创新思维，鼓励他们探索新技术的应用潜力。

（2）提升问题解决能力：通过解决图生图任务和 ControlNet 模型使用中的各种问题，提高学生的问题解决能力。

（3）增强团队合作意识：在图生图任务实践和拓展中，鼓励学生进行团队合作，共同完成项目，培养团队合作精神。

（4）提高信息素养：通过学习和使用 AI 图像生成技术，提高学生的信息素养，使他们能够更好地理解和利用数字信息。

11.1　ControlNet 简介

StableDiffusion 之所以能够如此迅速地吸引设计师的注意，很大程度上得益于 ControlNet 插件。这个插件能够对图像进行精准的控图操作，相较于 Midjourney，它似乎更能满足设计师在多种商业场景中的需求。在 StableDiffusion 的设计中，ControlNet 插件几乎成为不可或缺的一部分。

11.1.1　ControlNet 模型产生的原因

在 AI 绘图过程中，我们利用模型、数据集、关键词以及参数等多种因素来绘制一张图片。尽管这些因素能让我们在一定程度上控制图像，达到 70% 或 80% 的预期目标，但实现 100% 的图像控制仍然是不可能的。例如，当我们尝试在保持人物或物体形状不变的前提下更改其风格时，会发现这种控制仍然带有一定的随机性，无法完全如愿。这时，就需要借助 ControlNet 插件来增强我们的控制能力。

ControlNet 的绘画思路非常独特。用户首先输入一张参考图，程序会根据这张参考图按照特定的模式生成一张预处理图。然后，程序再根据这张预处理图生成一幅全新的图像。当然，用户也可以直接输入预处理图，让 AI 根据这张图生成新图。目前，ControlNet 已经公开了多种模型，其中公认最好用的是 OpenPose（姿态）模型。

值得一提的是，ControlNet 模型是由斯坦福大学计算机科学在读华裔博士 Lvmin Zhang（张吕敏）提出的。他的研究领域涵盖计算艺术与设计、互动内容创作以及计算机图形处理等。在 ControlNet 模型经过了一段时间的技术预览与早期应用之后，在 2024 年 2 月的一篇论文 *Adding Conditional Control to Text-to-Image Diffusion Models* 中，他首次介绍了 ControlNet 模型。该论文提出了一种新的方法，通过引入额外的框架来附加多种空间语义条件，从而控制 Stable Diffusion 模型的生成过程。同一天，Lvmin Zhang 还在 GitHub 上公开了 ControlNet 的相关源代码。可以说，ControlNet 是一个功能强大的插件，它搭载在 WebUI 上，用于拓展 StableDiffusion 的功能。

目前，最新的 ControlNet 模型分为两个版本：ControlNet 1.1 和 ControlNet XL。其中，ControlNet 1.1 支持基于 SD1.5 和 SD2.1 版本训练的大模型，而 ControlNet XL 则支持基于 SD XL 版本训练的大模型。尽管这两个版本属于不同的模型，但它们的使用方法和原理是相似的。

11.1.2　ControlNet 的控制类型

ControlNet 实质是通过给定的一幅或多幅图做引导，再根据提示词生成新图。它是一种基于控制点的图像变形算法。该功能允许用户通过预定义的线条、轮廓或图像特征来引导 AI 生成过程，从而实现对最终图像的更精确控制。

ControlNet 已经出现了很多优秀的控制形式，比如 LiblibAI 使用的控制类型下就包括：Canny（硬边缘）、Depth（深度图）、OpenPose（姿态）、SoftEdge（软边缘）、Tile/Blur（分块 / 模糊）和 IP-Adapter（风格迁移）等，我们简单介绍几种常用的：

1. Canny模型

Canny 模型是一种利用边缘检测的技术，可以从原始图片中提取出线稿，并根据给定的提示词生成与线稿相似的画面。此外，该模型还可以用来给提取出的线稿上色。

2. OpenPose模型

OpenPose 姿态识别可以实现精确控制人体动作。这项技术不仅可以生成单人的姿态，还可以生成多人的姿态。

3. Depth模型

Depth 利用原始图像中的深度信息，可以生成具有相同深度结构的图像。还可以通过使用 3D 建模软件，例如 SketchUp，构建一个简单的素模场景，然后通过深度模型渲染出图像。

4. Tile模型

Tile 模型的应用非常广泛，可以用它来放大图像，也可以用它通过大模型的调整，来对原图进行风格的转换。它的工作原理是将图片的细节进行一定程度的忽略，然后通过添加一些自动生成的细节来生成最终的图片。

通过 ControlNet 技术实现形态 Canny、Depth、OpenPose、SoftEdge、Tile/Blur 以及 IP-Adapter 等功能，可以还原参考图的大部分甚至全部细节。

11.1.3　ControlNet 的预处理器

我们知道，ControlNet 是一种用于控制稳定扩散的神经网络结构模型，其控制类型决定了模型如何接受和处理输入信息以生成期望的输出。ControlNet 的控制类型与预处理器之间存在密切的关系。在 ControlNet 中，控制类型通常基于不同的应用场景和需求来设定，而预处理器是 ControlNet 的控制类型下衍生的具体实现算法模型。

1. 预处理器的作用

预处理器在 ControlNet 模型中扮演着重要的角色，它负责对输入数据进行预处理，以提高模型的性能和输出质量。预处理器的具体作用包括但不限于：

（1）数据标准化：将输入数据缩放到统一范围内，以消除不同特征之间的量纲差异，有助于模型更好地学习特征之间的关系。

（2）数据归一化：通过计算每个特征的均值和标准差，将输入数据转换为标准正态分布，有助于模型更快地收敛并提高泛化能力。

（3）特征选择：从原始特征中选择出对控制任务最有用的特征，以降低模型的复杂度并提高计算效率。

（4）噪声抑制：去除输入数据中的噪声成分，以提高模型的鲁棒性。

2．ControlNet控制类型与预处理器的关系

其一是匹配性。不同的控制类型需要不同的预处理器来配合。例如，对于形态Canny（硬边缘检测）控制类型，可能需要使用能够突出边缘特征的预处理器；而对于Depth（深度图生成）控制类型，则可能需要使用能够提取深度信息的预处理器。

其二是相互作用。预处理器与控制类型之间相互作用，共同影响模型的输出。预处理器对输入数据的预处理结果将直接影响控制类型对数据的处理和解释方式，从而影响最终的输出质量。

其三是灵活性。ControlNet允许用户根据具体需求选择不同的控制类型和预处理器组合。这种灵活性使得ControlNet能够适应多种应用场景和需求，实现更加精确和高效的控制。

ControlNet的预处理器在AI绘画中扮演着至关重要的角色，它们能够帮助用户实现更精准的控图，包括人物姿态调整、深度图生成、画风迁移等进阶应用。ControlNet预处理器提供了多种预处理模式，每种模式都有不同的功能和应用场景。比如：控制类型"canny（硬边缘检测）"对应的预处理器就是canny（硬边缘检测）；控制类型"depth_leres 深度图"对应的预处理器有很多个：depth_leres（LeRes深度图估算）、depth_midas、depth_leres++等；最典型的就是控制类型"OpenPose 姿态约束"，其预处理器包括openpose可以识别身体的姿态，openpose_full可以识别姿态、手部和脸部，openpose hand仅对身体的姿态和手部进行识别，openpose faceonly仅对脸部进行识别，而openpose face可以同时识别身体姿态和脸部。通过选用"OpenPose 姿态约束"不同的预处理器，可以适应不同的需求，实现对动作骨骼中间图的生成。

注意：在LiblibAI平台上，当选择了Control Type（控制类型）后，就限定了在这个控制类型下的预处理器的选择范围。同样的，在选择了预处理器后，还可以再选择该预处理器对的Model（模型）。

LiblibAI平台对应的Control Type（控制类型）、预处理器和Model，如图11-1所示。

图 11-1　LiblibAI 平台的控制类型、预处理器和模型选择界面

11.2　ControlNet 的基本使用

包括LiblibAI等基于Stable Diffusion的AI绘画工具中的ControlNet，都可通过额外输入来控制图像生成，使用时要上传参考图以引导图像生成；然后，选择合适的控制类型、预处理器和模型，如Canny边缘检测、OpenPose 姿态控制等，并调整相关参数；最后，输入提示词并单击"生成"按钮，AI便会根据参考图和提示词生成符合要求的图像。

11.2.1 ControlNet 使用基本步骤和技巧

1. 使用ControlNet的基本步骤

在使用 ControlNet 进行图像生成时，以下是基本的使用步骤：

（1）上传文件：首先,用户需要选择并上传一张引导图,这张图将作为图像生成的方向和细节的指导。

（2）设置 ControlNet 参数：接着，在参数设置面板中，用户需要设置模型的类型、控制强度以及控制模式，以确保生成的图像符合预期的效果。

（3）描述生成要求：在提示词输入框中，用户可以输入对图像的其他具体要求，以便 AI 更准确地生成符合需求的图像。

（4）开始生成：完成上述设置后，用户可以单击"开始生成"按钮，AI 将根据引导图和用户的要求生成图像。

（5）重复添加控制网络：如果对生成的图像不满意，用户还可以重复添加控制网络，通过调整参数和描述来进一步优化图像效果。

2. 使用技巧

1）精准匹配 ControlNet 模型

ControlNet 配备了多种预训练模型（预处理器），它们各自擅长处理不同的引导特征，例如 Canny 硬边缘检测的 InstantX-FLUX.1-dev-Controlnet-Union-Pro、Depth（深度图）的 XLabs-flux-depth-controlnet_v3 等。为了获得最佳的生成效果，需要仔细选择与所使用的引导图类型相匹配的模型。

2）灵活调整权重

（1）控制强度：这一参数决定了引导图对生成内容的影响程度以及模型创作的自由度。当控制强度设置得较低时，模型将拥有更大的创作空间；而当控制强度较高时，生成的内容将更紧密地贴合引导图。

（2）多 ControlNet 单元组合：通过同时使用多个 ControlNet 模型，您可以实现复杂效果的完美融合，从而创造出更加丰富和多样的图像。

11.2.2 LiblibAI 绘图启用 ControlNet

进入 LiblibAI 的"在线生图"|"文生图"，选择 CHECKPOINT 模型为"majicMIX realistic 麦橘写实 _v7.safetensors"。

视频

LiblibAI绘图启用ControlNet

Step 1 单击 ControlNet 向右的箭头，展开 ControlNet 设置框，如图 11-2 所示。

Step 2 选择一张图片作为引导图，上传到平台，如图 11-3 所示。

（1）"开启"复选框：用来开启 ControlNet，为必选项。

（2）"完美像素"复选框:ControlNet 会根据输入的图像自动匹配合适的预处理器参数,一般可以勾选。

（3）"允许预览"复选框：顾名思义就是你上传了图像，进行预处理以后，通过预览可以检查是否是想要的效果。开启之后，左侧的是上次的图像，右侧就是进行预处理后的图像，ControlNet 将根据预处理后的图像和你选择的 Controlnet 模型进行控制。

Step 3 在 Control Type 模型和预处理器中均选择"OpenPose（姿态）"用于提取引导图中任务的姿态，其他参数默认。单击左边有爆炸标记的"运行 & 预览"按钮，在预览框中出现引导图的状态骨骼图示意，如图 11-4 所示。

图 11-2　ControlNet 设置框

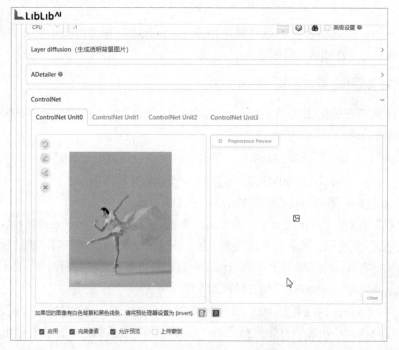

图 11-3　上传一张图片作为引导图

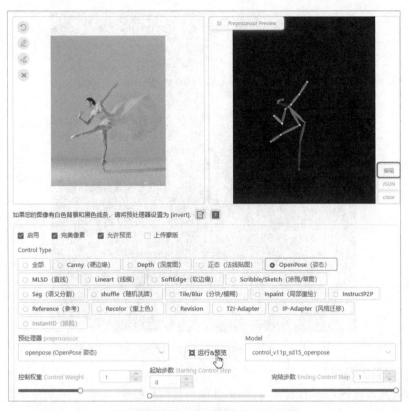

图 11-4 OpenPose（姿态）预览

Step 4 单击预览框中预览图右边的"编辑"按钮，会出现更完整的姿态骨骼图示，如图 11-5 所示。可以编辑修改左边框中相关的数据以改变骨骼的位置。

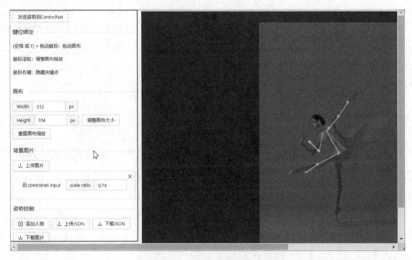

图 11-5 编辑骨骼图示意

Step 5 在文生图提示词中输入"男孩子，红色衣服"，目的是生成一个与引导图姿态一样的穿红衣服的男孩。然后，单击"开始生图"按钮，成图如图 11-6 所示。

图 11-6 生成与引导图姿态一样的穿红衣服男孩

👆Step *6* 自行实践如下：

分别自行设置预处理器 OpenPose（姿态）的其他参数控制权重、起始步数、完结步数、图片缩放模式，如图 11-7 所示。多次练习，多次生成图像进行比较，总结规律和经验。

图 11-7 预处理器 OpenPose（姿态）的控制参数

（1）控制权重：指当你使用 ControlNet 生成图片的时候，这个控制模式被应用的权重占比。数字越高代表权重指数越大，控制效果越强。需要注意的是并不是数字越高越好，如果越高，给到 AI 模型的可操作空间就越小，很可能生成不出好的作品。

（2）起始步数：这是引导介入时机，简单地说就是 ControlNet 在生成步骤中，什么时候开始介入，例如这个数值设置为 0 即代表 ControlNet 模型控制是从一开始时就介入，如果设置为 0.5 即代表图像渲染到 50% 步数的时候，ControlNet 才开始正式介入计算。

（3）完结步数：即引导退出时机，和引导介入时机对应，如果设置为 1，表示 ControlNet 模型控制会一直介入直到渲染结束，如果设置为 0.8 时就意味着到 80% 的时候，画面将不再受到 ControlNet 模型的控制。

（4）图片缩放模式：分别是拉伸（不保留纵横比）、裁减（重新调整尺寸）和填充（调整尺寸），提供了调整 ControlNet 大小和上传图像的纵横比。拉伸可能会使 ControlNet 图像失真；裁减会保持 ControlNet 图像的原始比例并突出图像的中心内容；填充并调整尺寸会等比缩放，不足的区域填充背景，不会影响上传的原始图像。

11.3　ControlNet——姿态约束

在上一节关于启用 ControlNet 的学习中，我们已经初步了解了姿态约束工具 OpenPose。OpenPose 的核心功能在于识别人体姿态，构建出人体骨架结构，进而控制生成图像中的人物姿态。接下来，让我们探索 OpenPose 在姿态识别方面的更多应用。

任务描述：OpenPose 在 ControlNet 中的姿态约束应用，包括身体姿态、表情、手指形态三种约束。通过上传引导图，选择不同的预处理器类型和模型，控制生成图像中人物的姿态、表情或手指，并对比引导图与生成图的姿态相似度，以及观察不同参数对相似度的影响。

11.3.1　OpenPose 姿态识别

OpenPose 对姿态的约束常用的有三种，分别是身体姿态、表情、手指形态三种。在 LiblibAI 的 ControlNet 中，如图 11-8 所示。预处理器类型可以分为：

（1）openpose：身体姿态。

（2）openpose_face：身体姿态 + 面部表情。

（3）openpose_faceonly：只有面部表情。

（4）openpose_full：身体姿态 + 手部 + 面部表情。

（5）openpose_hand：身体姿态 + 手部。

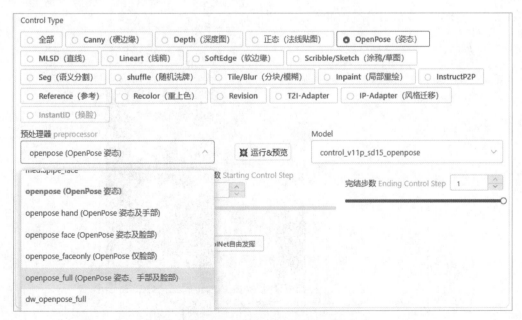

图 11-8　预处理器类型姿态类型选择示意

下面是本节完成姿态识别生成图像进行对比操作的一般步骤：

Step 1 上传一张引导图。

Step 2 选择不同的预处理器类型，用于控制生成图像中人物的姿态、表情或手指。

Step 3 对比引导图中人物的姿态与生成图像中人物的姿态。

11.3.2 "姿态"识别与图像生成

Step 1 CHECKPOINT 选择 "ComicTrainee｜动漫插画模型_v2.0.safetensors"。采样方法、迭代步数、放大倍率等生图其他参数设置如图 11-9 所示。

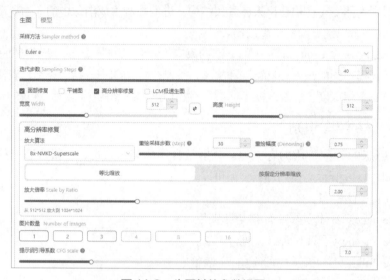

图 11-9 生图其他参数设置

接着上传 OpenPose 姿态引导图，如图 11-10 所示。

图 11-10 上传 OpenPose 姿态引导图

Step 2 ControlNet 参数设置如图 11-11 所示。选择 OpenPose 的预处理器 "openpose(OpenPose 姿态)"，Model 默认。

图 11-11 ControlNet 参数设置

Step 3 在提示词中输入 "一个女孩在洒满阳光的院子里跳舞"。生成图如图 11-12 所示。

图 11-12 OpenPose 姿态约束生成图

注意观察并对比新生成的图像与原始图像的姿态是否相似。改变其他参数看看这种相似度的变化。

11.3.3 "姿态及手部"识别与图像生成

CHECKPOINT 选择写实风格的主模型；在预处理器中选择 "openpose hand (OpenPose 姿态及手部)"，其他参数与上一节相同。上传 ControlNet 引导图，如图 11-13 所示。

提示词输入 "一个穿休闲装的男子坐在台阶上"，单击 "开始生图" 按钮，生成的图如图 11-14 所示。可以看到新生成图主要聚焦姿态和手部，而对面部显然重视不够。

视 频

"姿态及手部"识别与图像生成

图 11-13 上传"OpenPose 姿态及手部"引导图

图 11-14 "OpenPose 姿态及手部"约束生成图

11.3.4 "仅脸部"识别与图像生成

CHECKPOINT 选择写实风格的主模型；在预处理器中选择"openpose_faceonly（OpenPose 仅脸部）"，其他参数与前一节相同。上传 ControlNet 引导图，如图 11-15 所示。

正、负向提示词均不输入，单击"开始生图"按钮，形成新图如图 11-16 所示。可以发现，生成了面部表情同样丰富的图像。

图 11-15 上传"OpenPose 仅脸部"约束引导图

图 11-16 "OpenPose 仅脸部"约束生成图

11.4 ControlNet——线条约束

ControlNet 线条约束是 Stable Diffusion 中的一款强大插件功能，它主要通过"点线面"的方式约束画面构图。具体而言，它包含 Canny（硬边缘）、MLSD（直线）、Lineart（线稿）、SoftEdge（软边缘）、Scribble/Sketch（涂鸦 / 草图）等多种线条约束类型，可用于控制人物姿势、线稿生图等多种绘画效果。

下面探索 ControlNet 线条约束的多种类型的使用，体验不同线条约束类型在图像生成中的应用，观察并分析生成图像与引导图在构图、姿态及边缘处理等方面的差异与相似度。

11.4.1　Canny 线条约束

1. Canny边缘检测的功能

Canny 功能的核心在于通过先进的边缘检测技术，将图片中的关键边缘精确识别并提取，形成清晰的线稿图。这一过程不仅是对原始图像边缘结构的精准捕捉，更为后续的图像创作提供了坚实的基础。具体来讲，Canny 的功能体现在以下几个方面：

（1）精确边缘识别：它运用高级算法，精确提取引导图（即参考图）中的边缘结构，这些边缘线条明确、连续，为后续根据线稿图作图提供了准确的轮廓指导。

（2）控制艺术风格：在生成图像的过程中，Canny 功能确保生成的图像保留原图像的主要轮廓，即那些通过边缘检测提取出的关键线条。同时，它允许艺术家在保持原有结构的基础上，探索并融入不同的艺术风格，为创作带来更多可能性。

（3）图像修复和增强：此外，Canny 边缘检测技术在图像修复领域也发挥着重要作用。它能够帮助识别出损坏区域的边缘，这些边缘信息对于模型在修复过程中保持原有结构的完整性至关重要。通过依据这些边缘信息进行修复，可以确保修复后的图像在视觉上更加自然、连贯。

Canny 适用于快速生成风格化的作品，如海报、插画、UI 元素等。

2. Canny线条约束操作示例

登录 LiblibAI 的"文生图"，设置 CHECKPOINT 以"写实"为宜，迭代步数为 40，启用 ControlNet，选择 Control Type 为"Canny（硬边缘）"，预处理器默认为"canny（硬边缘检测）"。Model 默认为"InstantX-FLUX.1-dev-Controlnet-Union-Pro"；其他参数默认。上传 ControlNet 引导图，引导图选择一张龙的图像，如图 11-17 所示。

图 11-17　上传龙引导图及部分参数示意

提示词为"a fire dragon"（火龙），最后单击"开始生图"按钮。最终效果如图 11-18 所示，生成的图像中龙的基本形状不变，但是变成了火龙。可以调整控制权重、完结步数等参数控制形状的变化。

Model 选择"invert（白底黑线反色）"，提示词输入"白龙马"，生成效果如图 11-19 所示。

图 11-18　预处理器"canny（硬边缘检测）"
生成"火龙"效果

图 11-19　预处理器"invert（白底黑线反色）"
生成"白龙马"效果

11.4.2　hed 边缘提取

hed 边缘提取是一种用于识别和突出图像中边缘特征的技术，和 canny 类似。它能指导模型生成新图像时遵循原图的轮廓和结构，确保生成内容与原图在形状和边缘上的一致性。

登录 LiblibAI 的"文生图"，设置 CHECKPOINT 为"动漫插画模型"为宜，迭代步数为 40，启用 ControlNet，选择 Control Type 为"全部"，预处理器默认 为"hed"。Model 默认为"control_sd15_hed"；其他参数默认。上传 ControlNet 引导图，如图 11-20 所示。

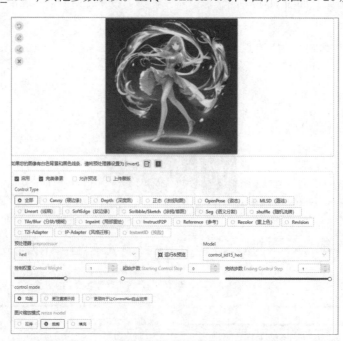

图 11-20　上传引导图与"hed"预处理器设置

提示词输入"穿红裙子的女孩",生成效果如图 11-21
所示。

对比引导图中人物的姿态与生成图像中人物的姿态,
发现是完全一致的。

11.4.3　MLSD 线段识别

Stable Diffusion 中的 MLSD 线段识别适用于建筑设计、
室内设计中的线条提取,以及图像处理、机器视觉中的边
缘检测和直线特征识别。它能帮助快速准确地捕捉直线元
素,提高设计效率和图像处理的准确性,为自动驾驶、机
器人导航等应用提供有力的技术支持。

登录 LiblibAI 的"文生图",设置 CHECKPOINT 为"写
实"为宜,采样方法选"DPM++ 2M Karras",设置迭代步

图 11-21　"hed"预处理器效果图

数为 30,启用 ControlNet,选择 Control Type 为"MLSD(直线)",预处理器为"mlsd(M-LSD 直线线
条检测)"。其他参数默认。上传 ControlNet 引导图,引导图为卧室图,如图 11-22 所示。

视　频

MLSD线段识
别

图 11-22　上传引导图与"MLSD(直线)"ControlNet 设置

在 MLSD（直线）模式中，有两个参数需要解释：

（1）MLSD Value Threshold：调节画面线条的工具，数值越大，画面线条越少。

（2）MLSD Distance Threshold：对远距离线条进行处理，数值越大，远距离线条越少。

单击"运行 & 预览"按钮，可以提取到 mlsd 线段识别的线稿图，如图 11-23 所示。

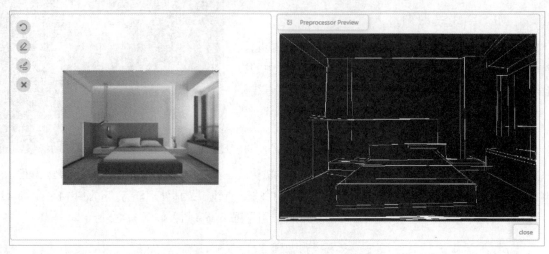

图 11-23　mlsd 线段识别的线稿图示意

11.4.4　Lineart 线稿提取

Lineart 技术在线稿处理上具有精准清晰的线条提取能力，能够完好保留图像的构图和结构细节。其应用场景广泛，主要包括：

（1）漫画线条提取：Lineart 可高效分离出漫画中的精细线条，便于后续的编辑、修饰和上色。

（2）素描上色：在素描作品中，Lineart 能够准确提取线条轮廓，为数字上色提供理想支持，让艺术家轻松添加丰富的色彩和光影效果。

（3）二次元头像生成：通过提取图像线条并结合图像处理技术，Lineart 能生成独特的二次元风格头像，满足个性化需求。

（4）黑白线稿上色：Lineart 帮助设计师将黑白线稿转换为生动的彩色作品，提升作品的视觉吸引力。

（5）建筑设计：Lineart 能提取建筑图像中的轮廓和结构线，为设计师提供清晰的线条图，便于后续设计工作。

下面是 Lineart 线稿提取上机操作过程的简单说明：

Step 1　登录 LiblibAI 的"文生图"，设置 CHECKPOINT 为"写实"为宜，采样方法选"DPM++ 2M Karras"，设置迭代步数为 30，启用 ControlNet，选择 Control Type 为"lineart（线稿）"，预处理器为"lineart standard（标准线稿提取 - 白底黑线反色）"。其他参数默认。上传 ControlNet 引导图，引导图为黑白手绘建筑草图，单击"运行 & 预览"按钮之后，如图 11-24 所示。

Step 2　提示词输入"现代建筑，超现实，明亮，舞台灯光，"，生成效果图如图 11-25 所示。

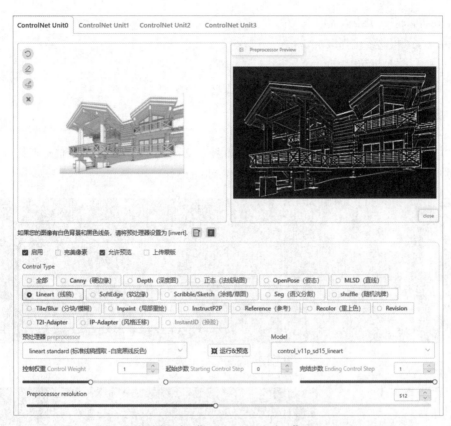

图 11-24　上传引导图与"Lineart（线稿）"ControlNet 设置

图 11-25　"Lineart（线稿）"生成图效果示意

Step 3　分别选择 Lineart 线稿提取预处理器模型实现线稿提取。

Lineart 线稿提取常用的预处理器模型有：

➢lineart_realistic（写实线稿提取）；

➢lineart coarse（粗略线稿提取）；

➢lineart_anime（动漫线稿提取）；

➢lineart standard（标准线稿提取 - 白底黑线反色）；

➢invert（白底黑线反色）；

➢lineart_anime_denoise（动漫线稿提取 - 去噪）。

分别使用上述不同的预处理器和 Model，实现如图 11-26、图 11-27 所示的线稿提取任务。请自行上机验证并分别指出每一个预览图所采用的预处理器和 Model。

图 11-26　参考图与部分预处理器线稿提取比较

图 11-27　更多预处理器线稿提取示意

11.4.5　Scribble 黑白稿提取

视 频

Scribble黑白稿提取

Scribble 可通过粗略的涂鸦线段，引导 AI 生成图像内容。

登录 LiblibAI 的"文生图"，设置 CHECKPOINT 为"写实"为宜，采样方法选择"DPM++ 2M Karras"，设置迭代步数为 20，启用 ControlNet，选择 Control Type 为"Scribble/Sketch（涂鸦 / 草图）"，预处理器为"scribble_hed（涂鸦 - 合成）"。其他参数默认。上传 ControlNet 引导图，引导图为涂鸦草图，单击"运行 & 预览"按钮之后，如图 11-28 所示。

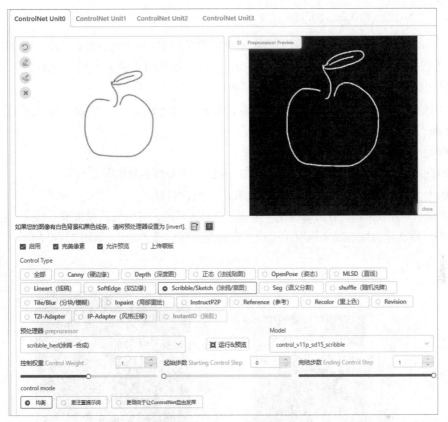

图 11-28　上传引导图与"Scribble/Sketch（涂鸦 / 草图）"ControlNet 设置

提示词输入"苹果"，生成图效果如图 11-29 所示。

图 11-29　"Scribble/Sketch（涂鸦 / 草图）"生成图效果示意

对比引导图中涂鸦的内容与生成图像中的内容，相似度还是很高的。常用的 scribble 预处理器有：scribble_pidinet（涂鸦 - 手绘），偏向画面整体的统一；scribble_xdog（涂鸦 - 强化边缘）；scribble_hed（涂鸦 - 合成）则表现在细节处理有优化。

● 视 频

SoftEdge软化
边缘

11.4.6　SoftEdge 软化边缘

实际上，Canny 边缘检测则更适合处理需要精确边缘检测的场景，如工业检测、医学影像分析等。相比 Canny 边缘检测方法，SoftEdge 则能够生成更流畅、更自然的线条，适合处理需要柔和边缘效果的图像，如漫画渲染、插画制作等。

在 ControlNet 参数设置面板中，选择 Control Type 为"SoftEdge（软边缘）"，其常用的 SoftEdge 预处理器包括：

（1）softedge_hed: HED 软边缘检测，细节更多。

（2）softedge_hedsafe: 软边缘检测 - 保守 HED 算法，去除前后景细节。

（3）softedge_PiDiNet: 软边缘检测 -PiDiNet 算法，更为合理。

（4）softedge_PiDiNetSafe: 软边缘检测 - 保守 PiDiNet 算法，去除前后景细节。

对目标图进行软化边缘的线条提取（比较适合做头发的线条提取），如图 11-30 所示。

图 11-30　SoftEdge 软化边缘运行 & 预览图

11.5　ControlNet 其他模型——Depth、Seg、Tile

ControlNet 中的 Depth、Seg、Tile 模型都是用于辅助图片生成和编辑的辅助模型，通过特定的算法和预处理技术实现对图片生成过程的精细控制。这些模型在预处理和参数调节方面具有相似性，用户可以通过调节参数来影响图片生成的效果，以满足不同的需求。

下面探索 ControlNet 中的 Depth（深度图）、Seg（语义分割）、Tile/blur（分块 / 模糊）模型，这些模型通过特定算法和预处理技术，实现对图片生成过程的精细控制。用户可调节参数以满足不同需求，如提取深度信息、进行语义分割或增强图像细节。通过实践案例，理解这些模型在图像生成和编辑中的应用。

11.5.1　Depth（深度图）

Depth 的主要功能是处理和利用图像的深度信息，用于生成具有精确空间结构和层次感的图像，如图 11-31 所示。

图 11-31　图像层次感示意

1．Depth的功能说明

（1）深度信息提取：Depth可以从输入图像中提取深度信息，生成一张深度图，这张图反映了场景中各个物体的远近关系。这有助于在后续的图像生成过程中维持原图的三维结构。

（2）生成同构图：利用提取的深度信息，用户可以生成与原图有相同深度结构但风格、内容不同的图像。这对于创建系列作品或风格迁移非常有用。

（3）常用的预处理器有：

① depth_midas：这是一种经典的深度预处理器，也是最常用的深度估计器，它通过神经网络推断出场景中物体的距离信息，适用于需要整体深度感但不太关注细节的场景。

② depth_leres（LeRes深度图估算）：擅长处理细节丰富的图像，保持边缘清晰，对于精细结构的深度处理效果较好。

③ depth_leres++：在depth_leres的基础上进行了优化，能够提供更多细节，包括近景也会更清晰，适用于需要更高细节和清晰度的场景。

④ depth_zoe（ZoE深度图估算）：专注于提供快速且相对准确的深度估计，适合于需要实时或高效处理的应用场景。

⑤ depth_hand_refiner：这是一个专门用于修复手部畸形的深度模型，能够自动纠正生成图像中的手部姿势错误，如多余的手指或畸形的手掌，适用于需要精准手部姿态的场景。

这些预处理器模型在Depth（深度图）生成中各有优势，用户可以根据具体需求选择合适的预处理器来处理图像。

2．在预处理器中设置"Depth"

在ControlNet参数设置面板中选择预处理器和模型"Depth"，如图11-32所示。

图 11-32　选择"Depth（深度图）"示意

3．操作示例

👆Step **1**　上传一张有前景、中景和后景的引导图。

👆Step **2**　预处理器和模型选择"depth"。

👆Step **3**　对比生成后的图像与引导图的空间感和层次感。

👆Step **4**　根据需求调整其他参数，对比生成后的图像与引导图的空间感和层次感。

提示词比如："站在山顶远眺，苍山群峦叠嶂，晚霞挂在天上，映照山谷，画面有远中近的层次"。
形成类似如图 11-33 所示的效果。

图 11-33　"depth"生成图效果示意

11.5.2　Seg（语义分割）识别

Seg（语义分割）可以实现以图片中的物体作为区分，用颜色对图片进行区域分割，如图 11-34 所示。

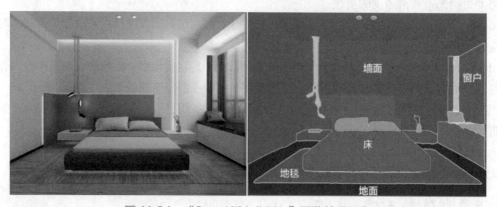

图 11-34　"Seg（语义分割）"预览结果示意

2．常用的 Seg 预处理器：

（1）seg_ofade20K：OneFormer 算法，ade20k 协议，同时识别 150 种物体，细节好。

（2）seg_ofcoco：OneFormer 算法，coco 协议，同时识别 132 种物体，整体性高。

（3）seg_ufade20k：UniFormer 算法，ade20k 协议。

3．操作示例

👆Step **1**　上传一张建筑物卧室的引导图。

👆Step 2　预处理器选择"oneformer_ade20k"，其余默认。单击"运行 & 预览"按钮。

👆Step 3　撰写合适的提示词，如"床面红色"等提示。

👆Step 4　对比引导图中卧室的结构与生成图像中卧室的结构内容。

👆Step 5　调整控制权重为 0.8，再次对比引导图中卧室的结构与生成图像中卧室的结构内容。最终成图如图 11-35 所示。

图 11-35　"Seg（语义分割）"生成图

11.5.3　Tile/Blur（分块 / 模糊）增加细节

Tile/ 分块可以增强 / 重绘图片细节的预处理器。其使用技巧包括增加细节、更改风格和更改图片局部内容等。增加细节图像前后比较如图 11-36 所示。

图 11-36　原图与 Tile 成图比较

操作示例：为图片增加细节

Step **1**　上传一张模糊的照片。

Step **2**　选择 ControlType 为 "Tile/Blur（分块 / 模糊）"，预处理器 "tile_resample（分块重采样）"；单击 "等比缩放" 按钮，设置放大倍率为 0。

Step **3**　选择写实风格的主模型，提示词 "1girl"。

Step **4**　生成图像，查看图像是否清晰。

LiblibAI 绘图练习到此告一段落，我们学习了文生图、图生图和 ControlNet 插件的应用。LiblibAI 还提供了图像后期处理和超清放大功能模块，这两部分比较简单，可自行上机操作。其余还有图生视频等功能，等待其趋于成熟时再行介绍。

小　　结

本项目深入介绍了 ControlNet 及其在图像生成中的应用。从 ControlNet 模型的诞生背景到其控制类型、预处理器等基础知识，为学习者构建了全面的知识体系。接着，通过详细阐述 ControlNet 的基本使用步骤和技巧，以及 LiblibAI 中 ControlNet 的启用方法，使学习者能够迅速上手。此外，本项目还重点讲解了 ControlNet 在姿态约束和线条约束方面的应用，包括 OpenPose 姿态识别、Canny 线条约束等多种预处理器。最后，介绍了 ControlNet 的其他模型，如 Depth（深度图）、Seg（语义分割）识别以及 Tile/Blur（分块 / 模糊）等，为学习者提供了更多元化的图像生成选择。

课 后 习 题

1. 单选题

（1）ControlNet 插件的主要功能是（　　　）。

　　A. 生成动画视频　　　　　　　　　　B. 对图像进行精准的控图操作

　　C. 提升图像的分辨率　　　　　　　　D. 实现音频处理

（2）在使用 ControlNet 进行图像生成时，用户首先需要（　　　）。

　　A. 输入提示词　　　　B. 上传参考图　　　C. 调整生成参数　　　D. 选择输出格式

（3）在 LiblibAI 中启用 ControlNet 时，用户必须勾选（　　　）。

　　A. 允许预览　　　　　B. 完美像素　　　　C. 开启 ControlNet　　D. 输入引导图

（4）在 ControlNet 中，OpenPose 预处理器主要用于识别和控制（　　　）。

　　A. 图像颜色　　　　　B. 人物姿态　　　　C. 图像风格　　　D. 背景细节

（5）在使用 "openpose_full" 预处理器时，可以同时控制（　　　）。

　　A. 身体姿态和面部表情　　　　　　　B. 身体姿态和手部

　　C. 面部表情和手部　　　　　　　　　D. 身体姿态、手部和面部表情

（6）ControlNet 线条约束的主要作用是（　　　）。

　　A. 自动生成完整图像　　　　　　　　B. 通过 "点线面" 的方式约束画面构图

　　C. 提高图像的色彩饱和度　　　　　　D. 降低图像的分辨率

（7）ControlNet 中的 depth 模型主要用于（　　）。

  A.　生成语义分割图像   B.　提取和处理图像的深度信息

  C.　增强图像细节   D.　对图像进行模糊处理

2. 多选题

（1）以下（　　）是 ControlNet 的控制类型。

  A.　Canny   B.　OpenPose   C.　RandomNoise   D.　Depth

（2）ControlNet 的预处理器的作用包括（　　）。

  A.　数据标准化   B.　生成随机图像   C.　噪声抑制   D.　特征选择

（3）使用 ControlNet 时，用户可以调整（　　）以优化图像生成。

  A.　控制强度   B.　提示词   C.　起始步数   D.　控制类型

（4）在 ControlNet 中，使用 OpenPose 预处理生成人物图像时，用户可以通过（　　）的方式观察引导图与生成图的相似度。

  A.　观察人物姿态   B.　对比面部表情

  C.　监测颜色变化   D.　评估手指形态

（5）以下（　　）是 ControlNet 的线条约束类型。

  A.　Canny（硬边缘）   B.　Scribble（涂鸦）   C.　Bitmap（位图）

  D.　Lineart（线稿）   E.　SoftEdge（软边缘）

（6）使用 ControlNet 的 Canny（硬边缘）功能的优势有（　　）。

  A.　精确边缘识别   B.　允许艺术家探索不同的艺术风格

  C.　增加图像的复杂性   D.　图像修复和增强

（7）关于 ControlNet 的 seg（语义分割）模型，以下描述正确的有（　　）。

  A.　seg 模型可以通过颜色对图片进行区域分割

  B.　seg_ofade20K 算法只能识别 100 种物体

  C.　seg_ufade20k 算法基于 UniFormer 算法

  D.　seg_ofcoco 算法可以识别 132 种物体

3. 简答题

（1）简要描述 ControlNet 的工作流程及其如何提升图像生成的控制能力。

（2）请简要描述 ControlNet 的基本使用步骤以及在 LiblibAI 中如何进行设置。

（3）请简要描述如何在 LiblibAI 中使用 OpenPose 进行姿态约束的步骤，以及如何对比引导图与生成图的相似度。

（4）请简述 MLSD 线段识别的应用场景及其主要功能。

（5）简述 ControlNet 中的 Tile/Blur 模型的主要用途及其操作步骤。

项目 12
AIGC 辅助编程

AIGC 辅助编程是一种创新的编程方式，它利用先进的人工智能技术来协助开发者编写代码。通过智能代码补全、语法检查、错误修正以及提供编程建议等功能，能够显著提高编程效率，减少人为错误。对于开发者而言，AIGC 不仅是一个强大的工具，更是推动编程创新和技术进步的重要力量。

情境引入

在都市的繁华中心，有一家名为"未来金融"的创新银行，正引领着一场银行业的技术革命。随着科技迅速变革，"未来金融"决心开发一款全新的电子银行交互软件，为客户带来前所未有的便捷体验。

为实现这一愿景，他们大胆引入了 AIGC（如文心一言、GPT 等大型模型）来辅助软件开发。借助AIGC，开发团队可以从烦琐的编码中解放出来，让代码生成、语法检查、错误修复和优化建议一气呵成。不仅如此，在这款软件中，AIGC 快速构建了从客户注册、账户管理到转账汇款等核心功能模块，其智能化的生成和自适应能力，让开发过程更加高效、流畅。

更令人兴奋的是，AIGC 让软件能够适应复杂的金融业务逻辑和个性化需求——从智能推荐到贷款评估、投资理财方案定制等高级功能，都在 AI 的助力下不断优化。如此一来，"未来金融"的电子银行软件不仅能实时响应客户需求，还能提供高度个性化的金融服务，真正让每位用户感受到智能化的便捷与贴心。

学习目标与素养目标

1. 学习目标

（1）了解 AIGC 编程的基本概念及其在现代软件开发中的应用领域。

（2）认识 AIGC 在编程领域的具体作用，如代码生成、代码补全和代码修复。

（3）理解 AIGC 编程的任务目标和背景，掌握 AIGC 编程在提升开发效率、优化代码质量方面的基本原理。

（4）理解 AIGC 代码生成的过程，包括输入需求、生成代码及代码验证的基本步骤。

（5）理解如何使用 AIGC 进行代码补全，以及在已有代码基础上添加新功能的方法。

（6）掌握通过 AIGC 工具生成简单代码片段的技能，能够在实际编程中运用 AIGC 辅助生成基础代码。

（7）掌握使用 AIGC 进行代码补全的方法，能够在编程过程中高效利用 AIGC 工具解决代码编写难题。

（8）掌握 AIGC 代码修复的基本技巧，能够识别并修复代码中的常见错误，提升代码质量和稳定性。

2. 素养目标

包括创新思维、问题解决能力、团队协作与沟通能力、持续学习能力和代码质量意识等素养的培养：

（1）培养学生的创新思维，鼓励他们在编程过程中尝试新的方法和工具，如 AIGC 编程，以提升开发效率和代码质量。

（2）通过实践 AIGC 编程，提升学生的问题解决能力，使他们能够更高效地解决编程过程中遇到的难题。

（3）在进行 AIGC 编程实践时，鼓励学生进行团队协作，共同解决编程问题，提升团队协作与沟通能力。

（4）激发学生对 AIGC 编程技术的兴趣，培养他们持续学习和探索新技术的能力，以适应不断变化的编程环境。

12.1　电子银行代码 AIGC 生成

大语言模型另外一个有效的应用场景是代码生成。提示词工程在 AIGC 代码生成中扮演着至关重要的角色。它通过精心设计的文本提示，作为指导 AIGC 模型生成代码的指令，显著提升了代码生成的准确性和效率。这些提示不仅明确了代码的功能需求，还提供了必要的上下文信息，帮助模型理解并生成符合预期的代码。提示词工程的意义在于，它降低了 AIGC 代码生成的门槛，使得非专业开发者也能通过简单的提示获得高质量的代码输出。同时，它也促进了自动化编程和软件开发的发展，加速了软件创新的速度，为各行各业带来了更高效、更智能的解决方案。

12.1.1　AIGC 生成代码示例

1. 简单示例

使用精准提示词引导 AIGC 进行代码生成，能高效完成任务。以下示例可在文心一言等通用 AIGC 大模型上实现。

示例一：基础 JavaScript 程序

提示词：

> 编写 JavaScript 代码，请求用户输入姓名，并问候。

JavasCript 代码：

```
let name = prompt("What is your name?");
alert('Hello ${name}');
```

说明：指定 JavaScript 为编程语言，实现简单的人机交互。

示例二：进阶 MySQL 查询

提示词：

> 已知表 departments 含列 DepartmentId, DepartmentName。
>
> 表 students 含列 DepartmentId, studentId, StudentName。
>
> 请生成一个 MySQL 查询，查找所有属于"计算机系"的学生。

输出 sql 结果：

```sql
SELECT * FROM students WHERE DepartmentId = (SELECT DepartmentId FROM departments
WHERE DepartmentName = '计算机系');
```

说明：通过详细描述数据库表结构和需求，利用提示词驱动大语言模型生成符合要求的 SQL 查询语句。这一过程展示了提示词工程如何增强模型的适应性和灵活性。

2. "收集作业文件清单" Python 代码生成改进任务示例

任务描述：构造提示词，让大语言模型生成代码完成 Python 编程的题目。如果回答不正确，尝试修改提示词使得回答改善。

Python 作为人工智能领域的首选编程语言，要求学生奠定坚实的 Python 编程基础，包括理解项目代码、执行文件操作、调用接口等基本技能。为了实践"利用 Python 收集作业文件清单"的任务，教师鼓励学生通过向文心一言等智能平台提交详尽且逻辑清晰的需求描述，以自动生成代码。随后，学生需在 Python 集成开发环境（IDE）中验证这些代码的正确性，确保它们能高效完成任务。

在练习过程中，学生们深刻体会到，当他们在需求描述中采用更为精确且条理分明的提示词时，所生成的代码质量显著提升。随着需求描述的逐步细化和叠加，生成的代码不仅完成度更高，还展现出了一定的复杂性，充分满足了任务需求。更令人欣喜的是，这种方法大大缩短了代码开发时间，相较于学生独立编写，效率提升远不止一倍，极大地促进了学习效率和项目进度的提升。

（1）只有基本要求的基础提示词输入：

> 帮我写一个 Python 函数列出指定路径下所有文件的文件名。

模型输出结果如图 12-1 所示。

图 12-1　基础需求生成的代码

（2）改进提示词，迭代叠加约束文件类型的需求，指定输出 doc 文件和 docx 文件。提示词输入：

帮我写一个 Python 函数列出指定路径下所有 doc 文件和 docx 文件。

模型给出的 Python 代码如下：

```python
import os
def list_doc_and_docx_files(path):
    """
    列出指定路径下所有 .doc 和 .docx 文件的文件名。
    参数：
    - path: 要搜索的目录路径。
    返回：
    - 一个包含所有 .doc 和 .docx 文件名（不包括路径）的列表。
    """
    doc_files = []
    # 使用 os.walk 遍历目录树
    for root, dirs, files in os.walk(path):
        for file in files:
            # 检查文件扩展名是否为 .doc 或 .docx
            if file.lower().endswith(('.doc', '.docx')):
                # 将文件名添加到列表中（不包括路径）
                doc_files.append(file)
    # 返回文件名列表
    return doc_files
# 使用示例
path_to_search = r'\path\to\your\directory'  # 请替换为你的目标路径
print(list_doc_and_docx_files(path_to_search))
```

使用 Python 的 IDE 环境，如 PyCharm、VS Code 或 Spyder 验证一下该程序是否可行。
（3）再次叠加输出结果类型的需求，将找到的特定类型的文件名写入一个文本文件中。提示词输入：

帮我写一个 Python 函数列出指定路径下所有 doc 文件和 docx 文件，并且将文件名写入 name.txt。

模型给出的 Python 程序代码如下：

```python
import os
def list_doc_files_to_txt(path, output_file='name.txt'):
    """
    列出指定路径下所有 .doc 和 .docx 文件的文件名，并将它们写入指定的文本文件中。
    参数：
    - path: 要搜索的目录路径。
    - output_file: 输出文件的名称，默认为 'name.txt'。
    返回：
    - 无。文件名将直接写入指定的文本文件中。
    """
    # 初始化一个空列表来存储文件名
    doc_files = []
    # 使用 os.walk 遍历目录树
    for root, dirs, files in os.walk(path):
        for file in files:
            # 检查文件扩展名是否为 .doc 或 .docx
```

```
        if file.lower().endswith(('.doc', '.docx')):
            # 将文件名添加到列表中
            doc_files.append(file)
    # 将文件名写入指定的文本文件中
    with open(output_file, 'w', encoding='utf-8') as f:
        for filename in doc_files:
            f.write(filename + '\n')                    # 每个文件名后添加换行符
# 使用示例
path_to_search = '/path/to/your/directory'             # 请替换为你的目标路径
list_doc_files_to_txt(path_to_search)
```

使用 Python 的 IDE 环境再次验证一下该程序是否可行。

从以上过程可以看出，提示词对文心一言大模型生成代码的影响，用户给出的需求越详细越精准，得到的输出结果也越符合预期。所以如果想使用大模型辅助代码开发，一方面需要具备一定的编程基础，能用文字描述出代码逻辑的关键点，例如上面例子中的"列出路径下所有文件的文件名"，这里要有"路径"一词，才会将 path 作为函数的形参；一方面能读懂代码，找到代码中的 bug，并能通过文字描述修改 bug。总之，大模型提示词的影响是非常重要的。通过合理地设计提示词，可以有效地影响模型的输出结果，并提高模型的回答质量和准确性。

12.1.2　电子银行交互软件任务需求

借助 AIGC 开发一款电子银行交互软件，学会利用 AIGC 编程工具高效生成代码，并能熟练运用 AIGC 工具解决实际的编程难题。

1. 任务背景

在数字化时代背景下，电子钱包与在线银行账户因其实现了财务处理的高度便捷性、灵活性及实时性，而被广泛采纳。以往涉及的物理网点或 ATM 交易，已被智能手机和移动支付技术取代，允许用户随时随地通过简单的操作完成资金流转，极大优化了从薪资接收、个人间转账到线上消费的效率，为用户节省了宝贵的时间和精力。

数字化工具在集体财务管理方面展现出独特优势，特别是对于家庭和小团队，通过简化账户成员的增减流程，并提供权限分级管理，确保了资金共管的高效与安全，超越了传统银行服务的复杂性。

实时账户余额监测是另一突出特点，它摒弃了传统查询方式的不便与延迟，使用户能够随时掌握财务动态，为个人预算规划、应急资金调配提供了即时信息支持，进一步促进了财务健康与决策效率。

总之，在线银行账户以其快速的交易能力、灵活的账户管理选项及即时的余额查询服务，正持续赢得用户喜爱，深刻变革个人财务管理方式，提升生活便捷度。未来，在科技进步的驱动下，预计此类智能财务管理解决方案将不断演进，为用户带来更高效、安全的体验，为网络银行服务注入更多智能化元素，引领未来金融交互的新趋势。

2. 任务需求

利用 AIGC 生成相应的代码片段。为完成电子钱包与在线银行账户的管理任务，程序系统应该实现的具体功能包括：

（1）添加客户：实现自动处理客户注册、身份验证等功能，以便新增客户能够顺利使用网上银行服务。

（2）账户管理：实现客户查看账户余额、修改密码、设置交易限额等操作，以满足客户日常账户管理的需求。

（3）转账汇款：能够处理各种转账汇款业务，如同行转账、跨行转账、国际汇款等，确保客户资金的安全、快速到账。

（4）查询交易记录：能提供详细的交易记录查询功能，帮助客户随时了解自己的资金流动情况。

12.1.3　使用 AIGC 自动生成任务代码

第一步：进入AIGC（可选择文心一言等通用大模型）

进入 AIGC 后，在界面下方的编辑对话框中输入提示词后单击"发送"按钮，如图 12-2 所示。AIGC 会帮助生成代码。

图 12-2　AIGC 对话框

第二步：输入需求

根据任务需求在编辑框中输入问题。输入示例："请使用 Python 编写一个简单的银行系统，该系统应具备以下功能：允许用户存入和取出资金；支持添加新成员和删除现有成员的操作；以及能够显示任一成员的当前账户余额。请确保代码具有清晰的结构，并包括必要的函数和错误处理，以便于理解和维护。"

输入完成后单击"发送"按钮，如图 12-3 所示。

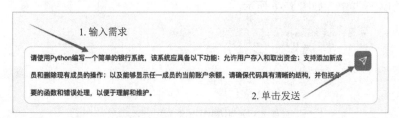

图 12-3　输入电子银行初步要求

第三步：生成代码

AIGC 根据用户的提问进行反馈，生成相应的代码，如图 12-4 所示。

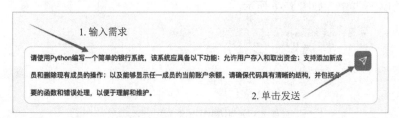

图 12-4　生成的电子银行代码示意

一般而言，通用大模型在给出 Python 代码的同时，还会给出代码说明和使用方法的提示等。可以在提示词中提出要求，将以上代码中的打印返回信息以中文呈现，如图 12-5 所示。

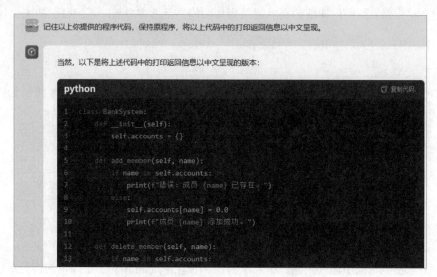

图 12-5　将返回信息修改为中文示意

第四步：运行代码

在本地打开一个可以运行 Python 程序的编译器（Spyder、Vscode 或 PyCharm 等），将 AIGC 生成的代码复制粘贴到编译器中，如图 12-6 所示。

```python
 1 class BankSystem:
 2     def __init__(self):
 3         self.accounts = {}
 4
 5     def add_member(self, name):
 6         if name in self.accounts:
 7             print(f"错误：成员 {name} 已存在。")
 8         else:
 9             self.accounts[name] = 0.0
10             print(f"成员 {name} 添加成功。")
11
12     def delete_member(self, name):
13         if name in self.accounts:
14             del self.accounts[name]
15             print(f"成员 {name} 删除成功。")
16         else:
17             print(f"错误：成员 {name} 不存在。")
18
19     def deposit(self, name, amount):
20         if name in self.accounts:
21             if amount > 0:
22                 self.accounts[name] += amount
23                 print(f"成功向 {name} 的账户存入 {amount}。")
24             else:
25                 print("错误：存款金额必须为正数。")
26         else:
27             print(f"错误：成员 {name} 不存在。")
28
29     def withdraw(self, name, amount):
30         if name in self.accounts:
31             if amount > 0:
32                 if self.accounts[name] >= amount:
33                     self.accounts[name] -= amount
34                     print(f"成功从 {name} 的账户取出 {amount}。")
35                 else:
36                     print(f"错误，{name} 的账户余额不足。")
```

图 12-6　将 AI 生成的代码粘贴到 Python 编译器中

代码的运行结果如图 12-7 所示，在显示的功能界面中，用户可以选择电子银行的各个功能。

测试程序的功能：依次选择 1，添加成员比如"张三"，选择 3 存款，比如 1 000 元，选择 4 取款 2 000，则显示"错误：张三 的账户余额不足"。选择 4 取款 100，再选择 5，查询余额为 900 元。最后删除成员"张三"。

从代码运行测试结果可以看到，AIGC 根据要求生成的 Python 代码在编译器中成功运行，实现了添加客户、存钱、取钱、查询余额和移除客户的功能。

```
银行系统
1. 添加成员
2. 删除成员
3. 存款
4. 取款
5. 查询余额
6. 退出

请输入您的选择：
```

图 12-7　电子银行功能选择界面

12.1.4　拓展任务："饼干分配"代码生成

任务描述：你有一群孩子和一批饼干，每个孩子都有一个满足度，每个饼干都有一个大小值。每个孩子只能吃一个饼干，且只有饼干的大小值大于或等于孩子的满足度时，孩子才能得到满足。你的目标是尽可能满足更多的孩子，并返回满足孩子的最大数量。

输入输出示例 1：

输入：children = [1，2，3], cookies = [1，1]

输出：1

解释：你有三个孩子和两块饼干，其中饼干大小值分别是 1 和 1。你只能满足第一个孩子，满足孩子的数量是 1。

输入输出示例 2：

输入：children = [1,2], cookies = [1，2，3]

输出：2

解释：你有两个孩子和三块饼干，饼干大小值分别是 1，2，3。你可以满足所有孩子，满足孩子的数量是 2。

任务要求：

（1）根据任务要求使用 AIGC 工具辅助生成 Python 代码。

（2）将 AIGC 工具生成的代码在本地 Python 编译器上运行。

（3）分析代码是否正确，能否得到输入输出示例中的正确结果。

AIGC 给出回答如下：

根据描述，这是一个典型的"贪心算法"问题。解决这个问题的思路是尽量用最小的饼干去满足满足度最低的孩子，以便尽可能满足更多的孩子。

以下是使用 Python 编写的代码：

```python
def find_content_children(children, cookies):
    # 对孩子的满足度和饼干的大小排序
    children.sort()
```

```
    cookies.sort()

    # 初始化满足的孩子数量
    child_count = 0
    # 初始化两个指针，一个指向孩子，一个指向饼干
    i, j = 0, 0

    # 遍历饼干和孩子，确保不会越界
    while i < len(children) and j < len(cookies):
        # 如果当前饼干能满足当前孩子
        if cookies[j] >= children[i]:
            # 满足该孩子，移动到下一个孩子
            child_count += 1
            i += 1
        # 无论是否满足当前孩子，都要移动到下一块饼干
        j += 1

    return child_count
```

测试代码
用给定的示例来测试：
python
复制代码
```
# 示例 1
children1 = [1, 2, 3]
cookies1 = [1, 1]
print(find_content_children(children1, cookies1))    # 输出：1

# 示例 2
children2 = [1, 2]
cookies2 = [1, 2, 3]
print(find_content_children(children2, cookies2))    # 输出：2
```
代码解释
1. 首先，对 children 和 cookies 列表进行排序，以便从满足度最低的孩子和最小的饼干开始分配。
2. 使用两个指针 i 和 j 分别遍历 children 和 cookies。
3. 如果当前饼干 cookies[j] 的大小能够满足当前孩子 children[i] 的满足度，则将 child_count 加 1，并移动到下一个孩子。
4. 不论是否满足当前孩子，都移动到下一块饼干 j+=1。
5. 最终返回 child_count，即最大可满足的孩子数量。

上机测试上述程序是否能正常运行。

12.2　使用 AIGC 补全代码

使用 AIGC 补全代码的主要目标是掌握 AIGC 技术在代码自动补充中的应用，深入理解 AIGC 如何通过分析现有代码来生成新的代码片段，从而提升代码编写的质量，减少错误和漏洞，最终提高软件开发的效率与可靠性。

12.2.1　任务需求分析

本节任务是在上一节生成的电子银行代码基础上进行代码的完善。

在软件开发领域，面对耗时费力的代码编写挑战，人工智能技术崭露头角，显著加速开发进程并激发创新潜能。AIGC 不仅助力代码补充与完善，还能在现有代码基础上增添新功能。其工作原理涉及利用深度学习的自然语言处理和代码生成能力，分析代码逻辑与风格，智能预测补全方案，提升代码质量，减少错误。对于代码功能扩展，AIGC 通过解析代码结构与逻辑，依据需求自动调整代码，简化新功能添加或现有功能优化的过程，承担重复性工作，如重构和错误检测，最终增强代码的稳定性和开发者的工作效率。

目前电子交互银行软件已经具备了一些基本功能，包括添加客户、账户管理、转账汇款和查询交易记录。但是由于银行开设了新的业务贷款服务和投资理财，因此需要进一步完善软件，在已有的功能上添加这两个功能：

（1）贷款服务：包括贷款申请、贷款计算器、还款计划查询及在线还款等功能。

（2）投资理财：提供各类理财产品浏览、购买、赎回，以及基金、股票、债券等投资服务。

12.2.2　电子银行增加功能任务实践

第一步：进入 AIGC（与 12.1.3 中相同）

第二步：输入需求

根据任务需求在编辑框中输入问题，要求 AI 在已有的代码片段上补全代码。输入示例："请使用 Python 为银行系统添加两个功能，在已有的代码基础上补全代码，分别是贷款服务和投资理财。代码片段如下：[粘贴已有的代码片段]"

输入完成后单击"发送"按钮，如图 12-8 所示。

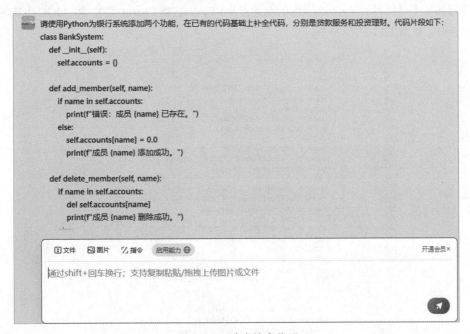

图 12-8　请求补全代码

第三步：AIGC补全代码

AIGC 根据用户的提问进行反馈，补全原来的代码片段，如图 12-9 所示。

```python
def deposit(self, name, amount):
    if name in self.accounts:
        if amount > 0:
            self.accounts[name] += amount
            print(f"成功向 {name} 的账户存入 {amount}。")
        else:
            print("错误：存款金额必须为正数。")
    else:
        print(f"错误，成员 {name} 不存在。")

def withdraw(self, name, amount):
    if name in self.accounts:
        if amount > 0:
            if self.accounts[name] >= amount:
                self.accounts[name] -= amount
                print(f"成功从 {name} 的账户取出 {amount}。")
            else:
                print(f"错误：{name} 的账户余额不足。")
        else:
            print("错误：取款金额必须为正数。")
    else:
        print(f"错误，成员 {name} 不存在。")
```

图 12-9　补全原来的代码片段示意

第四步：运行代码

在本地打开一个可以运行 Python 程序的编译器（VScode，PyCharm 等），将 AIGC 生成的代码复制粘贴到编译器中，如图 12-10 所示。

```python
90          choice = input("请输入您的选择：")
91
92      if choice == '1':
93          name = input("请输入新成员的名字：")
94          bank.add_member(name)
95      elif choice == '2':
96          name = input("请输入要删除的成员名字：")
97          bank.delete_member(name)
98      elif choice == '3':
99          name = input("请输入成员的名字：")
100         amount = float(input("请输入存款金额："))
101         bank.deposit(name, amount)
102     elif choice == '4':
103         name = input("请输入成员的名字：")
104         amount = float(input("请输入取款金额："))
105         bank.withdraw(name, amount)
106     elif choice == '5':
107         name = input("请输入成员的名字：")
108         bank.get_balance(name)
109     elif choice == '6':
110         name = input("请输入成员的名字：")
111         loan_amount = float(input("请输入贷款金额："))
112         bank.take_loan(name, loan_amount)
113     elif choice == '7':
114         name = input("请输入成员的名字：")
115         investment_amount = float(input("请输入投资金额："))
116         interest_rate = float(input("请输入投资收益率(%)："))
117         bank.invest(name, investment_amount, interest_rate)
```

图 12-10　将 AI 生成的代码复制粘贴到编译器中示意

代码的运行结果如图 12-11 所示。此时,增加了申请贷款、投资理财两个功能。需要注意的是 AIGC 返回的代码行数是受限的,有时可能返回代码不是完整程序,会有"其他方法省略,与原文相同"等提示,请自行注意程序的完整性。

请从添加成员开始,依次存款、申请贷款、投资理财、取款,在每一步操作之后要查看余额,依次验证程序的功能。

从代码测试运行结果应该可以看到 AIGC 根据要求补全的 Python 代码在编译器中成功运行,在原有功能的基础上添加了申请贷款和投资理财两个功能。

```
银行系统
1. 添加成员
2. 删除成员
3. 存款
4. 取款
5. 查询余额
6. 申请贷款
7. 投资理财
8. 退出

请输入您的选择:
```

图 12-11　补全代码后运行结果

12.2.3　拓展任务:点餐系统补全代码

任务描述:有一个点餐系统目前已经具备了以下几个功能,菜单展示、点餐功能、订单展示和订单保存。请利用 AIGC 工具为点餐系统添加一个结账的功能,已有代码片段:

```python
import json
import os

# 文件路径
MENU_FILE = 'menu.json'
ORDERS_FILE = 'orders.json'

# 初始化数据文件
def init_files():
    if not os.path.exists(MENU_FILE):
        menu = [
            {"id": 1, "name": "Burger", "price": 5.99},
            {"id": 2, "name": "Pizza", "price": 8.99},
            {"id": 3, "name": "Salad", "price": 4.99}
        ]
        with open(MENU_FILE, 'w') as f:
            json.dump(menu, f)
    if not os.path.exists(ORDERS_FILE):
        with open(ORDERS_FILE, 'w') as f:
            json.dump([], f)

# 显示菜单
def show_menu():
    with open(MENU_FILE, 'r') as f:
        menu = json.load(f)
        print("Menu:")
        for item in menu:
            print(f"{item['id']}. {item['name']} - ${item['price']}")

# 点餐功能
def order_food():
    cart = []
    while True:
```

```
            show_menu()
            item_id = int(input("Enter the item id to add to your cart (0 to finish): "))
            if item_id == 0:
                break
            with open(MENU_FILE, 'r') as f:
                menu = json.load(f)
                for item in menu:
                    if item['id'] == item_id:
                        cart.append(item)
                        print(f"Added {item['name']} to your cart.")
                        break
                else:
                    print("Invalid item id. Please try again.")
    return cart


# 展示订单
def show_order(cart):
    print("Your Order:")
    total = 0
    for item in cart:
        print(f"{item['name']} - ${item['price']}")
        total += item['price']
    print(f"Total: ${total:.2f}")


# 保存订单
def save_order(cart):
    with open(ORDERS_FILE, 'r+') as f:
        orders = json.load(f)
        order = {"id": len(orders) + 1, "items": cart}
        orders.append(order)
        f.seek(0)
        json.dump(orders, f)
    print("Order saved successfully!")


# 主程序
def main():
    init_files()
    while True:
        print("1. Show Menu")
        print("2. Order Food")
        print("3. Show Order")
        print("4. Save Order")
        print("5. Exit")
        choice = int(input("Enter your choice: "))
        if choice == 1:
            show_menu()
        elif choice == 2:
            cart = order_food()
        elif choice == 3:
            if 'cart' in locals():
```

```
                show_order(cart)
            else:
                print("You have no items in your cart.")
        elif choice == 4:
            if 'cart' in locals():
                save_order(cart)
            else:
                print("You have no items to save.")
        elif choice == 5:
            break
        else:
            print("Invalid choice. Please try again.")

if __name__ == "__main__":
    main()
```

任务要求：

（1）根据任务要求使用 AIGC 工具补全 Python 代码。

（2）将 AIGC 工具生成的代码在本地 Python 编译器上运行。

（3）分析代码是否正确，能否得到输入输出示例中的正确结果。

请按照要求自行完成。

12.3　使用 AIGC 进行代码修复

使用 AIGC 进行代码修复，不仅是学习如何利用 AIGC 工具深度分析代码、自动检测冗余和复杂的代码片段，更是实现代码优化的重要手段。

12.3.1　任务需求分析

AIGC 在代码修复中的首要任务是精确识别代码问题，并通过重构、抽象及消除冗余等手段，使代码更加简洁、易读且便于后续维护。同时，AIGC 还能优化代码的关键路径，削减不必要的计算，从而大幅提升执行效率。此外，AIGC 的自动分析能力能够精确锁定性能瓶颈，为进一步的优化提供有力支撑。

针对给定的示例代码，我们需要遵循以下步骤：

（1）进行代码分析。利用 AIGC 工具深入剖析代码片段，识别出重复代码、不必要的复杂逻辑以及潜在的格式、语法和逻辑问题。

（2）生成优化建议。基于分析结果，AIGC 将提出代码优化建议，包括错误修正、逻辑简化，并提供详尽的解释及优化后的代码示例。

（3）应用优化代码。将 AIGC 生成的优化代码集成到本地编译器（如 VScode、PyCharm 等）中，并进行全面的测试验证。

简而言之，利用 AIGC 进行代码优化与修复，就是借助 AIGC 工具的精准识别能力，发现代码中的潜在问题，并提供优化建议，从而实现代码编写与维护的高效化。

12.3.2　AIGC 代码修复任务

第一步：利用AIGC分析代码

利用 AIGC 工具分析代码。例如重复的代码段、不必要的复杂逻辑等。

进入 AIGC 界面。在界面下方的输入编辑框中输入示例代码片段，要求 AIGC 工具对代码片段进行分析，然后单击"发送"按钮，AIGC 工具会分析代码并给出反馈。

示例代码：

```
defcalculate_area(shape,dimensions):
    if shape=='rectangle':
        return dimensions[0]*dimensions[1]
    elif shape=='circle':
        return 3.14159*(dimensions[0]2)
    elif shape=='triangle':
        return 0.5*dimensions[0]*dimensions[1]
    else:
        return None
```

AIGC 工具对给出的代码片段逐行解释和分析，并且总结了代码中存在的潜在问题。如代码的格式问题、语法问题、逻辑问题等，如图 12-12 所示。

图 12-12　AIGC 返回的程序分析示意

第二步：生成优化建议

分析完代码后，可以使用 AIGC 工具根据分析结果生成优化建议。如在 AIGC 的编辑框中输入："优化以下代码，使其能够根据给定的形状和尺寸正确计算出面积：粘贴示例代码"。

AIGC 给出优化并修正的说明，并优化内容做了详细讲解，优化后的 Python 代码如图 12-13 所示。

以下是优化后的代码：

```python
def calculate_area(shape, dimensions):
    if shape == 'rectangle':
        if len(dimensions) == 2:
            return dimensions[0] * dimensions[1]
        else:
            return "错误：长方形需要两个维度（长度和宽度）"
    elif shape == 'circle':
        if len(dimensions) == 1:
            return 3.14159 * (dimensions[0] ** 2)
        else:
            return "错误：圆形只需要一个维度（半径）"
    elif shape == 'triangle':
        if len(dimensions) == 2:
            return 0.5 * dimensions[0] * dimensions[1]
        else:
            return "错误：三角形需要两个维度（底和高）"
    else:
        return "错误：不支持的形状"

# 示例调用
print(calculate_area('rectangle', [5, 10]))    # 50
print(calculate_area('circle', [7]))           # 153.93791
print(calculate_area('triangle', [6, 8]))      # 24
```

图 12-13　优化代码

第三步：应用优化代码

在本地打开一个可以运行 Python 程序的编译器（VScode，PyCharm 等），将 AIGC 生成的代码复制粘贴到编译器中，如图 12-14 所示。

```python
1 def calculate_area(shape, dimensions):
2     if shape == 'rectangle':
3         if len(dimensions) == 2:
4             return dimensions[0] * dimensions[1]
5         else:
6             return "错误，长方形需要两个维度（长度和宽度）"
7     elif shape == 'circle':
8         if len(dimensions) == 1:
9             return 3.14159 * (dimensions[0] ** 2)
10        else:
11            return "错误，圆形只需要一个维度（半径）"
12    elif shape == 'triangle':
13        if len(dimensions) == 2:
14            return 0.5 * dimensions[0] * dimensions[1]
15        else:
16            return "错误，三角形需要两个维度（底和高）"
17    else:
18        return "错误，不支持的形状"
19
20 # 示例调用
21 print(calculate_area('rectangle', [5, 10]))    # 50
22 print(calculate_area('circle', [7]))           # 153.93791
23 print(calculate_area('triangle', [6, 8]))      # 24
24
```

图 12-14　将优化代码复制粘贴到编译器中

代码的运行结果如下：

```
50
153.93791
24.0
```

经过 AIGC 工具优化后的 Python 代码在编译器中成功运行，并且测试用例的输出均正确。

12.3.3　拓展任务：优化代码性能和可读性

任务描述：在软件开发过程中，代码的性能和可读性至关重要。你的任务是使用 AIGC 工具识别和修复以下给定代码片段中的性能问题和可读性问题。通过此任务，你将练习如何利用 AIGC 技术自动分析和优化代码。

相关代码片段：

以下是一个 Python 代码片段，该代码用于读取一个包含多个整数的文件，并计算这些整数的平方和。但该代码存在性能和可读性问题，请对其进行优化和修复。

```python
def read_and_square(filename):
    try:
        file = open(filename, 'r')
        numbers = file.readlines()
        file.close()
    except Exception as e:
        print(f"Error reading file: {e}")
        return

    squares = []
    for num in numbers:
        squares.append(int(num)  2)

    result = 0
    for square in squares:
        result += square

    print(f"The sum of squares is: {result}")

# 使用示例
read_and_square('numbers.txt')
```

任务要求：

（1）使用 AIGC 工具进行代码审查：使用 AIGC 对以上代码进行分析，识别性能和可读性问题。

（2）优化代码性能：改进代码以提高其执行效率。

（3）提高代码可读性：重构代码使其更易读、易维护。

（4）提交优化后的代码：提交优化后的代码版本，并附上你使用的 AIGC 工具提供的报告或建议说明。

小　　结

本项目全面探讨了 AIGC 在辅助编程领域的应用。首先，概述了 AIGC 编程的任务目标和背景，为学习者奠定了理论基础；随后，通过展示 AIGC 代码生成的简单示例和开发电子银行交互软件的实践，深入介绍了 AIGC 在代码生成方面的能力；接着，详细讲解了使用 AIGC 补全代码的方法和技巧，并通过电子银行增加功能和点餐系统的拓展任务，让学习者体验 AIGC 补全代码的便捷性；最后，介绍了 AIGC 代码修复技术，并通过实践和优化任务，展示了 AIGC 在提升代码性能和可读性方面的潜力。本项目内容不仅丰富了学习者的知识体系，更为 AIGC 辅助编程的实践提供了有力支持。

课 后 习 题

1. 单选题

（1）在 AIGC 代码生成中，提示词工程的主要作用是（　　）。

　　A. 降低编程难度　　　　　　　　　　B. 提供代码的语法

　　C. 指导 AIGC 模型生成代码的指令　　D. 增加代码的复杂性

（2）使用 AIGC 生成的 Python 函数列出指定路径下所有文件时，可以显著提高生成代码质量的因素是（　　）。

　　A. 提示词的模糊性　　　　　　　　　B. 提示词的详细性和准确性

　　C. 提示词的长度　　　　　　　　　　D. 提示词的语言风格

（3）使用 AIGC 补全代码的主要目标是（　　）。

　　A. 提高代码运行速度

　　B. 掌握 AIGC 技术在代码自动补充中的应用

　　C. 提高编程语言的学习效率

　　D. 减少程序的复杂性

（4）在 AIGC 补全代码的过程中，用户（　　）来获得代码补全。

　　A. 只需输入代码的运行结果　　　　　B. 只需输入代码的功能描述

　　C. 需要输入问题和已有的代码片段　　D. 只需输入代码的文件路径

（5）使用 AIGC 进行代码修复的主要目标是（　　）。

　　A. 提高编程语言的使用效率　　　　　B. 简化代码编写流程

　　C. 增强代码的安全性　　　　　　　　D. 自动探测冗余且复杂的代码段

（6）AIGC 代码修复工具主要通过（　　）提升代码质量。

　　A. 提供代码示例　　　　　　　　　　B. 静态代码分析工具自动扫描代码库

　　C. 仅依赖开发者的经验　　　　　　　D. 提供线上编程课程

2. 多选题

（1）在使用 AIGC 生成代码的过程中，（　　）是必要的。

　　A. 进入 AIGC 平台　　　B. 输入需求描述　　C. 运行生成的代码

　　D. 忽略错误处理　　　　E. 分析代码的正确性

（2）在 AIGC 补全代码的过程中，AIGC 可以帮助完成（　　）。

　　A. 代码补充与完善　　　　　　　　　B. 自动化文档生成

　　C. 功能扩展　　　　　　　　　　　　D. 错误检测与重构

（3）在 AIGC 代码修复的过程中，AIGC 工具可以帮助开发者实现（　　）。

　　A. 自动发现代码中的错误和漏洞　　　　B. 提供编程语言的教程

　　C. 提供针对性的优化建议　　　　　　　D. 学习开发者的编程风格

（4）在代码优化过程中，AIGC 可以帮助识别和修复（　　）类型的问题。

　　A. 逻辑问题　　　　　B. 语法错误　　　　　C. 性能瓶颈　　　　D. 用户界面设计

3. 简答题

（1）请简要描述如何利用提示词工程提高 AIGC 代码生成的效率和准确性。

（2）请简要描述 AIGC 在代码补全中的工作原理和优势。

（3）请简要说明使用 AIGC 进行代码修复的步骤和优势。

项目 13

AIGC 的挑战与机遇

AIGC 正迅速改变各行各业，但也带来了技术、伦理、法律等多方面的挑战。技术上的精确性和稳定性、隐私保护、歧视问题，以及对社会就业和价值观的影响，都是亟待解决的问题。然而，它在创意产业、电影、广告和艺术创作中展现了巨大潜力，推动了商业创新。未来，随着技术进步，AIGC 将在更多领域发挥作用，但也需要政策和职业技能的适应与发展。

情境引入

林小雨是一名电商专业的学生，毕业将至，却对未来充满了迷茫。她在学校学了许多关于市场营销、平台运营和客户分析的知识，但面对竞争激烈的就业市场，她一直不确定自己的优势在哪里。一天，她决定将通识课堂上学到的 AIGC 的概念和训练 LoRA 模型的操作技能与个人兴趣和专业知识结合起来，为自己的职业生涯提供新方向。

小雨决定尝试一下。她利用学校提供的计算资源收集了电商领域的各类营销数据和用户反馈，并使用这些数据制作了一个初步的 LoRA 模型。经过几周的反复调试，模型终于成型了。这个模型不仅可以生成有创意的产品广告文案，还能根据用户数据为不同产品推荐合适的营销策略。更重要的是，通过在训练和应用模型的过程中，小雨也逐渐发现了自己在数据分析和 AIGC 模型优化方面的潜力。

在一次校园招聘会上，小雨将她的作品展示给了几家知名的电商公司。她展示的不仅仅是生成的内容，更详细解释了模型的设计、优化思路以及 AIGC 在营销中的潜在价值。几家公司的 HR 对她的表现非常感兴趣，甚至当场向她伸出了橄榄枝。最终，小雨选择了一家她心仪已久的公司，开始了 AIGC 营销策略师的职业生涯。

学习目标与素养目标

1. 学习目标

（1）了解 AIGC 在各行业中的应用。

（2）识别 AIGC 面临的技术、伦理、法律等挑战，尤其是在版权、隐私和虚假信息等方面的具体问题。

（3）提高应对 AIGC 技术挑战的能力，掌握数据偏见、模型可控性等方面的解决方案。

（4）理解如何制定合适的政策和监管框架，以确保 AIGC 的合法应用。

（5）通过案例分析，掌握 AIGC 如何在创意产业和科研中赋能并改变行业格局。

2．素养目标

（1）能够识别并描述 AIGC 带来的潜在风险，特别是数据隐私和法律争议等方面。

（2）具备对 AIGC 应用前景初步认识，尤其是创意产业和科学研究中的创新机会。

（3）能够评估 AIGC 在促进创意行业和科技进步中的机遇与挑战，理解其对就业和文化创造的影响。

（4）能够在实际项目中合理运用 AIGC，解决技术挑战并遵守伦理法律规定。

（5）熟悉 AIGC 在创意产业、广告、艺术创作等领域的具体应用，能够结合实际需求创新性地使用 AIGC 工具。

13.1　AIGC 的挑战

AIGC 快速发展也面临着一系列问题，技术、伦理与法律的挑战不言而喻，即使在社会层面也有冲击和潜在风险。

13.1.1　技术层面的挑战

随着 AIGC 在文本、图像、音频等内容生成领域的不断突破，技术创新也带来了许多新的挑战。下面聚焦 AIGC 技术层面的三大主要挑战：数据质量与多样性、模型的可解释性与控制性，以及计算资源需求与成本，并通过案例剖析这些挑战对行业发展的影响。

1．数据质量与多样性

AIGC 的有效性高度依赖于海量、优质的训练数据。然而，数据质量和多样性不足会直接导致生成内容的偏见和失真。例如，OpenAI 的 GPT-3 模型在训练时依赖大量的互联网数据，但由于这些数据来源复杂、信息水平参差不齐，导致生成的内容在某些话题上存在偏见。

在数据质量和多样性方面，当前主要的缓解措施是通过过滤和再处理数据集，并在模型设计中引入偏见检测和修正的机制。然而，找到足够多样的优质数据源并非易事，且这种数据处理工作量巨大，仍是 AIGC 领域的重要挑战。

2．模型的可解释性与控制性

AIGC 模型的复杂性导致了"黑箱"问题，使得用户难以理解模型是如何生成特定输出的。这种可解释性不足增加了 AIGC 的不可控性，尤其在生成内容需要特定情感、风格或风格细节控制时，更是难以满足用户需求。

例如，AIGC 绘画中的风格控制难题。在 AIGC 绘画领域，Midjourney 和 DALL-E 等工具可以生成不同风格的图像，但对用户的细节需求响应能力有限。许多艺术家和设计师在使用这些工具时发现，难以精准控制 AIGC 绘画的风格。我们在前面使用 SD 绘图时也有同样的感觉，即使输入了具体描述或参考图像，生成的图像仍可能与预期不符。这种情况表明，尽管生成模型可以创造性地生成多样内容，但如何准确地进行情感表达或风格控制仍是难题。

在控制性方面，研究者们也尝试引入更多可解释性的技术，例如，通过已经知道的提示工程（prompt engineering）、ControlNet 插件，还有在本书中尚未接触的受控生成模型（controlled generation models）等，让 AIGC 的输出更接近用户需求。然而，这些方法目前仍处于初步阶段，实际应用效果还是有限的。

3．计算资源需求与成本

AIGC 模型的训练和运行需要极大的计算资源量和存储空间，这不仅增加了企业成本，也对环境产生负面影响。高耗能的计算需求使得 AIGC 的普及受限，也让小型企业和个人难以负担其成本。

例如，GPT-3 的巨大资源需求。GPT-3 模型的训练耗费了数千颗 GPU 及数百万美元的计算资源。即使在推理阶段，运行 GPT-3 的成本依然居高不下。马斯克为推动旗下 xAI 的发展，在美国田纳西州孟菲斯建立了全球最大的数据中心，用于训练 xAI 的 AI 模型 Grok 的新版本，这个数据中心集成了 10 万个液冷英伟达 H100 GPU，电力需求至少 150 MW/s。谷歌甚至计划建造一组小型模块化核反应堆（SMR）来为其 AI 计算中心提供电力。与此同时，AIGC 模型的高能耗也引发了人们对环境影响的担忧，尤其是随着模型参数的增加，训练一次模型可能排放出大量的二氧化碳。

为了应对计算资源需求的挑战，研究者正在开发更加高效的算法和模型，如知识蒸馏（knowledge distillation）和模型剪枝（model pruning）技术，以减少模型的资源消耗。此外，分布式计算和边缘计算的应用也被提上日程，以缓解 AIGC 模型在计算资源上的压力。

AIGC 的技术挑战阻碍了其在各个领域中的深度应用，这些挑战不仅涉及数据本身，还牵涉模型设计和运行成本。通过提高数据质量和多样性、改进模型的可解释性和控制性、优化资源使用，AIGC 的潜力才能被更全面地发挥。在未来，随着技术的不断迭代，这些挑战或将得到部分缓解，但仍需学术界和工业界共同努力，推动 AIGC 的可持续发展。

13.1.2　伦理与法律挑战

AIGC 技术在推动创新的同时，也带来了伦理和法律方面的挑战，尤其在隐私和数据安全、内容生成的版权归属，以及虚假信息和内容滥用方面尤为突出。下面将通过具体案例探讨这些挑战对行业发展的深远影响。

1．隐私和数据安全

由于 AIGC 对个人信息数据的依赖，就需要解决平衡数据使用与隐私保护的难题。AIGC 的训练需要大量数据，其中包括个人信息和用户行为数据，以便于模型生成更加个性化的内容。然而，这也带来了隐私风险。

一个典型的案例是欧洲多家面部识别公司因非法采集用户数据受到法律制裁。Clearview AI 就是一个例子。它利用公开的社交媒体照片训练面部识别算法，但其未经授权的行为引发了广泛争议。多个国家的隐私保护机构指出，Clearview AI 的做法违反了个人隐私权，用户的面部数据未经许可被收集和使用。最终，Clearview AI 在欧洲多国面临法律诉讼，要求其删除相关数据并支付罚款。

该案例说明，AIGC 企业在使用用户数据时，必须平衡创新和隐私保护。未来，如何在提升 AIGC 模型性能和保护用户隐私之间找到平衡，将是行业必须解决的问题。

数据合成与用户隐私泄露的风险是另一个难点。AIGC 的另一个隐私挑战在于数据合成，即通过生成新数据模拟用户行为。这种数据往往是基于真实用户数据训练生成，可能在无意间泄露用户的敏感信息。研究显示，有些 AIGC 模型会在生成内容中泄露训练数据，比如医疗 AIGC 模型可能会生成含有真实患者数据的信息。类似的例子发生在 2020 年，当时有一个聊天 AIGC 模型被发现生成了用户私人信息，如住址和电话号码。虽然是"无意"泄露，这种情况仍然让用户担心其隐私安全。

2．内容生成中的版权和归属问题

目前，生成内容的版权归属，反映了 AIGC 创作的法律地位模糊的现实。AIGC 可以创作出高质量的图像、文字和音乐等内容，这些作品的版权归属成为法律争议的焦点。

2022 年，美国一家公司利用 AIGC 创作出一幅艺术作品并试图申请版权。然而，美国版权局拒绝

了该申请，认为该作品的创作者是 AI，而非人类，故不具备版权资格。这一事件引发了关于 AI 生成内容法律地位的热议，部分观点认为 AI 生成的内容不应享有版权保护，而另一些人则认为，如果 AIGC 作品的灵感和思路来自人类用户，其应被视为具有版权的作品。

AIGC 还存在对现有版权作品的模仿与侵权风险。AIGC 在训练过程中往往使用了大量现有的艺术作品、文学内容等，这使得 AI 生成内容极易模仿甚至抄袭已有作品。著名的 AI 生成图像工具 Midjourney 曾因其生成的图像与部分艺术家的风格极为相似而受到指责。多位艺术家指控其侵犯了自己的版权，因为 Midjourney 在训练过程中参考了他们的作品，而生成的内容则和原作相似度极高。此类争议表明，AIGC 训练数据的来源及内容生成的独创性须进一步明确，以避免法律上的侵权问题。

3．虚假信息和内容滥用

由于假新闻与深度伪造可以利用 AIGC 轻易实现，AIGC 助长了虚假信息传播。这一点我们在短视频上每个人都有体会，甚至深受其害。利用 AIGC 的技术制作假新闻和深度伪造视频，这些内容可能严重误导公众，影响社会的稳定。

一个经典案例是 2018 年一位好莱坞明星被利用深度伪造技术替换成另一个明星面孔的虚假视频。该视频在网络上迅速传播，引发大量误解。AIGC 制作的虚假视频和伪造音频不仅会损害公众人物的声誉，还可能被用于传播假新闻、政治宣传等，直接影响公众对事实的认知。

为应对生成内容滥用，科技公司和政府已开始加强技术检测与内容标记。例如，Meta 公司 2023 年推出了 AI 生成内容识别工具，可对视频和图像进行深度伪造检测，帮助用户辨别虚假内容。与此同时，多个国家和地区开始推行相关政策，要求 AIGC 内容必须标记为 "AI 生成"，以提高透明度。这些措施能够在一定程度上抑制虚假内容的传播，但 AIGC 的迅速发展也意味着监管和检测技术必须不断升级。

AIGC 带来的伦理和法律挑战对社会和行业发展提出了新的要求。隐私与数据安全、版权与归属问题，以及虚假信息与内容滥用的挑战，需要产业界、法律界和监管机构共同应对。在推动 AIGC 创新的同时，确保技术应用在合理、合法的范围内，不仅有助于行业的健康发展，也为社会带来更多的信任和安全感。

13.1.3　社会影响与潜在风险

AIGC 技术的发展，为各行各业带来了前所未有的效率提升和创新可能。然而，它的广泛应用也对社会产生了深远影响，并引发了一系列潜在风险。下面将通过案例剖析 AIGC 对就业市场、文化和创造力的影响，以便更全面地理解这一技术在推动社会变革中的作用和挑战。

1．对就业市场的影响

AIGC 正逐步取代部分创意和生产性岗位，这一过程正在重塑就业市场。随着 AIGC 在内容创作、设计、客服等领域的应用，部分工作岗位面临替代的风险。例如，广告公司利用 AIGC 自动生成广告文案，某些设计公司也开始依赖 AIGC 工具进行初步设计创意。

2023 年，美国一家大型广告公司使用 AIGC 创作了一系列广告文案，替代了部分文案岗位。这一举措虽然提升了工作效率，却引起了员工的不满。许多创意从业者认为 AI 剥夺了他们的工作机会，并担心这种技术将逐渐减少对创意人才的需求。

为了帮助受影响的从业者适应新的市场需求，许多国家已开始提供再培训计划，帮助传统岗位的员工掌握 AIGC 的相关技能，提高职业安全。例如，欧盟在 2022 年推出了一项名为 "数字技能与就业联盟" 的计划，旨在帮助失业者和传统行业员工掌握数字技术，适应 AI 驱动的工作环境。这类举措表明，帮助从业者适应 AI 时代的技能要求对于社会和经济的平稳过渡至关重要。

2. 对文化和创造力的冲击

AIGC 的大规模内容生产对文化原创性和多样性构成了挑战。AIGC 能够在短时间内生成大量内容，但这些内容往往基于已有的数据和风格，缺乏独创性。例如，AIGC 生成的绘画、音乐、文学作品通常是已有内容的"模仿品"，难以展现真正的创新。

以某知名 AIGC 绘画工具为例，该工具在社交媒体上发布的许多作品引发了热议，不少人认为这些作品虽"好看"，却缺乏情感和深度。这样的 AIGC 内容充斥市场，可能导致原创性和多样性的减弱，甚至会影响年轻一代对艺术的理解与追求。

文化创作的独特性和多样性，是人类文明的重要组成部分。面对 AIGC 的内容冲击，艺术界和文化从业者呼吁更加重视人类创作的独特性和价值。例如，日本京都的多个艺术协会在 2023 年发布联合声明，呼吁社会关注 AIGC 生成内容对文化艺术的冲击，提倡保护人类创造力的多样性。这些声音强调，AIGC 技术的应用不应以牺牲人类创造性为代价，而应寻求技术与创意的平衡。

AIGC 技术在为社会带来便捷的同时，也引发了一系列社会影响和潜在风险。就业市场、文化创造力和内容误用等问题，提醒我们在推动 AIGC 技术应用的同时，也必须建立完善的监管措施，保护社会的多样性、创造力和安全感。通过各方的共同努力，AIGC 才能更好地服务于社会，实现可持续发展。

13.2　AIGC 的机遇

AIGC 不仅仅有挑战，也有前所未有的机遇。在创意产业中，它展现出在电影、广告、设计等领域的巨大应用潜力，为创意工作者提供了前所未有的工具和资源。同时，AIGC 也在提升科学研究效率方面发挥着重要作用，帮助科学家加速药物研发、材料发现等领域的进展，极大地推动了科技进步。此外，从教育到娱乐，AIGC 还能够实现更加个性化的用户服务，满足不同用户的需求和偏好，为用户带来更加丰富的体验。

13.2.1　AIGC 赋能创意产业

通过高效、智能化的方式，AIGC 不仅丰富了创作者的表达手段，还改变了传统的工作流程和生产方式。下面探讨 AIGC 在内容生成、创意支持中的作用，并通过具体案例说明其在创意产业中的影响。

1. AIGC 在内容生成和创意支持中的作用

AIGC 擅长图像、文字、音频等多种形式的内容生成，尤其在创意产业中展现了重要的应用潜力。AIGC 通过对海量数据的学习可以生成各种风格的图像、编写广告文案，甚至创作音乐和剧本。

例如，Midjourney 在视觉艺术中的应用。Midjourney 是一个知名的 AI 图像生成工具，通过用户输入的关键词、描述或图片参考来生成独特的图像。艺术家和设计师们在 Midjourney 的帮助下，可以快速得到一系列风格化的设计草图，大幅缩短了设计准备时间。例如，某位插画师使用 Midjourney 生成了多个概念草图，以此为基础完善作品，最终为一家品牌提供了高质量的视觉素材。这一过程节省了大量时间，且效果令人满意，展示了 AIGC 对创意过程的支持。

又如，ChatGPT 在广告文案生成中的应用。AIGC 在广告文案的编写中也显示出卓越的效果。ChatGPT 可以根据品牌信息和目标人群快速生成初步的广告文案，使创意团队能够更高效地产生不同风格的文本内容。2023 年，一家知名广告公司使用 ChatGPT 生成了多个不同风格的广告语，并在此基础上进行了人工优化。这一过程提高了广告创作效率，也增加了文案创意的多样性，为企业提供了更多的选择。

2. AIGC改变创意产业工作流程和生产方式

AIGC 不仅在内容创作上带来了帮助，还从根本上改变了创意产业的工作流程，使设计和创意生产的流程更加高效和灵活。AIGC 的介入让创意产业的生产方式朝着"人机协作"的方向发展，创作者的角色也从完全的内容创作转向与 AIGC 合作完成内容。

例如，好莱坞电影的 AIGC 辅助剧本创作。好莱坞逐渐将 AIGC 引入剧本创作中。2022 年，一部科幻电影的编剧团队采用 AIGC 辅助剧本创作，通过 AIGC 生成的场景描述和角色对白，编剧可以快速获得多种不同的剧本构思，并挑选其中符合创作意图的部分。AIGC 不仅帮助创作了更多样化的剧情，还让编剧有了更丰富的创意灵感来源。最终的剧本融合了 AIGC 生成的内容和编剧的创意，使影片的情节更加生动。这种"人机协作"的工作方式极大地提升了剧本创作效率，同时保持了创作的独特性。

又如，AIGC 在动态广告制作中的应用。AIGC 也在广告制作中大放异彩，特别是在动态广告的生成方面。2023 年，日本的一家广告公司利用 AIGC 为一家化妆品品牌设计了个性化的动态广告。该AIGC 根据用户的性别、年龄、偏好等个性化信息，自动生成适合的广告内容和视觉效果。例如，不同年龄段的用户看到的产品宣传视频将有所不同。通过这种方式，AIGC 帮助广告公司快速生成了大量个性化内容，提升了用户的广告体验，也大大缩短了广告制作时间。此案例展示了 AIGC 在广告制作流程中对生产方式的创新作用，使广告内容更加多样化和智能化。

AIGC 在创意产业中展现出强大的内容生成和创意支持能力。它不仅为创作者提供了快速生成内容的工具，还通过人机协作改变了传统的工作流程和生产方式。这种技术的应用，不仅提高了效率和多样性，也在一定程度上丰富了创意产业的表达方式。随着 AIGC 的进一步发展，人们可以期待创意产业将产生更多创新的可能性，推动人类与技术的协作进入新的阶段。

13.2.2 电影产业中的应用

AIGC 技术在电影产业中展现出巨大潜力，特别是在剧本创作、场景设计、视觉特效生成以及虚拟角色塑造等方面。通过 AIGC 的辅助，电影制作流程正逐渐变得更高效、更具创新性，甚至开启了新的叙事方式和视觉呈现。以下将通过具体案例深入剖析 AIGC 如何助力电影产业的创作与生产，并探讨这一技术带来的深远影响。

1. AIGC辅助剧本创作和场景设计

AIGC 已经逐渐介入电影剧本创作的初期阶段，尤其是在构思、情节架构、对白生成等方面提供了强有力的支持。在剧本创作中，AIGC 模型基于大量影视文本数据，能够生成自然、符合语境的对白、场景描述，从而为编剧提供初步的创意灵感。

例如，华纳兄弟利用 AIGC 辅助剧本创作。2022 年，华纳兄弟公司与初创公司 ScriptBook 合作，利用 AIGC 进行剧本分析与生成。ScriptBook 的 AIGC 系统通过对大量经典电影的剧本、情节结构进行学习，能够在编剧构思初期为电影创作提供有力辅助。该 AIGC 不仅生成场景对白，还能预测情节发展，为编剧提供多种剧本走向的参考。在一部科幻题材的剧本开发过程中，AIGC 模型生成了几种不同的场景描述和对白，供编剧团队进行创意筛选和灵感碰撞，编剧们评价这种模式"极大地拓宽了创作空间"。

此外，2023 年，Netflix 也在电影前期设计中使用了名为"Visual AI"的工具。该工具通过输入剧本描述，生成初步的场景设计草图，帮助导演和编剧提前看到场景的视觉效果。这一技术缩短了场景设计的周期，使制作团队能够快速调整场景细节并优化视觉效果，从而实现更高效的拍摄准备。

2. AIGC生成视频特效与虚拟角色塑造

视频特效是电影制作中重要的技术元素之一，AIGC 的引入使特效生成更加精准和生动。AIGC 在角色表情、动态生成、特效合成等方面的运用，为电影带来了前所未有的视觉体验。此外，AIGC 还被用于生成虚拟角色的形象和性格，使角色塑造更加真实且具有情感共鸣。

例如，迪士尼的 AIGC 特效生成。2022 年，迪士尼在拍摄《星球大战》新系列时，通过 AIGC 生成了特效和虚拟角色的面部表情。传统特效生成往往需要特效师逐帧制作，而 AIGC 能够通过学习演员面部表情，生成逼真的情感表演。例如，在塑造虚拟角色"卢克·天行者"的年轻形象时，迪士尼利用 AIGC 学习了演员过去的作品，从而生成了细腻的面部表情和自然的肢体语言，使观众几乎看不出这是由 AIGC 合成的虚拟角色。该技术不仅大大提升了特效质量，还节省了大量时间和成本。

另一创新案例是 2023 年上映的一部电影，使用了 DeepMind 开发的 AIGC 系统来创建复杂的特效场景。例如，其中一场超现实场景完全由 AIGC 生成，特效师只需设定环境参数，AIGC 就能自动生成带有光影效果的逼真场景。这种技术不仅解放了特效师的人力，还为影片带来了前所未有的视觉奇观，使得电影特效更加生动、震撼。

AIGC 在电影产业中的应用，无论是剧本创作、场景设计，还是视频特效生成、甚至个性化广告，都在深刻改变传统的电影制作流程。它不仅提高了制作效率、降低了成本，还为观众带来了更具视觉冲击力和互动性的观影体验。随着 AIGC 技术的不断进步，未来电影产业将继续受益于这一技术，为观众提供更多富有创意和深度的作品，也为创作者带来更为丰富的表达方式和创作空间。

13.2.3 广告和营销领域中的应用

AIGC 在广告和营销领域中的迅速发展，为个性化广告文案创作、图像生成和动态素材制作带来了新的可能性。通过对用户数据的分析和理解，AIGC 能够生成更加贴合消费者需求的广告内容，从而提升广告的吸引力和转化率。以下将通过具体的案例剖析 AIGC 如何在广告设计中发挥作用，并探讨其在用户匹配上的效果和潜在挑战。

1. 个性化广告文案的生成

广告文案的个性化创作是 AIGC 的重要应用之一。AIGC 通过分析用户的兴趣、偏好和浏览习惯，自动生成个性化的广告文案。与传统文案相比，这种方式能够快速生成大量不同风格的广告内容，并且更符合每个用户的偏好。

例如，可口可乐使用 AIGC 生成个性化广告文案。2023 年，可口可乐与 OpenAI 合作，利用 AIGC 来为其在全球推广的"Real Magic"广告活动创建个性化的文案。可口可乐的 AIGC 系统会根据用户所在的国家、文化背景和偏好，生成符合当地特色的广告语。比如，在日本市场，文案会着重强调可口可乐与美食的搭配；而在欧美地区，AIGC 生成的文案会突出家庭聚会和派对氛围。可口可乐表示，这种个性化文案生成策略在多个市场上都取得了更高的点击率和互动率。通过 AIGC，可口可乐不仅缩短了文案制作的周期，还在全球范围内实现了因地制宜的广告推广。

2. 图像生成和动态素材制作

AIGC 在图像生成和动态素材制作中的应用，显著提升了广告的视觉吸引力。AI 生成的图片和视频素材不仅能够节省设计师的时间，还能够根据用户偏好实现动态调整，为每个用户提供定制化的广告体验。

例如，Gucci 通过 AIGC 生成个性化动态广告。2023 年，Gucci 在其最新的香水广告活动中引入了 AIGC 技术。该 AIGC 系统能够根据用户的兴趣、年龄和社交媒体数据生成不同版本的动态广告。例如，对于偏好浪漫风格的观众，AIGC 生成的广告中会加入花卉元素和柔和的光线效果；而对于偏好简约风的观众，AIGC 则会生成带有几何图案和冷色调背景的广告素材。此外，AIGC 还根据观众的实时数据动态调整广告长度、节奏和视觉元素。这一策略在社交媒体平台上取得了良好的反馈，使得广告内容更加贴合每位用户的审美偏好。Gucci 的市场团队表示，AIGC 生成的个性化动态素材让品牌广告更加生动、具有吸引力，也极大地提升了广告的观看完播率。

3. AIGC在广告设计和用户匹配中的效果

AIGC 在广告设计中不仅能够提升创意效率，还通过精准的用户匹配提高了广告效果。AI 可以对用户的浏览记录、兴趣标签、购买历史进行深度学习，生成符合其需求的广告内容。这种匹配方式为广告主节约了投放成本，同时提高了广告的转化效果。

例如，亚马逊的 AIGC 驱动广告投放系统。2023 年，亚马逊利用 AIGC 为其电商平台上的商家提供了个性化广告服务。通过 AIGC 分析用户的购物历史和浏览习惯，亚马逊可以在用户浏览页面时实时生成推荐广告。例如，曾多次购买户外用品的用户会看到带有户外风格的广告素材和针对户外爱好者的文案，而对美妆产品有兴趣的用户则会看到与美妆相关的推荐。AIGC 还能够根据用户的反应（如点击率和观看时间）不断优化广告内容，使广告更加精准。亚马逊数据显示，这种 AIGC 驱动的个性化广告系统显著提高了点击率和购买转化率，特别是在季节性促销活动中表现突出。

AIGC 在广告和营销领域的应用，为个性化文案生成、图像生成和动态素材制作带来了创新的可能，并通过精准的用户匹配提升了广告的效果。

13.2.4 设计与艺术创作

随着 AIGC 技术的进步，设计与艺术创作领域迎来了许多新的机遇。AIGC 在平面设计、插画、建筑设计等领域的实际应用，不仅能够为设计师和艺术家提供强大的辅助，还显著简化了设计流程。以下将通过具体的案例，剖析 AIGC 在设计和艺术创作中的实际应用，并探讨其为创作者带来的深远影响。

1. 平面设计中的AIGC应用

平面设计要求视觉元素的组合、颜色的搭配和排版的创新，而 AIGC 能够基于大量设计作品的学习，生成符合现代审美标准的视觉效果。AIGC 设计工具可以帮助平面设计师生成多种设计方案，提高创作效率的同时，也能够激发新的创意。

例如，Canva 使用 AIGC 实现智能设计。在 2023 年，Canva 推出了一项名为"Magic Design"的 AIGC 功能，通过简单的文字描述，用户即可获得数种不同风格的设计模板。比如，当用户输入"适合社交媒体的夏日主题"时，Canva 的 AIGC 能够自动生成多种海报设计，涵盖了字体、颜色搭配和排版布局。这种生成方式大大简化了设计过程，特别适合中小企业的营销需求，也为设计师们提供了基础创意的起点。Canva 的设计团队表示，AIGC 生成的初稿为设计师节省了大量时间，使他们可以集中精力在细节调整和品牌个性化上。这种"人机协作"的方式让平面设计效率提高了约 50%，也让用户感到设计更加直观和易用。

2. 插画创作中的AIGC应用

插画创作是一项高度依赖个人风格的艺术创作，而 AIGC 通过学习海量的图像数据，能够生成多种不同风格的图像，为插画师提供灵感来源。AIGC 生成的插画不仅节省了制作时间，还能够帮助插画师探索新的艺术风格。

例如，Adobe 的 Firefly 工具助力插画创作。2023 年，Adobe 推出了名为 Firefly 的 AIGC 生成工具，该工具专注于图像生成和风格迁移，插画师可以通过输入关键词或草图，让 AIGC 生成与之匹配的插画素材。例如，插画师可以输入"复古科幻风格的城市夜景"，Firefly 就会生成符合描述的图像效果，设计师可在此基础上进行进一步的修改和完善。Adobe 的内部数据显示，Firefly 帮助插画师节省了约 30% 的制作时间，尤其在插画初稿阶段表现优异。许多插画师表示，Firefly 生成的插画效果为他们提供了新的灵感，使创作过程更加丰富有趣，突破了传统创作中的风格限制。

3. 建筑设计中的AIGC应用

在建筑设计领域，AIGC 能够根据项目需求生成不同的建筑方案，从建筑外观到室内空间布局都可以提供多样化的设计选择。AIGC 还可以对生成的设计方案进行快速优化和调整，减少传统设计过程中反复修改的时间。

例如，Zaha Hadid Architects 使用 AIGC 生成建筑设计。知名建筑事务所 Zaha Hadid Architects（ZHA）在 2022 年开始使用 AIGC 进行建筑设计试验。ZHA 团队通过 AIGC 生成建筑结构和立面设计，并结合参数化设计方法，让 AIGC 工具能够生成多个符合建筑需求的方案。在设计迪拜新总部时，AIGC 生成了多种建筑立面和流线形态设计方案，设计团队从中挑选并优化最符合设计愿景的方案。ZHA 的设计团队表示，AIGC 帮助他们探索了新的建筑形式，极大地拓宽了设计思路，使得设计过程更加高效灵活，同时保留了品牌一贯的未来主义风格。

4. AIGC如何帮助简化设计过程并激发创意

AIGC 为设计师和艺术家提供了一个强大的工具，不仅简化了初始设计的过程，还让创作者在试验和探索中获得更多灵感。通过 AIGC 生成的不同设计版本，创作者可以更轻松地找到最优方案，并节省时间用于细节打磨和独特风格的塑造。

虽然 AIGC 在简化设计流程上表现出色，但也存在一些挑战。首先，AIGC 生成的内容往往基于已有数据，这可能会导致部分作品缺乏个性化和原创性；其次，由于 AIGC 设计工具的普及，一些基本设计工作可能会被逐步自动化，这对入门级设计师的就业构成了一定威胁。然而，从另一个角度来看，有挑战就有机遇，AIGC 也解放了设计师的创意潜力，使他们可以将更多精力放在高阶设计和个性化表达上。未来，设计师们可以与 AIGC 协作，逐步形成一种"人机共创"的新模式，在更短时间内实现更高质量的艺术创作。

AIGC 在设计和艺术创作领域展现出巨大的潜力，它为平面设计、插画创作和建筑设计带来了效率提升和创意激发的双重优势。随着技术的发展，AIGC 将为设计师和艺术家提供更多工具，使他们能够在艺术表达和视觉效果上实现突破。然而，要充分利用这一技术带来的新机遇，设计领域还需在创新和个性化上进行平衡，确保在自动化的同时，创作作品的独特性和原创性能够得到保持。

13.3　AIGC 的未来展望

AIGC 不仅改变了我们创作和工作的方式，也引发了对于可持续发展、资源消耗、技术合规和人才需求等多方面的深刻思考。在探讨 AIGC 的未来展望时，我们重点关注三大核心领域：技术发展方向、可持续性与政策应对以及职业和技能发展。我们将一起探索如何应对 AIGC 带来的挑战，并为未来的职业发展与技能提升做好准备，帮助学生洞察和把握这一技术变革的机遇与挑战。

13.3.1 未来技术发展方向

AIGC 未来的技术发展当务之急就是发明更有效的 AIGC 模型，降低计算量和减少能耗。

1. 更有效的AIGC模型

现有 AIGC 存在计算资源消耗大、生成质量的局限性、过拟合和偏差问题等诸多问题。下一代 AIGC 模型将实现更高效、更智能的进步，涵盖以下几个方面：

（1）增强的生成质量：模型将在语法、逻辑一致性、创造性和情感深度方面有显著提升，能够更好地理解复杂的上下文关系，生成内容的多样性和创新性也将得到增强。

（2）更快的生成速度：随着计算硬件的进步和算法优化，生成模型的计算效率将大幅提升，能在更短时间内完成训练和推理，甚至支持实时生成，如在自动驾驶和实时翻译中的应用。

（3）多模态能力：未来的生成模型将具备处理多模态数据的能力，不仅能生成文本，还能处理和生成图像、音频及视频内容。例如，OpenAI 的 DALL·E 和 CLIP 模型已经展示了文本到图像的生成，未来将在这一领域取得更多突破。

（4）智能的迁移学习：迁移学习将使 AIGC 能够在少量数据下进行有效训练并迁移到新领域，大幅提升通用性和适应性。例如，GPT 模型通过学习大规模文本数据，能够将其知识迁移到对话生成和机器翻译等任务中，显著减少训练时间和数据需求。

例如，OpenAI GPT-5 和 Google DeepMind 的生成模型：

① 作为 OpenAI 的下一代语言模型，GPT-5 的设计目标是克服现有 GPT 模型在生成质量、理解深度和速度方面的局限。GPT-5 采用了更加复杂的模型架构，并在大规模、多样化的语料库上进行了训练，使得其生成的文本不仅更加精确，而且具备更强的上下文理解能力。同时，GPT-5 在性能上也进行了优化，生成速度比前一代大幅提升，能够在实时对话和复杂任务中提供更加高效的支持。

② Google DeepMind 致力于开发具有多模态能力的 AIGC 模型，如 PaLM（pathways language model）和 Gato 模型。PaLM 在自然语言处理任务上取得了突破性的进展，能够处理复杂的逻辑推理和任务执行，而 Gato 则通过多模态能力将文本、图像和其他数据结合，实现了跨领域的生成任务。这些技术的进步推动了 AIGC 能力的极限，尤其在高效生成、多模态内容理解和跨领域应用方面，展现出了巨大潜力。

AIGC 正在经历快速的发展，下一代模型将通过提高生成效果、加速生成速度、增强多模态能力和应用更智能的迁移学习，突破现有技术的局限。随着 OpenAI 和 Google 以及国内众多 AI 公司不断推动 AIGC 的发展，我们可以期待更高效、更精准的生成模型，能够为各行各业提供更加智能化的解决方案。

2. 更低资源消耗的AIGC生成模型

当前生成模型的计算资源和能源都存在巨大的消耗问题。如何减少计算资源和能源的消耗，已成为 AIGC 发展的关键问题。为了降低 AIGC 模型的资源消耗，科研人员和工程师们提出了一系列技术创新，包括模型压缩、量化和优化等方法。

1）压缩技术

压缩技术通过减少模型的参数数量来降低模型的存储和计算需求。常见的压缩技术包括剪枝（pruning）和低秩分解（low-rank factorization）。剪枝技术通过移除神经网络中不重要的连接，减少计算负担，同时保持模型的效果；低秩分解则将复杂的矩阵分解成低秩矩阵，从而减少计算量。

2）量化（quantization）技术

量化技术通过减少模型中使用的数据精度，降低计算资源的消耗。具体来说，量化将浮动精度的数据（如浮动点数）转换为低精度的表示（如整数），这样可以显著减少计算的开销，尤其是在嵌入式系统和移动设备上。量化通常能大幅减少模型大小，同时对性能的影响较小。

3）模型优化（model optimization）技术

模型优化技术包括知识蒸馏（knowledge distillation）和自动机器学习（AutoML）。知识蒸馏是通过训练一个较小的模型，使其能"模仿"大型模型的行为，从而在保持较高精度的同时，显著减少模型的计算资源需求。自动机器学习则是通过自动化的方式设计高效的模型架构，减少人工调参的工作量，提升计算效率。

3. 如何平衡AIGC模型的效能与可持续性

尽管在降低资源消耗方面取得了一些进展，但如何平衡 AIGC 模型的效能和可持续性仍然是一个具有挑战性的问题。过于追求计算效率和资源节省，可能会导致模型的表现下降；而过度优化模型的性能，又可能导致计算资源消耗的过度增加。

效能与可持续性之间的平衡关键是要找到最合适的平衡点，即如何设计适应特定任务需求的 AIGC 模型。例如，在处理文本生成任务时，某些简单的优化模型可能足以满足需求，而在图像生成或多模态任务中，较复杂的模型可能不可避免地需要更多的计算资源。

选择合适的技术与策略是为了保持效能与可持续性的平衡，团队需要在模型压缩、量化、优化技术上做出权衡。例如，在一些应用场景中，可以优先使用知识蒸馏技术构建一个精简的模型，同时保持较高的准确度；而在其他场景中，则可以通过量化和压缩来减少存储和计算负担。

例如，Meta 的"小模型、大影响"项目。

Meta（前 Facebook）推出的"小模型、大影响"项目正是一个在 AIGC 领域减少计算成本同时保持模型效果的成功案例。该项目的目标是通过压缩和优化技术，构建一个更小、更高效的 AIGC 模型，以降低计算成本并提高能源利用效率。

技术创新：Meta 团队采用了模型压缩、量化和知识蒸馏等多种技术，成功地将大规模的 AIGC 模型压缩到原来大小的几分之一，同时保持了较高的生成质量。通过这种方法，Meta 在执行相同任务时，能够显著降低所需的计算资源和能源消耗。

影响与意义：这一项目表明，即使是在深度学习这样复杂的技术领域，也可以通过创新的方法，极大地减少资源消耗，并推动 AIGC 技术的可持续发展。这不仅有助于降低 AI 的使用成本，还能减轻对环境的负担，为 AIGC 的普及与应用提供了更多可能。

随着 AIGC 技术的不断发展，降低计算资源和能源消耗已成为提升技术可持续性和普及度的重要课题。通过压缩技术、量化和模型优化等创新方法，我们可以在不牺牲生成质量的前提下，减少计算成本并提高效率。Meta 的"小模型、大影响"项目为这一目标提供了有力的证明，表明通过技术创新，AIGC 能够在效率与效果之间取得平衡，为未来 AIGC 技术的普及与应用铺平道路。

13.3.2　可持续性与政策应对

在技术不断进化的背景下，探讨 AIGC 的可持续发展路径以及其带来的伦理与法律应对，可为未来的政策制定和行业发展提供重要指导。

1. 技术不断进化下的可持续发展路径

随着 AIGC 技术的不断进化，如何确保其可持续性成为一个重要课题。要解决计算需求、数据依赖等技术挑战，以下几条路径将成为未来的发展方向：

（1）优化算法。上一节已经介绍过，通过改进算法和模型结构，能够有效提高训练效率，减少计算和资源消耗。例如，通过压缩技术、量化、知识蒸馏等方法，可以在不显著牺牲模型性能的情况下，大幅减轻模型的计算负担。

（2）分布式计算和云计算。利用分布式计算和云服务，可以动态调整计算资源，降低本地计算资源的压力。云计算还使得模型训练和推理更具弹性，可以根据需要灵活增加或减少资源。

（3）绿色计算技术。为了减少能源消耗，AIGC 技术的发展还需要结合绿色计算技术，如使用更高效的硬件（如低功耗 GPU、TPU）和采用可再生能源的计算中心。

（4）自动化与优化工具。发展自动化机器学习（AutoML）和优化工具，能够自动调整和优化模型结构和参数，从而减少人工调整和计算成本。

例如，训练大型语言模型（如 GPT-4）的巨大计算需求以及如何通过优化算法来降低资源需求。

以 GPT-4 为例，OpenAI 在其训练过程中面临了极大的计算资源需求。根据公开信息，GPT-4 的训练过程消耗了数百万美元的计算资源，涉及成千上万小时的 GPU 运算。这个过程不仅耗费了大量的电力，还对环境造成了不小的负担。

为了应对这一挑战，OpenAI 在不断优化其模型训练过程。例如，OpenAI 使用了混合精度训练技术和模型压策略，以减少训练时所需的计算量。同时，采用智能调度系统，根据资源需求和可用计算能力动态分配计算任务，进一步提高了计算效率。

此外，OpenAI 还尝试通过知识蒸馏将训练好的大型模型转化为一个更小但效果相似的模型，这样既能保持生成质量，又能显著减少计算资源和能源的需求。通过这些技术创新，OpenAI 不仅降低了 GPT-4 的训练成本，还为未来的 AIGC 模型的可持续性发展提供了重要的参考。

2. AIGC 冲击下伦理与法律未来的发展方向

随着 AIGC 技术的发展，大量的数据成为训练模型的基础。数据隐私、用户权利保护，以及内容生成中的版权、归属和滥用问题等，均成为一个严重的社会问题。AIGC 的监管与政策框架建设就提上了日程。

随着 AIGC 技术不断发展，相关的监管政策亟须跟上。现有的法律体系通常未能充分涵盖 AIGC 技术所带来的新挑战，因此必须通过有效的监管和政策框架来保障其合规使用。AIGC 的技术发展迅速，现有的法律和监管措施往往滞后于技术进步。如何制定适应这一新兴技术的法律框架，同时避免过度监管束缚创新，是一个重要的难题。在政策框架建设方面，建立一个全面的 AIGC 监管体系，涉及以下几个方面：

（1）透明度和责任追溯。要求 AIGC 的使用者和开发者提供算法透明度，明确责任归属。

（2）合规性评估。为 AIGC 开发和部署设置合规性标准，确保 AIGC 产品在合法框架内运行。

（3）跨国合作。由于 AIGC 技术的全球化特性，各国需要加强合作，制定统一的国际法律框架，以应对跨境数据流动和技术应用带来的法律挑战。

例如，欧盟《人工智能法案》于 2024 年 8 月 1 日正式生效，该法案是首部全面监管人工智能的法规。这为全球 AIGC 的发展提供了宝贵的法律参考，未来全球范围内可能会有更多类似的法规出台，以确保 AI 技术的健康发展和合规使用。

13.3.3　职业与技能发展

下面从 AIGC 对人才的需求、必备技能与教育路径、跨学科协作与未来工作方式三个方面，阐述 AIGC 对未来职业发展的意义。

1. AIGC对人才的需求

AIGC 技术发展对人才结构已经开始产生影响，尤其是对技术、创意和管理类职业的需求。随着 AIGC 技术的成熟，AI 研发人员需求将持续增长，尤其是在深度学习、自然语言处理和计算机视觉等领域。

新兴职业角色开始崛起，如 AI 模型训练师、数据标注专家、AI 伦理专家等。企业对于 AI 技术应用人才的需求也在不断变化，从单纯的技术开发转向更多的跨领域协作与管理需求。从事 AIGC 研发和应用的专业背景，除了包括计算机科学、数据科学、数学、统计学等领域，也可能涉及其他领域，如艺术设计、传媒、法律等，特别是在 AI 在创意产业和跨领域应用中的发展。甚至会出现一些新兴职业角色：

（1）AI 设计师：专注于设计能够与人类互动的 AI 系统，提升用户体验。

（2）数据隐私顾问：随着数据隐私法律的完善，数据隐私专家的角色变得尤为重要。

（3）伦理顾问：关注 AI 技术应用中的伦理问题，确保技术的公正性和透明度。

国内主要 IT 公司的招聘需求反映出 AI 领域人才流动趋势。例如，阿里巴巴、腾讯等公司对 AI 研发人员的需求大幅上升，特别是在自然语言处理、图像识别等领域。此外，随着 AI 技术在产品创新中的应用，企业也在招聘具备跨学科能力的人才，如 AI 产品经理和 AI 伦理专家。

2. 必备技能与教育路径

AI 技术和应用对技能培养和教育系统也会带来影响，甚至震荡性的影响。

1）技术人才的核心技能

深度学习：掌握神经网络、卷积神经网络（CNN）、循环神经网络（RNN）等技术。

自然语言处理：理解和应用文本生成、情感分析、机器翻译等技术。

伦理：理解人工智能在道德、隐私和安全等方面的挑战，能够在设计和应用中确保 AI 的公平性和透明性。

2）创意和跨领域人才的技能需求

AI 艺术创作：如何运用 AIGC 进行艺术创作，例如通过 AI 生成图像、音乐、视频等。

设计思维与 AI 融合：设计师需要掌握如何将 AI 技术融入产品设计与用户体验的过程中，创造创新的解决方案。

3）教育体系如何适应 AI 技术的变化

教育机构需要迅速适应 AI 技术的发展，培养跨学科的人才，尤其是结合技术与人文学科的综合性课程。

高校和职业培训机构应提供更多的 AI 素质、人工智能与社会学结合的课程，以培养能应对技术和社会挑战的人才。

例如，MIT 与斯坦福大学推出的 AI 与伦理课程，结合技术和伦理，培养新一代 AI 专家，帮助学生理解技术带来的社会影响，并设计负责任的 AI 解决方案。

3. 跨学科协作与未来工作方式

AIGC 与不同领域（如艺术、医学、教育等）的跨学科合作会成为趋势。跨学科团队协作也是未来趋势。AIGC 的发展促使技术、艺术、商业和伦理学等领域的深度融合。跨学科团队能够从多角度思考并解决 AI 带来的问题。AI 应用项目的成功越来越依赖于具备不同背景的专家共同协作，如技术专家、艺术家、商业分析师和伦理学家等。

未来的 AI 项目团队需要具备多种技能的组合，包括技术开发、创意设计、数据分析和法律伦理等，培养具备跨学科视野的复合型人才至关重要。

AIGC 与协作工具的结合，使得远程工作成为可能，尤其是在全球化背景下，团队成员可以跨地域合作，通过 AI 辅助的设计、沟通与项目管理工具提高工作效率。

例如，在 AI 艺术创作领域，科技公司如 OpenAI 与传统艺术家、设计师合作，推动创意产业的革新。例如，AI 生成的艺术作品已在多个艺术展览中亮相，成为传统艺术创作的重要补充。同时，科技公司与传统艺术领域的跨学科合作，使得 AI 成为创意产业的一部分，推动了产业的数字化转型。

所有教育从业者和年轻学子们应全面了解 AIGC 技术的发展对人才结构、技能需求以及跨学科协作的影响，进而为未来的职业发展做好准备。

小　结

在本项目中，探讨了 AIGC 的挑战与机遇。AIGC 凭借其强大的内容生成能力，正在迅速重塑创意产业和科学研究，尤其在广告、艺术创作、医学研究等领域展现出独特优势。然而，它也带来了技术、伦理与法律上的诸多问题。技术挑战方面，AIGC 面临数据质量、多样性及高计算资源需求的限制；伦理和法律层面，涉及数据隐私、版权归属及内容滥用等问题。社会影响方面，AIGC 对就业市场、文化创造力和社会信任构成了潜在风险。未来，AIGC 的应用仍需技术创新、法律规范及社会各界的合作，以实现技术的可持续发展。

课后习题

1. 单选题

（1）AIGC 面临的技术挑战之一是（　　　）。

    A. 数据质量和多样性　　　　　　　　　B. 艺术创作的自由性

    C. 创意内容的传播速度　　　　　　　　D. 用户需求的满足

（2）下列（　　　）是 AIGC 在内容生成中的潜力应用领域。

    A. 网络安全　　　　　　　　　　　　　B. 教育培训

    C. 法律判决分析　　　　　　　　　　　D. 电影、广告和艺术创作

（3）关于 AIGC 的隐私和数据安全挑战，下列（　　　）事件涉及面部识别数据的不当使用。

    A. Clearview AI　　　　　　　　　　　B. GPT-3 模型数据泄露

    C. Midjourney 版权问题　　　　　　　　D. 深度伪造视频传播

（4）AIGC 对就业市场的影响包括（　　　）。

    A. 增加对创意岗位的需求　　　　　　　B. 自动化岗位替代

    C. 创新技能的推广　　　　　　　　　　D. 削减技术岗位需求

2. 多选题

（1）AIGC 的技术挑战包括（ ）。

    A. 数据质量与多样性   B. 模型的可解释性与控制性

    C. 数据量的大规模增长   D. 计算资源需求与成本

（2）关于 AIGC 在创意产业中的应用，下列（ ）是潜在的创新领域。

    A. 自动生成广告文案   B. 预测股市波动

    C. 创作电影剧本   D. 生成个性化艺术作品

（3）AIGC 的伦理挑战中，以下（ ）问题涉及法律和隐私。

    A. 内容生成的版权归属   B. AI 生成的内容是否可以被原创

    C. AIGC 可能泄露用户隐私   D. AI 模型的计算资源需求

（4）为应对 AIGC 的高计算资源需求，以下（ ）方法被提出。

    A. 知识蒸馏   B. 边缘计算   C. 模型剪枝   D. 提高数据多样性

（5）关于 AIGC 在电影创作中的应用，以下（ ）方面具有潜力。

    A. AI 辅助剧本创作   B. 自动化特效生成

    C. 电影票房预测   D. 创意灵感来源的多样化

3. 开放讨论题

（1）技术可解释性与 AI 控制的平衡：AIGC 面临的"黑箱"问题使得用户难以理解其生成内容的过程，如何在提升 AI 模型的创意表现力的同时，保障其可解释性和可控性？你认为哪些领域或行业最需要这种可控性，为什么？

（2）AIGC 对就业市场的影响：随着 AIGC 在创意产业和其他领域的应用，哪些工作岗位最容易被 AI 替代？在这种变革中，如何平衡技术进步与人类劳动力的转型，帮助传统行业从业者适应 AI 时代的需求？

（3）隐私保护与数据安全：AIGC 依赖大量个人数据来进行训练和优化，但这也引发了隐私保护和数据泄露的风险。在推动 AI 技术发展的同时，如何平衡数据使用与隐私保护的需求？您认为应如何制定合理的法律和伦理框架来应对这些问题？